资助项目：国家自然科学基金项目（22076163；42277005；41522108）；
南疆重点产业创新发展支撑计划项目（2021DB019）

乡村绿色净化新技术

梁新强　主编

科学出版社

北　京

内 容 简 介

本书介绍了乡村绿色转型发展背景与政策，详述了农业秸秆纤维素、木质素、养殖废弃物绿色转化，生物炭基材料研制，农田退水"零直排"净化，流域水体生态修复等方面的技术创新及实施案例，为我国乡村绿色净化技术发展提供了重要指导。

本书可供环境、农业、生态等领域的科研工作者、工程技术人员参考，对从事环境生态保护及农业绿色发展的教学及管理人员也具有重要的参考价值。

图书在版编目（CIP）数据

乡村绿色净化新技术 / 梁新强主编. -- 北京 ：科学出版社，2024.
12. -- ISBN 978-7-03-079370-6

Ⅰ．F323

中国国家版本馆 CIP 数据核字第 2024CS1142 号

责任编辑：郭允允　程雷星 / 责任校对：郝甜甜
责任印制：徐晓晨 / 封面设计：无极书装

科 学 出 版 社 出版
北京东黄城根北街 16 号
邮政编码：100717
http://www.sciencep.com
北京建宏印刷有限公司印刷
科学出版社发行　　各地新华书店经销
*
2024 年 12 月第 一 版　　开本：787×1092 1/16
2024 年 12 月第一次印刷　　印张：12 1/2
字数：300 000
定价：128.00 元
(如有印装质量问题，我社负责调换)

本书编委会

前　言

　　党的二十大报告明确指出"中国式现代化是人与自然和谐共生的现代化"，并且提出了"推动绿色发展，促进人与自然和谐共生"的要求，其中，将绿色发展愿景融入美丽乡村建设便是新时代赋予我们的一项历史使命。

　　发展绿色净化技术，对推动乡村生态文明建设、产业振兴和实现可持续发展目标具有重要意义。当前，我国乡村绿色转型已取得重要进展，尤其是在秸秆资源化、养殖有机废弃物处理、农业污废水处理、水网生态净化、流域生态修复、土壤改良等方面研发形成了诸多先进适用的乡村绿色净化技术。但由于我国目前作为世界第二大农业排放国，农业农村领域的降污空间仍然巨大，要真正实现绿色净化，困难非比寻常。因此，以推进农业农村绿色转型为目的，通过发展新技术进一步提升种养业废弃物资源清洁转化、加快农业污染物生态净化减排降污，为我国经济社会绿色高质量发展交出一份满意的答卷，乃是当务之急。

　　本书重点介绍有关乡村绿色净化技术发展背景、政策导向、现有技术储备等方面的内容，以及农业秸秆纤维素、木质素清洁生产，养殖废弃物质绿色转化，生物炭基材料研制，农田退水"零直排"净化，流域水体生态修复等方面的创新技术研发案例，希望能唤起学界和业界对乡村绿色净化技术的关注，为推动我国生态文明建设和美丽中国建设提供重要支持。

　　全书共九章，第一章由梁新强教授、李发永教授、李建业博士后编写；第二～四章由梅清清研究员编写；第五～九章由梁新强教授、李发永教授、王志荣高级工程师、刘春龙研究员、何霜博士、卢圆圆博士后等共同编写。全书由梁新强教授最后统编定稿，定稿过程中卢圆圆博士后，辛鸿娟、刘博弈、杨姣等博士参与了修改校稿工作。

　　本书可以作为大专院校环境生态工程、清洁生产等课程以及环境工程、农村及农林技术人员的参考用书，同时可供广大科技工作者与管理人员、干部培训学习参考。本书在编写过程中参阅和引用了许多资料，这些资料是众多学者的研究成果，在此表示衷心的感谢。由于乡村绿色净化技术理论涉及面广、综合性强、发展快，加上作者的水平和掌握的资料有限，不足之处恳请读者批评指正。

作　者

2024 年 1 月于浙江大学紫金港校区

目　　录

第一章 导 论

第一节 乡村绿色净化技术发展背景

党的十八大以来，习近平同志关于社会主义生态文明建设的一系列重要论述，立意高远，内涵丰富，思想深刻，对于我们深刻认识生态文明建设的重大意义，坚持和贯彻新发展理念，正确处理好经济发展同生态环境保护的关系，坚定不移走生产发展、生活富裕、生态良好的文明发展道路，加快建设资源节约型、环境友好型社会，推动形成绿色发展方式和生活方式，促进人与自然和谐共生，推进美丽中国建设，实现中华民族永续发展，夺取全面建成小康社会决胜阶段的伟大胜利，实现"两个一百年"奋斗目标、实现中华民族伟大复兴的中国梦，具有十分重要的指导意义。

乡村承载着中华文明的乡土记忆，既是我国当前约 5.1 亿人的物质家园，也是构筑稳定经济社会的重要组成部分。生态文明是乡村振兴的必由之路，乡村振兴离不开生态文明的引领。发展绿色净化技术是生态文明建设推动乡村振兴的重要环节。《乡村振兴战略规划（2018—2022 年）》要求，"深化农业供给侧结构性改革，构建现代农业产业体系、生产体系、经营体系，实现乡村一二三产业深度融合发展。""加快推行乡村绿色发展方式，加强农村人居环境整治，有利于构建人与自然和谐共生的乡村发展新格局，实现百姓富、生态美的统一"。党的二十大报告也指出"全面推进乡村振兴。""坚持农业农村优先发展，坚持城乡融合发展，畅通城乡要素流动。""扎实推动乡村产业、人才、文化、生态、组织振兴"。要坚持推进乡村绿色融合的多业态融合转型，发展资源节约型、环境友好型的生态循环农业，鼓励节水、节肥、节药、节能的节约型种植技术的应用。要在绿色农产品质量和食品安全标准认证体系构建方面持续发力，拓展农产品产业链。因地制宜、因时制宜、因人制宜制定区域产业发展政策，推行精细化、全局化、持久化规划与管理，为发展循环经济提供产业支撑。

随着我国生态文明建设的不断推进，生态文明理念深入人心。在我国脱贫攻坚战取得全面胜利的背景下，乡村人民生活水平的提高为乡村生态文明建设奠定了基础，也提出了更高的要求。《中共中央 国务院关于实施乡村振兴战略的意见》中明确提出，要"推进乡村绿色发展，打造人与自然和谐共生发展新格局"。2021 年 6 月施行的《中华人民共和国乡村振兴促进法》也将生态保护作为专门的一章。基于此，以生态文明建设推动乡村振兴，对于坚持走可持续发展道路，进一步建设生态乡村，实现乡村生态的现代化转型具有重要理论意义和实践意义。

当前，实现绿色净化已成为美丽乡村建设的核心任务。以可持续发展理念为引领，以绿水青山就是金山银山为核心共识，坚持绿色发展、循环发展的实践论，将绿色可持续发展目标融入美丽乡村建设的全过程，给自然留下更多原生态，给农业留下更多良田，是新时代赋予我们的历史使命。实现绿色净化，是我国实现可持续发展、高质量发展的内在要求，也是推动构建人类命运共同体的必然选择。

第二节　乡村绿色净化技术政策导向

近年来，国家和地方纷纷出台乡村绿色净化相关政策，支持和鼓励乡村绿色净化技术的发展。

1. 乡村绿色净化技术是国家农业生态与资源保护工作的重要内容

2021年11月，在北京举行的2021中国农业农村科技发展高峰论坛暨中国现代农业发展论坛发布会上，农业农村部农业生态与资源保护总站发布了农业农村减排固碳十大技术模式，这是我国首次以减排固碳为主题发布的农业农村领域相关技术模式，既能够保障国家粮食安全和重要农产品有效供给，又能协同推进农业绿色发展，具备稳产保供和减排双重效益，有良好的推广应用条件，对各地开展乡村绿色净化工作有重要的参考指导作用，对全面推进乡村振兴、加快农业农村现代化具有重要意义。

中共中央、国务院关于乡村绿色净化技术颁布了若干指导政策（表1-1），2021年1月《中共中央 国务院关于全面推进乡村振兴加快农业农村现代化的意见》指出，加强畜禽粪污资源化利用。全面实施秸秆综合利用和农膜、农药包装物回收行动，加强可降解农膜研发推广。发展农村生物质能源。加强煤炭清洁化利用。同年9月的《中共中央 国务院关于完整准确全面贯彻新发展理念做好碳达峰碳中和工作的意见》指出，大力推动节能减排，全面推进清洁生产，加快发展循环经济，加强资源综合利用，不断提升绿色低碳发展水平。2022年1月《中共中央 国务院关于做好二〇二二年全面推进乡村振兴重点工作的意见》提出，深入推进农业投入品减量化，加强畜禽粪污资源化利用，推进农膜科学使用回收，支持秸秆综合利用。研发应用减碳增汇型农业技术。

表1-1　中共中央、国务院关于乡村绿色净化技术的相关政策

序号	政策文件名称	相关内容
1	2021年1月《中共中央 国务院关于全面推进乡村振兴加快农业农村现代化的意见》	加强畜禽粪污资源化利用。全面实施秸秆综合利用和农膜、农药包装物回收行动，加强可降解农膜研发推广。发展农村生物质能源。加强煤炭清洁化利用
2	2021年9月《中共中央 国务院关于完整准确全面贯彻新发展理念做好碳达峰碳中和工作的意见》	大力推动节能减排，全面推进清洁生产，加快发展循环经济，加强资源综合利用，不断提升绿色低碳发展水平
3	2022年1月《中共中央 国务院关于做好二〇二二年全面推进乡村振兴重点工作的意见》	深入推进农业投入品减量化，加强畜禽粪污资源化利用，推进农膜科学使用回收，支持秸秆综合利用。研发应用减碳增汇型农业技术

2. 国务院各部委已相继出台乡村绿色净化技术规划及指导性文件

农村地区能源绿色转型发展，是满足人民美好生活需要的内在要求，是构建现代能源体系的重要组成部分，对巩固拓展脱贫攻坚成果、促进乡村振兴，实现"双碳"目标和农业农村现代化具有重要意义。为此，2021年国家能源局、农业农村部、国家乡村振

兴局联合发布的《加快农村能源转型发展助力乡村振兴的实施意见》提出，到 2025 年，建成一批农村能源绿色低碳试点，风电、太阳能、生物质能、地热能等占农村能源的比例持续提升，绿色低碳新模式新业态得到广泛应用，新能源产业成为农村经济的重要补充和农民增收的重要渠道，绿色、多元的农村能源体系加快形成。

农业农村部、国家发展改革委等六部门出台的《"十四五"全国农业绿色发展规划》进一步对农村能源改造、农业绿色发展、科技应用做了方案部署，要求到 2025 年，农业绿色发展全面推进，制度体系和工作机制基本健全，科技支撑和政策保障更加有力，农村生产生活方式绿色转型取得明显进展：资源利用水平明显提高、产地环境质量明显好转、农业生态系统明显改善、绿色产品供给明显增加、减排固碳能力明显增强。主要采取的措施包括：

（1）加强耕地质量建设。实施新一轮高标准农田建设规划，开展土地平整、土壤改良、灌溉排水等工程建设，配套建设实用易行的计量设施，到 2025 年累计建成高标准农田 10.75 亿亩[①]，并结合实际加快改造提升已建高标准农田。实施耕地保护与质量提升行动计划，开展秸秆还田，增施有机肥，种植绿肥还田，增加土壤有机质，提升土壤肥力。建立健全国家耕地质量监测网络，科学布局监测站点。开展耕地质量调查评价。

（2）推进养殖废弃物资源化利用。健全畜禽养殖废弃物资源化利用制度，严格落实畜禽养殖污染防治要求，完善绩效评价考核制度和畜禽养殖污染监管制度，加快构建畜禽粪污资源化利用市场化机制，促进种养结合，推动畜禽粪污处理设施可持续运行。加强畜禽粪污资源化利用能力建设。建立畜禽粪污收集、处理、利用信息化管理系统，持续开展畜禽粪污资源化利用整县推进，建设粪肥还田利用种养结合基地，培育发展畜禽粪污能源化利用产业。推进绿色种养循环，探索建立粪肥运输、使用激励机制，培育粪肥还田社会化服务组织，推行畜禽粪肥低成本、机械化、就地就近还田。减少养殖污染排放，"十四五"期间京津冀及周边地区大型规模化养殖场氨排放总量削减 5%，推进水产健康养殖，减少养殖尾水排放。鼓励因地制宜制定地方水产养殖尾水排放标准。

（3）推进秸秆综合利用。促进秸秆肥料化，集成推广秸秆还田技术，改造提升秸秆机械化还田装备。在东北平原、华北平原、长江中下游地区等粮食主产区，系统性推进秸秆粉碎还田。促进秸秆饲料化，鼓励养殖场和饲料企业利用秸秆发展优质饲料，将畜禽粪污无害化处理后还田，实现过腹还田、变废为宝。促进秸秆燃料化，有序发展以秸秆为原料的生物质能，因地制宜发展秸秆固化、生物炭等燃料化产业，逐步改善农村能源结构。推进粮食烘干、大棚保温等农用散煤清洁能源替代，2025 年大气污染防治重点区域基本完成。促进秸秆基料化和原料化，发展食用菌生产等秸秆基料，引导开发人造板材、包装材料等秸秆原料产品，提升秸秆附加值。培育秸秆收储运服务主体，建设秸秆收储场（站、中心），构建秸秆收储和供应网络。建立健全秸秆资源台账，强化数据共享应用。严格禁烧管控，防止秸秆焚烧带来区域性大气污染。

（4）建设田园生态系统。建设农田生态廊道，营造复合型、生态型农田林网，恢复田间生物群落和生态链，增加农田生物多样性。发挥稻田生态涵养功能，稳定水稻种植

---

① 1 亩≈666.67 m²。

面积，在大城市周边建设一批稻田人工湿地，推广稻渔生态种养模式。优化乡村功能，合理布局种植、养殖、居住等，推进河湖水系连通和生态修复，增加湿地、堰塘等生态水量，增强田园生态系统的稳定性和可持续性。

（5）保护修复森林草原生态。开展大规模国土绿化行动，持续加强林草生态系统修复，增加林草资源总量，提高林草资源质量，加强农田防护林保护。修复重要生态系统，宜乔则乔、宜灌则灌、宜草则草，因地制宜、规范有序推进青藏高原生态屏障区、黄河重点生态区等重点区域生态保护和修复重大工程建设。坚持基本草原保护制度，完善草原家庭承包责任制度，加快建立全民所有草原资源有偿使用和所有权委托代理制度。对严重退化、沙化、盐碱化的草原和生态脆弱区的草原实行禁牧，对禁牧区以外的草原实行季节性休牧，因地制宜开展划区轮牧，促进草畜平衡。

（6）开发农业生态价值。落实 2030 年前力争实现碳达峰的要求，推动农业固碳减排，强化森林、草原、农田、土壤固碳功能，研发种养业生产过程温室气体减排技术，开发工厂化农业、农渔机械、屠宰加工及储存运输节能设备，创新农业废弃物资源化、能源化利用技术体系，开展减排固碳能源替代示范，提升农业生产适应气候变化能力。在严格保护生态环境的前提下，挖掘自然风貌、人文环境、乡土文化等价值，开发休闲观光、农事体验、生态康养等多种功能。实施优秀农耕文化保护与传承示范工程，发掘农业文化遗产价值，保护传统村落、传统民居。

3. 各地高度重视乡村绿色净化技术推广工作

部分省区市分别就乡村绿色净化技术提出政策建议，如黑龙江省人民政府发布了《2022 年黑龙江省秸秆综合利用工作实施方案》，方案指出秸秆利用主要任务是：

（1）推进秸秆肥料化利用，提升耕地质量。以实施农作物秸秆直接还田为重点，同步推进场地化堆沤腐熟有机肥和工厂化生产有机肥，以及畜牧养殖过腹转化等间接还田方式，发挥秸秆还田耕地保育功能，增加土壤有机质含量，促进耕地质量提升。

（2）推进秸秆饲料化利用，助力畜牧发展。加快秸秆揉丝、黄贮、氨化、膨化、微贮、压块、颗粒等饲料化利用技术产业化，促进秸秆饲料转化增值，发展壮大肉牛、奶牛、肉羊等草食畜牧业。

（3）推进秸秆能源化利用，促进减排降碳。积极推广生物质锅炉、秸秆固化成型、秸秆发电、秸秆生物气化、热解气化和秸秆纤维素乙醇等技术。鼓励县乡集中供热小燃煤锅炉的生物质改造替换，继续引导农户安装户用生物质炉具，提升农村清洁用能比例。

（4）推进原料基料化利用，实现提质增效。推动以秸秆为原料进行编织加工，生产糠醛、非木浆纸、人造板材、包装材料、降解膜、木糖醇、餐具、复合材料等产品，延伸秸秆产业链。鼓励以秸秆为原料生产水稻育苗基质、草腐菌类食用菌基质、花木基质、草坪基料，用于食用菌生产、集约化育苗、无土栽培、改良土壤。

（5）健全秸秆收储运体系，做好原料供应。加快建立以需求为引导、利益为纽带、企业为龙头、专业合作经济组织为骨干，政府推动、农户参与、市场化运作、多种模式互为补充的秸秆收集储运服务体系。支持发展秸秆收储大户，壮大秸秆经纪人队伍，提供秸秆收集储运综合服务。鼓励发展农作物联合收获、打捆压块和储存运输全程机械化。

第三节 乡村绿色净化技术储备

党的十八大以来,我国乡村绿色转型取得重要进展。目前,列入全国乡村先进绿色低碳新技术主要包括以下几项。

(1)乡村有机废弃物还田:酶解微氧低碳腐殖化堆肥技术。以酶解微氧低碳腐殖化堆肥技术为核心,实现乡村有机垃圾"变废为宝"转为高碳有机肥、养殖沼液酶解全量还田,同时搭载土壤生态碳汇监测与核算系统,对土壤进行数字化跟踪和监控,实行科学测土配肥,提高土壤有机质,助力乡村可持续发展。该技术采用绿色装备式处理设施生产的生物质腐殖酸有机肥料,有机质含量为 56.1%,全氮为 1.38%,五氧化二磷为 0.98%,氧化钾为 1.24%;发酵过程站场不发臭,恶臭气体排放结果较一级排放标准低一个数量级,甲烷排放系数为 0.2%;氧化亚氮的排放系数为 0.031%,温室气体减排 10%以上;以年处理生产生活有机废弃物 1.1 万 t 为例,年产高碳有机肥 4.5×10^3 t,年毛利160 万元;从源头阻止了氮损失入水,减少政府消氮处理成本近 2/3;解决 5 个返乡二代就业岗位,带动 10 人兼业,增加当地劳务收入 50 万元。

(2)堆肥及土壤改良技术:不翻堆静态发酵制腐殖土。堆肥及土壤改良技术可等量化处理有机废弃物,就近即可堆肥,无须多次翻土,节约人工及运输费用,该技术通过使用腐殖土来改良土壤和农作物的提质增产。在该技术下,堆肥处理 100 t 有机废弃物可得到 100 t 或者 101 t 腐殖土,甚至更多成品腐殖土,是真正的无臭无污染零排放处理废弃物方式。堆肥过程不仅没有碳排放,还吸收空气中的二氧化碳,属于负碳技术;不用翻堆静态发酵可以减少能源消耗;田间地头即可生产,成熟后就地使用,减少运输费用;堆肥过程没有营养流失,堆肥成品腐殖质、有机碳、蚯蚓、生物菌含量高,土壤改良效果好。甘肃定西的中药材当归种植使用该腐殖土后,抗重茬效果产量提高 10%、浸出物提高 10%,当归挥发油含量提高 25%。

(3)乡村污水资源化:曲立方微生物发酵强化技术集成。曲立方微生物发酵强化技术应用于乡村环境治理产业,有效地解决了乡村污水、固体废弃物(简称固废)问题:生活污水经过预处理达到灌溉水标准,深处理可达到回用水标准,用于冲厕、绿化;乡村有机固废经微生物发酵、功能微生物复配后制成菌肥,应用于乡村作物种植,发展林下经济等产业循环经济;该技术在分子水平上精确调控微生物代谢活力与效率,结合曲立方缓释包埋等应用,高效地助力污水脱磷除氮和提高固废降解速率;污水处理成本每吨水仅增加 5%左右,菌肥成本仅增加约 240 元/亩。该技术获得多个国家级、省部级项目的科研支持,通过此项技术,在全国建立乡村污水"水循环、碳循环、产业循环"的5.0 生态化微循环模式,改善乡村人居环境的同时,助力了乡村产业发展。

(4)净水闭路循环养殖:植物制剂清洁水产养殖尾水。利用植物制剂中利用植物特性去除水中悬浮物、污染物、腐殖质,从而达到净化水体的目的,对水产品起到保生促健、提高存活率的作用;该技术适合于水产养殖领域,用植物制剂处理后的水质,作为螃蟹养殖用水,对比用外源水养殖,螃蟹的存活率提高了 25%~30%,也使得螃蟹个体体重增加,中、大蟹比例增加 20%,在质量上通过广大客户的品尝,达到了"鲜中甜、甜中鲜"的美味感受,受到了消费者的啧啧称赞和青睐。

(5)高产高效高适应性绿植:肥肥草。肥肥草无论在生态效益还是在经济效益上都具备不可比拟的优势,现全国种植基地就有 27 个,饲料养殖示范基地有 16 个,肥肥草种植容易、产量高、多重生态修复功能等特点使其在多地得以顺利推广并越来越受到人们的重视。其特点如下:易种植,产量高。适应能力强:环境适应性强。抗逆性强:无病虫害。改善生态:治沙防沙、水土保持、土质改良、生态修复。应用范围广,可用于食品、造酒、食用菌、饲料、板材、造纸、生物质发电、纤维等多个领域。性价比高:回报周期短,风险低,效益高。适合规模种植,更适合养殖业生态循环,从量产彻底转向质产,使利润翻倍。

(6)乡村粪污生态处理技术:纳米铁+蛋白草。"纳米铁+蛋白草"粪污生态处理技术,通过采用"固液分离+厌氧沼气系统+纳米铁处理系统+氧化塘+蛋白草种养结合"工艺对养殖粪水进行综合治理,使粪水变灌溉水循环利用,畜禽污粪实现肥料化、饲料化和能源化。该技术具有工艺简单、成本低廉、安全易行、可循环、可持续、可资源化利用等特点,走种养结合、农牧循环的路子,既能促进畜牧养殖业健康快速发展,又能减少农业成本投入,提高传统种植业经济效益。按设计污水量 300 t/d 来估算:总投资需要 720 万元,其中设备费 350 万元,运行成本为 9.85 元/(t·d),产生的沼气和肥料的经济收益只需 4.67 年就可以覆盖投资成本。

(7)鲑鱼工业化养殖:绿色循环水养殖系统(RAS)。绿色 RAS 是现代工厂化水产养殖的基础,该系统集物理学、工程学、流体力学、环境工程学、信息学等多种学科于一体,在高密度养殖的前提下,面对系统内养殖水体水质自然下降可能产生的威胁,工厂化的 RAS 模式可提供成熟和完善的解决方案。该系统自动化高,可通过在线监控系统控制水质水温,操作方便;运行过程水资源消耗小,占地面积小;系统可提供高质量鱼苗,鱼苗不携带致病菌,产品优质安全,养殖风险低;养殖生产不受地域或气候的限制和影响,且对环境污染小;该系统可动态精确管控鱼药等资源投放,做到高投入高产出。以该系统为核心建设年产 6000 t 鲑鱼养殖工厂,一次性建设投资成本为 9100 万美元,运营成本为 4.1 美元/kg,第五年产量可达 6000 t,第六年可实现分红。

(8)乡村污水处理:立体生态水处理技术。该技术将生物膜填料与动态精准控制手段相结合,系统内有针对性地培育不同等级微生物,填料不会堵塞植物根系且生物量达到 12~18 kg,能高效治理城市生活污水、工业废水。该技术实现污水处理厂氨氮和总氮去除效果在 99% 和 90% 以上,按客户需求处理规模从几十吨到 30 万 t 不等,该工艺污泥龄长达 45~60 天,污泥源头减量 40%~60%,聚丙烯酰胺(PAM)减少 40%~60%,吨水的总占地面积(处理 1 t 水的土地占用面积)0.30~0.60 m^2,不受邻避效应等影响,出水质量最高可达地表水水质标准Ⅲ类;该技术新建万吨处理厂投资 2200~3500 元/t 水,提标改造投资 1000~1600 元/t 水,运行成本仅为 0.4 元/t,生物填料使用寿命长达 16 年,经济性能在同类技术中脱颖而出,是使污水处理厂迈向再生水厂和新生水厂的更新换代技术。

(9)立体污水处理厂:三相接触氧化 A/O 塔。三相接触氧化 A/O 塔突破了传统两相 A^2/O 或 A/O 工艺中微生物溶氧高耗低效的瓶颈,团队采用悬挂式高比表面生物填料,微生物菌种依附填料形成生物膜，废水自上而下淋漓于生物膜表面，空气、废水、生物膜进行气、液、固的三相接触，使污水中的化学需氧量（COD）、N、P 等污染物得到快速降解；该技术 A/O 两段供氧单项能耗下降 90%，综合能耗从吨废水能耗 0.255 kW·h 降低到 0.169 kW·h，节约能耗 >33%；吨废水处理投资成本为 1000~1500 元，比传统有机污水 A/O 工艺节省 25%~44.4%；运行成本为 0.50~1.00 元/t，节省 16.6%~27.5%，经济效益显著；该技术已获得多项专利，并且由浙江省经济和信息化厅认定为 2021 年"制造业国内首台套成套设备"。

（10）垃圾渗透液处理：非膜法治理技术。该技术摒弃了传统用膜处理垃圾渗透液的做法，利用自身专利产品催化自电解材料和臭氧催化剂，采用电解、催化氧化、厌氧好氧生化达到水的净化。对比传统膜过滤渗液工艺，投资成本降低 30% 以上，运营成本降低 20%~50%。氨氮去除率可以达到 99.4%，COD 去除率可达到 99.3%；不产生浓液，直接分解污染物，无盐分和有机物的浓缩和积累，彻底解决有毒污染物；工程占地面积缩小 30%~50%；自动化运行，出水水质稳定性；在同样氧化条件下，企业研发臭氧催化剂存在时臭氧氧化效率提高 30%~80%。

（11）水网自然净化能力提升：细分子化超饱和溶氧技术。该技术摒弃了传统河道曝气充氧技术存在的氧利用率低、投资大等弊端，利用物理、电化学、生物化学等作用，使河道水体溶解氧浓度达到超饱和状态，有效地提高了水中溶解氧含量，为河道营造了充分的好氧环境，高效去除了水中各种污染物，彻底改善了河道的生态环境。该技术可使水中的溶解氧达到 50 mg/L 以上；氧的利用率超过 95%，比传统溶氧效率提高 5 倍。该技术项目建设费用为 150~300 元/t，比传统工程投资降低 50%；运营费用为 0.03~0.08 元/t，综合运行成本降低 40%；能耗与其他同类技术相比降低 60%。水利部把该技术列入 2015 年度、2018 年度"水利先进实用技术重点推广指导目录"。

（12）流域水体修复：协同超净化水土共治技术。该技术实现了流域水体修复的突破，核心是纳米金刚石薄膜电极构架在低压电场驱动下释放出低动能电子作用于水中络合物形成纳米点，随着水流和链式反应，纳米点广泛分布区域水体，纳米点经光催化效应释放出高能电子，实现水分子变为活性氧和氢气，提高水体氧浓度，净化水体和淤泥环境。该技术应用于流域水环境，1~3 个月提升一个水质等级，6~9 个月流域恢复生态；装置占地小，自然温度对于装置系统无根本性影响，设备平均使用寿命 3 年；全天候全方位恢复水域生态，有效降解水体中有机物、氨氮、总磷、蓝藻、重金属离子等污染成分。该技术设备单位总投资为 2000 万元/km²，比传统技术节约 56%~64%；运行过程中能耗低，功率 15 W，有效治理水面积为 40 万 m²，有效治理水体 80 万 m³，年耗电仅为 259 kW·h。

（13）低碳生物转盘污水处理：超大直径一体化装置。低碳生物转盘污水处理技术，通过转盘的转动，附着在盘片上的大量微生物交替性地接触空气和污水，促进其好氧呼吸，激活盘片两侧的生物菌群，微生物利用污染物质（有机碳水化合物、氮、磷等）作为底物来进行自身的繁殖，从而维持盘片上微生物膜的有效厚度，实现碳、氮、磷等营养物质的去除，确保最佳工艺表现。该技术研发人员结合国内水质特点研发 4.5~6.0 m 超大直径生物转盘，实现单套处理能力最大达 1000 t/d，对应出水标准为国家一级 A 标准；产泥量仅约为传统曝气工艺的1/3；高度集成，占地面积小，处理量为600 t的污水站整厂占地面积约260 m²；主体工艺单元无臭味，不影响周围居民生活。设备一次性投资为：模块化设备1500~2000元/t，高集成设备6000~12000元/t；运行成本为0.3~0.5元/t。处理出水可作为回用水灌溉周边农田，为农民节约开支。

（14）滤料原位再生：水处理系统污料污垢分解技术。该技术是在不转移受污染滤料且不改造过滤器（池）结构的情况下，通过能够进入过滤器（池）内部的专门设备进行有序操作，有针对性地使用超声波、高压水、压缩空气等必要的物理化学手段，直接在过滤器（池）中对受污染滤料进行处理，使受污染滤料表面和内部的污垢快速分解、彻底去除而达到再生的目的。该技术下滤层的清洁度可恢复到新料的95%以上；原位再生可100%切断一个污染源；减少总量70%以上新滤料的使用和污料外排；滤料可100%多次重复回收利用；净污泥利用100%（含铁量50%）可作原料；适用范围广，各行业使用常规滤料（天然和人工合成类）的水系统，均可使用；无"邻避效应"，现场环境符合"花园式"要求；比较相同更换方式，该技术可节省能耗15%左右。

（15）紫外光高级氧化降解COD：紫外光与氧化剂复合作用技术。紫外光高级氧化技术是利用氧化剂与紫外光复合作用产生自由基氧化分解有机物，可将难降解的有机物分解为二氧化碳和水，无二次污染。该技术适用于市政生活污水、工业有机废水和化工废水等多个领域，对COD_{Cr}的去除率可达50%以上，直接运行成本可控制在1元/t以内，出水标准可达《城镇污水处理厂污染物排放标准》（GB 18918—2002）一级A标准以及广东省《水污染物排放限值》（DB 44/26—2001）第二时段一级中较严者。以某污水处理厂项目为例，该厂日处理污水10万 m³，建设成本可控制在1600万元，运行成本可控制在0.2元/t，比传统工艺（1.4元/t）下降约86%。

（16）湿垃圾制沼气、有机肥：湿垃圾干式厌氧技术。该技术通过集成创新形成有机废弃物泛能管理方案，结合实验室菌种测试为客户量身定制厌氧菌与有机废弃物混合发酵模式。实现从有机垃圾中提取可再生能源（沼气），提供生物新能源的创新技术。该技术可实现垃圾减量96%，经过20天发酵后，1 t湿垃圾每日可产170 kg沼气（沼气可以转为240~300 kW·h），40 kg有机肥。该技术干式发酵罐体仅为传统湿式厌氧工艺的1/3，占地小，运行过程无异味，无噪声，可适用于居民社区、商场、大学、工厂等人流密集地。该设备的建设成本为85万元/t，运行费用为140元/t，使用寿命最少15年，投资回收期2~3年，是当代城镇乡村的湿垃圾绿色处理新选择。

（17）固废能源化：有机固废气化技术。通过让有机固废成型颗粒经过700~1000℃气化处理，有机组分减量化程度超过99%，产生以氢气和一氧化碳为主的合成燃气，可用于高效率发电、天然气替代、分布式供热、化学品合成、绿氢制备等低碳和负碳应用场景。该技术以顺逆流耦合双氧化层固定床气化系统为核心工艺，覆盖生活源、工业源、农林业源、医废源等有机固废的处理，突破性地攻克了传统上吸式气化炉焦油含量高的难题，粗燃气焦油含量低于0.2 g/nm³，减量99%以上，避免了高浓度洗焦废水；无飞灰和二噁英产生，燃前净化有效脱酸除硫，二次污染控制负荷低；正压炉和料锁结构有效防止可燃气外泄和氧超标。经测算，日处理30 t县域多源垃圾项目，建设费用1300万元，年运营费用218万元，年产生水蒸气收入924万元，投资回收周期不到两年，为我国城镇分布式有机固废处理提供了极具经济性和环境友好性的解决方案。

（18）无辅助燃料处理垃圾：分布式分层温控无动力生活垃圾和农业废弃物热解技术。该技术是一种新的"垃圾处理垃圾"的技术，通过垃圾分子高温裂变释放热能叠加循环热解，达到蓄能、无动力、无辅助燃料用垃圾处理垃圾的效果。在该技术下，固体废物减量化≥97%，燃烧效率≥99.9%，全程无二噁英、渗透液产生，运行过程尾气排放达到《生活垃圾焚烧污染控制标准》（GB 18485—2014），设备全自动、全天候运行，操作简单安全，仅需 1~2 人值守即可。以垃圾处理能力为日处理 20 t 规模的项目为例，总投资费用估算 4000 万元，营运成本总费用 229.86 万元，吨处理成本 31.49 元，年生活垃圾处理费 876 万元（73000 t×120 元/t），扣除设备折旧费 266.67 万元和上述年运行费，年净利润为 158.15 万元，九年就可收回全部投资。

（19）固废制燃料：可燃固体废弃物资源化利用技术。该技术是以固体废弃物（如工业固体废弃物、大件垃圾、园林废弃物）为原料，经过分拣、破碎、磁选除铁、筛分、压缩、干燥等方式将其制成固体回收燃料（SRF），主要用于火力发电，焚烧后产物与生活垃圾等一般固废焚烧发电产物基本一致，不存在污染转移问题。该技术的关键性指标为：固体回收燃料的破碎尺寸 3~5 cm，成品热值 16.7~25.1 kJ/t，资源循环利用率可达99%~100%。设备采用智能输送机投料和西门子 PLC 智能实时监控运行过程，使用方便，操作简单；空载噪声平均值控制在 80 dB 内，有效降噪。系统采用密封式结构，保证整线的除尘效果。生产过程无废气、污水等污染物排放，工业粉尘通过回收装置收集可以用作生产原材料，基本达到零排放。该项目的经济效益以中汇（东莞）循环经济示范利用中心为例，占地面积约 33600 m^2，计划总投资 1.2 亿元，一般工业固体废弃物资源化年处理 15 万 t，大件垃圾资源化年处理 3 万 t，园林废弃物资源化年处理 3 万 t，每年可减少碳排放 11.4 万 t。

（20）污泥资源化利用：污泥有机无机分离及精准利用技术。该技术是通过化学复配药剂和"重力分选"原理对污泥里的有机物无机物进行分离，分离出的有机物可做生物质燃料，溶出磷、铝、铁可做肥料和除磷药剂，剩下的无机污泥脱水制成泥饼用作建筑材料使用。经核算，10 t 分离 2 t 干化污泥焚烧发热，0.4 t 除磷药剂；0.5 t 泥饼做建筑材料。随着我国城镇化进程的加快，污水处理量的增长，污泥的产量也逐步增加，该技术妥善解决了污泥的用处，实现了污泥的无害化、减量化、资源化利用，符合绿色低碳循环发展的经济体系。技术设备以 100 t/d（含水率 80%计）处理规模测算，最少可投资 4000 万元；运行成本在 150~200 元/t；按照投资回收率为 6.3%进行计算，8~9年即可回收成本。

（21）秸秆/煤高效利用：生物质/煤耦合的能源清洁利用技术。该技术通过秸秆（生物质）和低阶煤进行耦合，产出生物质型煤、生物质复合型黏合剂、有机肥料、建筑建材等，实现了生物质/低品质煤资源的高附加值利用、高效洁净燃烧、燃烧灰渣无害化处理的闭合循环模式。该技术可以将散煤制成生物质环保型煤，经济价值提高 250%，实现了秸秆 90%的利用。秸秆制备时间缩短 50%以上，处理量提高 5~8 倍，打破了生物质黏合剂规模化制备的限制。通过分段促进燃烧、定向复配药剂、多级催化等技术实现生物质型煤高效燃烧和 SO_2、NO_x、HCl、对二甲苯、HF 等污染物达到≥50%减排。通过分级处理实现各粒级未燃碳等物质高效分离与富集，可制备高品质燃料、吸附材料、电极材料、良好的肥料。

（22）垃圾热解气化：生物质气化资源化技术。该技术引进奥地利先进的气化技术，提高了热解设备的技术水平和日处理能力，助力乡村城镇垃圾处理迈上新台阶。该设备可将生活垃圾热解气化产生可燃气体并进一步转化为电能、热能、氢能等，实现生物质的高效循环利用。同时，该设备具有运营成本低、热解完全、设备性价比高等优越的性能指标，解决了各地生物质废物处理的大难题。该设备处理过程自动化运行，无需助燃剂，全程无毒害气体产生；设备不堵塞；制备出可燃气体，供当地住户取暖、发电使用，实现能源的循环利用；垃圾可就地处理，节省费用；气化强度大，热解完全。日处理 24 t 垃圾设备总投资 300 万元，运行成本约 15 元/t。以 20 t 树皮热解为例，每小时产生气体总热值 600000 kcal，对接一台一吨的热水锅炉，每天可产生 140 t 热水，每吨热水可收入 30 元，日收入 4200 元；该热量还可用于供暖，理论上可服务面积约 1 万 m^2，1 m^2 收费 28 元，采暖季总收入 28 万元。

（23）河流底泥原位利用：海绵生态砌块技术。该技术是采用烧结固化的方法，将污泥制成海绵道砖和（嵌入式）环筒护坡构件，解决了黑臭河道治理系统工程中污泥堆积问题，防止二次污染。该技术可保证污染物的零转移和零扩散，发挥海绵体常态化的雨水滤后渗入特点，实现河流自然净化；海绵生态砌块不影响两栖动植物生长生存，实现了自然生态的良性循环；生态砌块保留了自然积存、自然渗透、自然净化的海绵体质；河床坡岸海绵建材采用人性化设计，利于植物扎根土壤里，便于动物爬行，方便污染物清理。年消耗 16.32 万 t 污泥的隧道窑厂总投资约 1 亿元，每年可节约污泥处理费 7.2 亿元，还可生产 3620 万件海绵生态砌块。

（24）污染物秒级监测：基于深度神经网络建模的全光谱水质分析技术。该技术的光谱范围宽达 200～850 nm，利用 UV 全波段吸光度值进行深度神经网络综合建模，做到秒级监控水中污染物，同时检测数据可实时与云端大数据进行比对，实现大数据样本的追溯、深度挖掘。该技术监测周期可达到秒级，常规监测频率 1 min；单台设备可同时监测 COD、NH_3-N、TP、TN、BOD、TOC、NO_3-N、NO_2-N、浊度、色度、悬浮物等核心关键指标；核心关键指标分析结果与实验室检测数据误差仅小于等于 20%～30%；设备体积小，移动方便，运行过程节能环保，无二次污染风险；监测结果可实时实地存储、分析、警示；适用范围广，不仅可用于河流湖泊常规污水监控，还可满足管网、沟、渠、涵闸、隧洞等复杂环境下的水质监测需求。建设成本不到常规自动水站的 1/2，年运营成本为常规水站的 1/3；设备运行过程中无须试剂、不产生废液，无耗材消耗和废液处理费；维护成本低，仅需处理水中杂物即可。

第二章 秸秆纤维素绿色转化技术

第一节 纤维素绿色转化过程

作为自然界中分布最广、含量最多的多糖，纤维素占植物界碳含量的50%以上，取之不尽用之不竭，是最宝贵的天然可再生资源。我国每年生产的木质纤维素类生物质约10亿 t，其中至少5亿 t 被白白焚烧或抛弃，造成严重环境污染和资源浪费，若能将其充分利用必能带来极为可观的经济、环境和社会效益。早在第二次工业革命时期，纤维素化学和工业研究就已有记载。如今，随着能源危机与环境问题日益严重，纤维素类生物质的转化利用技术已受到了社会各界的广泛关注，所以妥善利用纤维素类生物质是可持续发展的必要条件和历史趋势。本章将以富含纤维素的秸秆为典型代表并结合绿色循环理念介绍纤维素应用于清洁生产的技术工艺和实际案例，将纤维素废弃物变废为宝。

纤维素由葡萄糖大分子多糖组成，是植物细胞壁的主要成分之一。目前，工业生产中所使用的纤维素主要来源于棉花和木浆。其中棉花的纤维素含量近100%；一般木材中纤维素含量占40%～50%，还有10%～30%以半纤维素形式存在。传统纤维素工业中，纤维素被广泛应用于造纸及其衍生行业。近年来，新兴的纤维素绿色转化技术主要集中于纤维素制备生物燃料以替代化石资源，并且该技术在生物质柴油及航空煤油等生物质能源的生产中取得了一定进展（图 2-1）。纤维素这种生态大分子能够自我分解并在与催化剂共溶的作用下经过简单的催化过程及衰变程序稳定地返回自然界碳循环中，上述共溶型降解过程具备低成本、无污染、永不衰竭的特性，可以满足现代环保与可持续发展的需要。

从微观结构出发，纤维素是 D-葡萄糖以 β-1,4-糖苷键组成的大分子多糖，分子量约50000～2500000，相当于 300～15000 个葡萄糖基。其结构式如图 2-2 所示，是典型的葡萄糖脱水缩合产物，而分子式可表达为 $(C_6H_{10}O_5)_n$，其中，n 为聚合度，自然界中存在的纤维素 n 值多为 10000 左右。纤维素长链头尾各含一个葡萄糖残基，中间的葡萄糖残基只含三个游离羟基：一个伯羟基和两个仲羟基，其反应活性存在明显区别。伯羟基在形成分子间氢键中发挥重要作用，但不参与分子内氢键的形成（图 2-2）。

因纤维素中含有 β-1,4-糖苷键，在酸或纤维素酶的作用下，纤维素可以发生水解反应被降解为分子量较小的糖类。通过控制不同反应条件可以将其进一步转化为糠醛、乙酰丙酸等产物，在该过程中廉价的原材料被转化为品种多样的产品（图 2-3）。纤维素含有的醇羟基可以发生各种酯化或醚化反应，生成许多有价值的纤维素衍生物。此外，通过对纤维素进行改性，可以克服其不耐化学侵蚀和硬度低等问题，得到具备独特性质的纤维素新产品。

在石油资源日益短缺的当下，世界各国在迫切寻求新的不以石油作为原料的平台化合物制备工艺路线，生物炼制技术也应运而生。生物炼制就是以可再生的生物质资源，

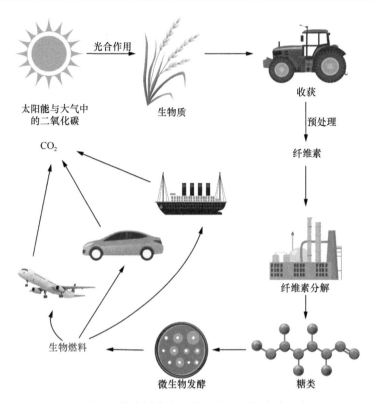

图 2-1　生态环境中纤维素用作生物能源的碳循环过程

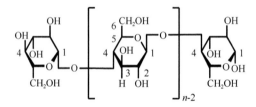

图 2-2　纤维素分子的结构式

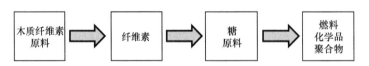

图 2-3　纤维素的加工转化过程示意图

包括糖质（如淀粉、纤维素和半纤维素等）、油脂和蛋白质等为原料，经过物理、化学、生物的方法或集成以上方法加工成人们需要的化学品、功能材料和能源物质（如液体燃料）。生物炼制过程实现了传统的石油经济模式向糖经济模式的转移。相较于传统的石油炼制技术，生物炼制技术的原料可再生，不受石油资源枯竭的影响，且环境友好，没有净 CO_2 增加，符合当今减碳要求。

　　纤维素的生物炼制以纤维素为原料，通过热化学、化学或生物方法等降解成为一些中间平台化合物，如生物基合成气、糖类等，然后经过生物或化学方法加工成为平台化合物，如乙醇、甘油等，再由平台化合物合成各种化学品（图 2-4）。

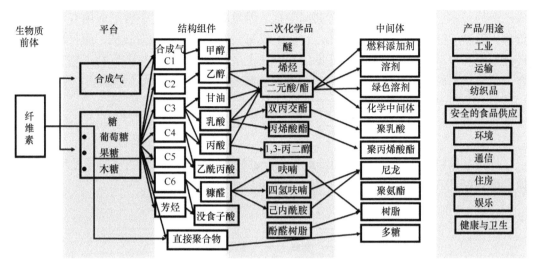

图 2-4　纤维素的生物基产品流程图

　　尽管由纤维素等生物质制备化学品具有良好前景，但其发展速度却并不尽如人意，这归因于生物质产业的复杂性。生物质产业包含农林作物种植、能源植物种植、生物质收集、运输、预处理、工业加工转化、生物精炼等方面，涉及体系十分庞大，需要各部门、各个领域之间密切合作。复杂性还体现在原料的多样性、发展的地域性以及生物质能利用途径的多样性和每种利用途径的阶段性。各部门、研究人员应当立足自身特定的系统，选择符合自身需求的研究体系。例如秸秆纤维素–乙醇系统，包括秸秆生产、收集、预加工、预处理、纤维素水解、乙醇发酵、乙醇分离、非纤维成分利用、废物处理等环节。对于每个科研人员甚至研究部门来说，将整个系统作为研究重点难以厘清其内在的根本原因。因此，先由优势科研单位针对特定系统，发挥各自优势，取得关键技术突破，再由企业进行技术集成、中试直到生产，才能取得理想效果。

　　总之，利用生物质制备化学品是不可逆转的大趋势，经过多学科、多产业的共同努力，生物质产业必将成为未来绿色清洁能源行业的璀璨明珠。其相应技术发展也将带动清洁技术领域的革新。

第二节　纤维素制备燃料乙醇

一、技　术　背　景

　　我国是农业发展大国，每年会产生大量的农林废弃秸秆，早在"十五"计划中便制定出发展燃料乙醇的规划，该计划旨在利用木质纤维生物质可再生资源，如农作物秸秆、稻壳等木质纤维生物质废弃物生产生物燃料乙醇，并希望该技术能在全国进行全面推广，真正实现能源重复可再生与低碳环保的伟大构想。

　　农林废弃物中可用于生产燃料乙醇的原料纷繁复杂，按其化学组成大体可分为淀粉质原料、糖质原料和纤维素原料，将来自富含淀粉质和糖质的农作物中的糖类物质转化成乙醇的技术已较为成熟,但仍有其局限性。因为这些农作物对于食品应用有着很高的价值,所以与纤维素类生物质相比,它们不仅每公顷的糖产量相对较低,而且经济成本较高影响其普适性应用。因此,纤维素是地球上最具潜力的乙醇生产原料。基于以上内容,本节重点归纳总结了将纤维素用于燃料乙醇的清洁生产技术。

二、技 术 工 艺

纤维素原料结构比较复杂,由纤维素生产乙醇需要依次经过生物质的预处理、糖解、糖发酵,以及乙醇的蒸馏回收等步骤,工艺流程如图 2-5 所示。

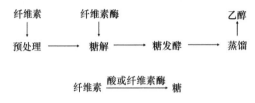

图 2-5 纤维素生产乙醇的工艺流程

预处理过程:木质纤维原料具有较高的结晶性,需经预处理后打破纤维素分子的结晶结构和保护层才可使材料变得蓬松,易于被纤维素酶作用。经预处理后的原料,其水解率有明显提高。预处理方法的选择主要从提高效率、降低成本、缩短处理时间和简化工序等方面考虑。理想的预处理应能满足下列要求:

(1)产生活性较高的纤维且使戊糖较少降解。

(2)反应产物对发酵无明显抑制作用。

(3)设备尺寸合理选择以控制成本。

(4)固体残余物较少、易纯化。

(5)分离出的木质素和半纤维素纯度较高,可以制备相应的其他化学品,实现生物质的全利用。

以稀酸预处理、碱预处理、辐照预处理、机械破碎预处理、超声预处理等预处理方法为代表的传统的预处理方法虽然在一定程度上可以促进纤维素的后续利用与转化,但也有明显的缺点存在。例如,稀酸预处理法需要较高的反应温度和压力,碱预处理法无法实现糖的降解,反应后需要加酸中和,以及多数传统处理方法普遍存在成本高的问题,抬高了其在工业上应用的门槛。因此,寻求如何利用传统处理方法的相应优势并不断修正传统处理方法带来的不足就成为相关科研机构和企业重点解决的问题。通过研究发现,结合两种或多种预处理方法的优点的木质纤维素组合预处理技术可以较好地实现上述要求,其与近年来开发的新型预处理技术,如γ-戊内酯预处理、低共溶剂预处理法和微生物联合体生态位预处理法成了人们关注和研究的重点。

通过预处理步骤处理的纤维素片段需进一步水解得到相应的小分子化合物,以便人们能对其充分利用。而纤维素水解过程中利用纤维素酶的水解过程因其反应条件温和、水解产物较彻底受到了广泛的青睐。酶水解的水解程度主要取决于其采用何种水解机理,因此纤维素酶水解机理及优化需要重点关注。通常纤维素酶是一种多组分的复合酶,现已确定纤维素酶含有三种主要组分，即内切型-β-葡聚糖酶、外切型-β-葡聚糖酶和 β-葡萄糖苷糖酶。天然纤维素水解成葡萄糖的过程中，必须依靠这三种组分的协同作用。纤维素水解过程包含以下步骤。

（1）内切型-β-葡聚糖酶切割纤维素的无定形区，生成较小的葡聚糖。

（2）外切型-β-葡聚糖酶作用于末端基释放纤维二糖和更小分子低聚糖。

（3）纤维二糖在 β-葡萄糖苷糖酶作用下被分解为葡萄糖分子。

酶水解虽具有独特的优势，但水解效率较低是限制酶水解大规模应用于纤维素水解工业的重要因素，也是目前纤维素水解工业亟待解决的关键问题。其中，常规的控制酶水解时间和酶用量间的平衡措施如下。

（1）优化预处理体系。

（2）将未消耗的底物和溶液中的酶循环使用来降低酶的投入成本。

（3）间歇式补充原料和酶，使整个过程维持较高浓度的纤维素含量。

（4）开发具有更高活性的纤维素酶。

（5）研制新型水解反应器。

（6）深入研究酶与底物相互作用以及半纤维素和木质素对酶水解机理的影响。

经过上述酶水解后的纤维素已经基本成为可被直接利用的单糖，该类单糖可直接经过糖发酵作用产生燃料乙醇。糖发酵过程主要是指利用植物纤维原料生产乙醇的发酵方法，按照各生物转化程序的特点可以划分为以下四种方法。

（1）水解与发酵分段法：其主要经过纤维素酶生产、纤维素水解，进而己糖与戊糖分别进行相应的发酵过程生产燃料乙醇。

（2）同时糖化戊糖单独发酵法：这种方法主要是利用纤维素水解与己糖发酵同时进行并同时完成，将体系中分离出的戊糖再单独发酵生产目标产物。

（3）同时糖化共发酵法：这种方法是指纤维素水解过程与糖发酵过程同时进行。

（4）固定化酶糖化发酵法：这种方法是将同一种微生物既用于完成纤维素酶的分泌，又实现纤维素的糖化与发酵过程。

水解与发酵分段法相比后三种方法，虽具备操作简单、便于推广、易于理解的特性，但其相比同时糖化戊糖单独发酵法和同时糖化共发酵法对酶解作用有明显的抑制，进而延长了发酵时间；相比同时糖化发酵技术，固定化酶糖化发酵法仅利用一种微生物即可完成纤维素酶和半纤维素酶产生，同时将酶解产生的糖进一步发酵。此外，固定化酶比游离酶有较好的稳定性，可重复使用并回收，便于连续操作，且能提高发酵器内细胞浓度和乙醇浓度。目前该种方法中研究最多的是酵母和运动发酵单胞菌的固定化，常用载体有海藻酸钙、卡拉胶、多孔玻璃等。固定化酶是生物工程的一个重要方面，利用固定化纤维素酶技术，对实现纤维素糖化发酵工业化生产具有里程碑式的意义。

糖发酵过程的实质是酵母等乙醇发酵微生物在无氧条件下的一系列有机质分解代谢的生化反应过程。自然界很多微生物（酵母菌、细菌、霉菌等）都能在无氧的条件下通过发酵分解糖，并从中获取能量。不同微生物有不同的发酵途径，并产生不同的发酵产物。糖原酵解把己糖转化为丙酮酸盐，随后脱羧得到乙醛，为保持氧化还原平衡，乙醛进一步还原为乙醇。在这一过程中转化 1 mol 己糖产生 2 mol 乙醇。从生产乙醇的目的看，以酵母菌和少数细菌的发酵途径最有利，因它们的产物只有乙醇和 CO_2，这种发酵过程可用下式表示：

$$C_6H_{12}O_6 \longrightarrow 2CH_3CH_2OH + 2CO_2$$

在这种情况下，1 mol 葡萄糖可生成 2 mol 乙醇。1 mol 固体葡萄糖燃烧可放热 2.816 MJ，而 1 mol 乙醇燃烧可放热 1.371 MJ，故理论上通过发酵可回收 97%以上的能量。

对从纤维素获得的木糖转化为乙醇的化学计量关系曾有不同的看法，但目前一般认为可用下式表示：

$$3C_5H_{10}O_5 \longrightarrow 5CH_3CH_2OH + 5CO_2$$

实际发酵中乙醇回收率必小于理论值，这主要由于以下原因：

（1）微生物不能把糖全部转化为乙醇，总有一些残糖剩余。

（2）微生物本身生长繁殖需消耗部分糖，构成其细胞体。

（3）因乙醇易挥发，发酵中产生的二氧化碳逸出时会带走一些乙醇。

（4）杂菌的存在会消耗一些糖和乙醇。

因此，优化发酵条件对提高纤维素的利用率、纤维素酶的效能非常重要。发酵条件的优化主要包括培养基成分、接种量、培养时间、环境 pH 范围、通气量的优化以及对全部设备的特殊要求等。

近年来，国内外许多研究者致力于构建可以高效代谢五碳糖和六碳糖产乙醇的基因重组菌。构建重组菌的主要目标是尽可能地扩大重组菌的底物范围，提高糖的利用率。其主要研究思路：一是将戊糖代谢途径引入只能代谢己糖的良好的产乙醇菌种中；二是将高效的产乙醇关键酶引入能代谢混合糖但乙醇产量较低的菌种中。在发酵混合糖产乙醇的重组细菌研究中，使用最多的是活动氧化酵母菌（*Zymomonas mobilis*）和大肠埃希氏菌（*Escherichia coli*）菌种，基因重组菌开发的成功，对于生产生物乙醇具有里程碑的意义。另外，尽管工业上一般使用的酵母和 *Z. mobilis* 在 30℃时所得乙醇体积分数可达 10%，但微生物的耐热温度较低，因此耐热菌的开发也显得尤为重要，现一般采用酶解温度与发酵温度的折中温度。总之，我国的植物纤维资源非常丰富，每年至少有 5 亿 t 农作物秸秆、400 万 t 甘蔗渣、100 万 t 森林采伐加工剩余物，加上来自造纸、食品发酵和轻化工业的数百万吨工业纤维废渣，数量相当巨大。因此充分利用这些木质纤维资源，开发新型利用途径，将是我国能源可持续发展的必由之路。

三、技术产业化

实施例 1：纤维素乙醇的 NREL 生产工艺

纤维素乙醇的生产工艺流程目前已有较多的开发与应用，部分新工艺的中间性生产实验已扩大到数十立方米发酵罐的小型生产规模，中试生产成本已接近工业化的要求。其中比较成熟的是美国国家可再生能源实验室（NREL）开发的稀酸预处理—酶解发酵工艺。

（1）秸秆经研磨后加入预处理反应器，在 190℃和 111%的硫酸中，约有 90%的半纤维素转化为木糖，从反应器出来的物质经冷却、分离后，相应的液体部分加过量石灰除去有害的发酵抑制物。

（2）向预处理后的固体产物中加入纤维素酶，使固体物浓度达 20%，再经 65℃糖化反应器集中处理 36 h，此时约 90%的纤维素即可转化为葡萄糖。

（3）糖化醪冷却至 41℃，送入发酵反应器，采用细菌 Z. mobilis 的基因工程菌，进行连续厌氧发酵。

（4）发酵完成后乙醇浓度达到 5.7%，最后经蒸馏和分子筛吸附从粗发酵液中回收乙醇，回收的乙醇纯度为 99.5%。

玉米秸秆生产乙醇的总产率是 375 L/t。蒸馏塔底排出物中含有水、木质素和其他有机物，经过滤得到的其他有机副产物可通过燃烧产生电能进而用于发电。

实施例 2：纤维素乙醇预处理与酶解技术

除 NREL 生产工艺外，纤维素乙醇预处理技术因其多变的组合方式，较高的水解产物产率受到广泛关注。其预处理方式主要为：自水解、稀酸预处理、氨水预处理、氨爆预处理、机械预处理、气爆预处理、湿法氧化、生石灰预处理、有机溶剂预处理等。不同的预处理方式适用于不同的原料和相应的酶进行水解，可取得普遍较高的糖收率。其中，酶解技术直接导致最终产物分布的区别，所以建立相应的酶解评价方式具有积极意义。

1）预处理产物酶解评价

（1）实验材料：稀酸预处理后的秸秆，氢氧化钠，50%硫酸，超纯水，乙酸，乙酸钠，商业纤维素酶 Cellic CTec 2.0、CTec 3.0、Cellic RZ 1.0。

（2）实验仪器：天平、摇床、HPLC、pH 计。

（3）成分分析：NREL 标准成分分析方法；水解效率的测定；液相色谱法分析葡萄糖产率。

（4）水解条件：干物质含量 20 wt%[①]、pH 6.0、酶解温度 50℃、酶解时间 72 h、转速 150 r/min。

2）发酵酶解液评价

（1）实验材料：酶解液、氢氧化钠、50%硫酸、超纯水、尿素（氮源）、酵母提取物（氮源）、蛋白胨（氮源）、青霉素、诺维 Cellerity S 1.0 酵母。

（2）实验仪器：天平、摇床、HPLC、pH 计。

（3）成分分析：液相色谱法分析乙醇产率。

（4）发酵条件：见表 2-1。

表 2-1　玉米秸秆粉转化为酒精的发酵条件

底物含量/wt%	酵母加入量/（g/L）	氮源	发酵 pH	发酵温度/℃
100	1			
100	2			
75	1	2 g/L 尿素	6.0	32
50	1			

---

① wt%表示质量分数，下同。

续表

底物含量/wt%	酵母加入量/（g/L）	氮源	发酵 pH	发酵温度/℃
100	1			
100	2	1%酵母提取物、	6.0	32
75	1	2%蛋白胨		
50	1			

通过调整纤维素酶的组分，以及配比可有效增加酶解效率，优化经济成本。

实施例3：玉米秸秆粉同时糖化戊糖单独发酵法工艺条件优化实验

上述实施例1与2中的技术虽具备一定可操作性，但因其后续产物需多步分离提取并重新装填进料，增加了实施过程中的成本，所以科研人员与相应企业设计开发出在同一反应器中同时满足纤维素酶水解纤维素的最适条件、葡萄糖酒精发酵的最适条件以及木糖发酵酒精的最适条件的工艺路线，大幅提升了乙醇的产率并降低了生产成本。该技术主要以发酵温度、发酵时间、纤维素酶浓度、入池 pH 为对酒精产率的影响因素，测定其对酒精发酵的影响。

实验过程：将玉米秸秆粉经稀硫酸润料、蒸煮、降温并中和处理后，加入 5%酵母和纤维素酶后保温发酵，最后通过蒸馏提取酒精。测定正交试验设置与结果见表 2-2。

表 2-2　发酵条件对玉米秸秆粉转化为酒精的影响

实验号	温度/℃	时间/d	入池 pH	纤维素酶浓度/（IU/g）	酒精产率/（g/g 酒醅）
1	32	5	4.5	20	2.10
2	32	6	5.0	25	2.30
3	32	7	5.5	30	2.48
4	36	5	5.0	30	2.84
5	36	6	5.5	20	2.55
6	36	7	4.5	25	2.42
7	40	5	5.5	25	1.70
8	40	6	4.5	30	2.10
9	40	7	5.0	20	2.21
$`k_1$	2.29	2.21	2.21	2.29	
$`k_2$	2.60	2.32	2.42	2.14	
$`k_3$	2.00	2.37	2.24	2.47	
R	0.60	0.16	0.21	0.33	

从正交试验的结果分析：发酵温度 36℃、发酵时间 5 d、入池 pH 5.0、纤维素酶浓度 30 IU/g 是以玉米秸秆粉为原料同时糖化戊糖单独发酵法酒精发酵的最佳条件，酒醅中酒精浓度达 2.84%，玉米秸秆的乙醇转化率为 11.36%。

实施例4：生物乙醇发酵废水在生物炼制预处理过程中的循环利用

上述三个实施例在一定程度上推动了纤维素转化为燃料乙醇的过程，但三种方法均会在预处理阶段产生一定量的生物乙醇发酵废水，因该废水具有一定的生理毒性，所以极大限度地增加了生物乙醇绿色生产的困难性。因此，该行业从业人员研究开发了生物炼制预处理过程中发酵废水的循环使用技术。

1）反应原料

通风除尘后的麦秆、商业纤维素酶 Cellic CTec 2.0、乙醇发酵菌株酿酒酵母 Saccharomyces cerevisiae XH7。

2）实验废水

生物炼制过程中纤维素乙醇废水（乙醇精馏后乙醇精馏渣固液分离得到的乙醇发酵废水），其化学需氧量（COD）为 170 g/L，含多种有机物及少量金属盐离子。

3）预处理

在搅拌条件下向原料中加入稀酸催化剂，搅拌转速是 50 r/min，保持 3 min，后升温至 175℃，得到含水量约为 50%、pH 约为 2.0 的纤维素物料。预处理过程中不会有任何废水产生。

4）生物脱毒

（1）配制 20%的 $Ca(OH)_2$，将预处理后物料的 pH 调节至 5.5（脱毒真菌树脂状青霉菌 A.resinae ZN1 的最适 pH）。

（2）物料与 A.resinae ZN1 按照质量比 10∶1 的比例混合均匀并倒入体积为 15 L 的脱毒反应器中，在温度为 28℃、通气量为 1.0 vvm[①]的环境下进行生物脱毒。其间每隔 12 h 在搅拌转速为 50 r/min 状态下搅拌 3 min，当监测到物料中的三种主要抑制物（糠酸、乙酸、5-羟甲基糠醛）已被完全去除后可停止脱毒，脱毒时间一般为 2～3 d。

5）同步糖化共发酵方法

（1）预糖化：将脱毒后的物料加入生物反应器内开始预糖化，预糖化在温度为 50℃、发酵罐转速为 200 r/min、pH 为 4.8 的条件下进行 12 h，固含量为 30%。

（2）同步糖化共发酵：温度控制在 30℃，搅拌转速维持在 200 r/min，用 5 mol/L 的 NaOH 调节发酵液 pH 至 5.5，在此状态下发酵 72 h，每隔 12 h 取适量样品用于后期检测。

6）乙醇精馏

精馏塔的型号为 YH 系列，规格为 2000 mL。主要过程是：取适量乙醇发酵液于加料口处加至球体塔釜中，打开电热套使塔釜温度上升，当塔釜达到 78℃时乙醇开始蒸发，控制回流比使乙醇产品纯度更高，持续蒸发直到发酵液中乙醇全部蒸发。蒸馏后乙醇纯度可达 99.57%。塔釜的水固性浆液经过固液分离得到固体木质素残渣和乙醇发酵废水。木质素残渣可以作为燃料发电供能。乙醇发酵废水循环回用至预处理阶段进行实验研究。

结果表明：未经处理的纤维素乙醇发酵废水循环回用会导致乙醇产量降低，每轮循环回用后的乙醇浓度大约比上一轮降低 5%。

---

① 1vvm=1.0 $m^3/(m^3·min)$。

第三节 纤维素清洁制氢

一、技 术 背 景

经济的迅猛发展与人口数量的急速增长导致人类社会对能源的消耗与日俱增。目前，化石燃料依然主导着能源市场，占全球能源消耗的 87%，但其储量有限，且燃烧后产生大量的温室气体，这引发了一系列严重的环境与生态问题。因此，清洁能源和可再生能源的开发与利用势在必行。

在所有的可替代能源中，氢能因其燃烧不产生碳排放以及热值相对较高而被业界视为清洁能源中的翘楚，所以氢能作为清洁、高效、可再生的能源具有很好的开发与应用前景。传统氢能的获得主要通过化石能源燃烧联产氢气、蒸气甲烷重整等以化石能源消耗为代价的生产方式，但随着现代科学技术的大力发展与多次科技革命颠覆性的变革，使用再生能源生产氢气逐步登上了能源革新的大舞台。其中，生物制氢因其原料来源广泛且产氢效率高、产氢成本低等成为最具发展潜力的能源技术之一，传统方法利用物理化学等手段制取氢气具有成本高、化石燃料消耗严重、易造成环境污染等缺点。生物制氢很好地解决了这些问题，并在微生物降解大分子有机物产氢过程和生物转化可再生能源物质（纤维素及其降解产物和淀粉等）产氢过程中展现出独特的优势，同时与有机废水处理完美融合。相较于其他再生能源（如太阳能、风能、核能等）产氢过程，生物质制氢因其稳定的原材料（能量）供给而备受青睐，是未来制氢工业发展的主流方向之一。

生物质制氢潜力巨大，但所涉及的制氢过程中存在的问题仍需进一步探索。其中有六个方面的问题是生物质制氢快速工业化与市场化的瓶颈。这六个问题如下。

（1）氢气形成过程的生物化学机制探究。

（2）高产菌株的选育。

（3）光的转化效率及转化机制的探究。

（4）可利用的原料种类筛选。

（5）连续产氢设备及产氢动力学的探究。

（6）氢气与其他混合气体分离工艺的选择。

二、技 术 工 艺

纤维素应用于生物质制氢的主流技术工艺通常为以下三种：生物质热化学制氢法、生物制氢法和电解生物质制氢法。

生物质热化学制氢法是指一定的热力学条件下，生物质转化为富含氢的可燃性气体，并伴生焦油催化裂化转化成小分子，实现 CO 通过催化重整转化为 H_2 的过程。根据具体制氢工艺的不同，生物质热化学制氢又可以分为生物质热裂解制氢、生物质气化制氢和生物质超临界水制氢。

（1）生物质热裂解制氢是在隔绝空气的条件下，对生物质，如纤维素进行间接加热，使其转化为生物焦油、焦炭和气体；在此过程中对烃类物质进一步催化裂解，得到富含氢的气体并对气体进行相应分离。热裂解过程中可通过升高温度、提高加热速率和延长挥发组分的停留时间提高目标气体的产率。因此，生物质热裂解效率主要取决于裂解反应温度、停留时间和生物质原料自身特性。生物质热裂解制氢工艺流程简单，对生物质的利用率高，在使用催化剂的前提下热解气中 H_2 的体积分数可达 30%～50%，已成为生物质制氢工艺路线中主流使用的方案。但热裂解过程中有焦油产生，会增加设备和管道腐蚀程度，从而造成产氢效率下降。所以，目前研究的热点主要集中在反应器的设计、反应参数、开发新型催化剂等方面，通过对其优化以提高产氢效率。

（2）生物质气化制氢与生物质热裂解制氢有所不同，其不需在无氧条件下进行制备，制取过程通常是生物质在高温下与气化剂在气化炉中反应，产生富氢燃气。在此过程中，气化剂的种类直接决定了氢气在混合气体系中的所占比例，常用气化剂包括 O_2、水蒸气等。同时，使用的气化剂不同，相应体系中焦油的产量也有所区别。已有研究证实，在气化剂中添加适量的水蒸气可提高 H_2 的产率[1]。生物质气化制氢技术因其工艺流程简单、操作方便和 H_2 产率高等优点给予生物质制氢技术更多选择，但其反应过程中会有焦油产生，降低了反应效率，阻碍了制氢过程的正常运行。可以通过选用合适的催化剂减少焦油生成量，进而提高其产氢效率。

（3）生物质超临界水制氢指在超临界的条件下，将生物质，如纤维素和水反应，生成含氢气体和残碳，并分离混合气体得到 H_2 的方法。与生物质热裂解制氢和生物质气化制氢相比，生物质超临界水制氢反应速度快、产氢率高，产生的高压气体便于储存和运输，且在反应中不生成焦油和木炭等副产物。但生物质超临界水制氢存在设备投资和运行费用高、设备易腐蚀等缺点。因此，生物质超临界水制氢目前还处于研发阶段，没有进行大规模的工业应用。除上述传统的热化学制氢技术外，衍生的生物质微波热解气化制氢、高温等离子体制氢等新型的制氢技术也具有独特的制氢优势，但因其技术与设备壁垒存在，目前也均处于实验室研发阶段。

生物制氢法是利用微生物降解生物质得到 H_2 的一项技术。生物制氢法因工艺流程简单、节能且不消耗矿物资源在领域内有相应应用。根据生物质生长所需的能量来源，生物制氢法可分为光合微生物制氢法和发酵生物制氢法。

（1）光合微生物制氢法是以太阳能为输出能源，利用光合微生物将水或者生物质分解产生 H_2。研究最多的光合微生物主要是光合细菌和藻类。但因其无法降解大分子有机物、太阳能转换利用率低、H_2 产率低、可控制能力差、运行成本高、难以实现工业化生产，目前仍处于实验室研究阶段。

（2）发酵生物制氢法指发酵细菌在黑暗环境下通过降解产生 H_2 制取氢能的方法。其中，发酵细菌的种类直接影响发酵的产物分布，主要包括兼性厌氧菌和专性厌氧菌两类，如丁酸梭状芽孢杆菌、产气肠杆菌、白色瘤胃球菌等。发酵生物制氢法具有较光合微生物制氢法稳定、发酵过程不需要光源、易于控制、产氢能力高于光合细菌、综合成本低、易实现规模化生产的优点。

上述制氢方法虽为生物质制氢工艺提供了一定的选择性，但均存在相应的技术壁垒，如热效率低下、催化剂的持久性较差、产物中掺有杂质等。电解生物质制氢法为解决这些难题提供了一个新的思路。电解生物质制氢法是可以在较低温度下直接从纤维素等生物质中获取 H_2 的一种新型技术。与其他制氢法相比，电解生物质制氢法可以在较低温度下进行且直接得到纯度为 100%的 H_2。它提供了一种方便、快捷的方法来产生纯 H_2。

电解生物质制氢法的工作原理：质子交换膜电解池（PEMEC）中电解生物质制氢的实验装置[2]如图 2-6 所示。装置主要由石墨流场板、石墨毡、全氟磺酸膜和聚四氟乙烯管构成，其阳极和阴极均采用石墨电极，但在阴极表面需涂覆一层 Pt/C（可使 H_2 更好地产生）。在电解过程中，阳极槽内的多金属氧酸盐（POMs）和生物质反应完全的混合液通过蠕动泵将混合液循环通入阳极，同时将阴极槽内放入磷酸溶液，通过阴极蠕动泵将其泵入阴极。在阳极和阴极两端加载电压，还原态的 POMs 在阳极失去电子变成氧化态，H^+ 通过质子交换膜由阳极传递到阴极，在阴极得到电子，转化为 H_2，并通过排水法收集。电解时间足够长的话，还原态 POMs 可全部变为氧化态。

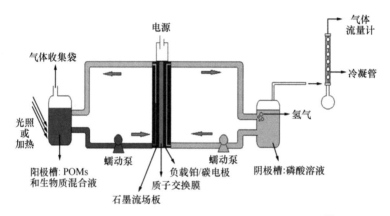

图 2-6　在 PEMEC 中电解生物质制氢的实验装置图[2]

三、实 施 效 果

实施例 1：结合发酵和电氢两阶段过程由纤维素制氢

该实施例采用暗发酵和电氢过程，以高产量和高速率将难降解的木质纤维素材料转化成 H_2[3]。

（1）生物质预处理。

玉米秸秆生物质以 20 wt%浓度进行稀酸水解预处理（H_2SO_4；1.08 wt%），在 NREL 的替代燃料的中试规模反应堆中 190℃反应 90 s。固体木质纤维素部分（主要含有纤维素和木质素）通过离心从半纤维素水溶液中分离，然后在水中洗涤 25 min。在挤压去除多余的水分后，根据 NREL 的实验室分析程序分析最终材料（45%含水量），以干重为基础包含：59.1%的纤维素、25.3%的木质素、5.1%的木聚糖、0.7%的阿拉伯聚糖、0.4%的半乳聚糖、0.2%的甘露聚糖、0.1%的乙酸、1.9%的蛋白质、3.7%的灰分。

（2）发酵过程。

在发酵罐中加入约 0.25%（干 *w/v*）的预处理玉米秸秆木质纤维素或纤维二糖，接种 100 mL 嗜热纤维梭菌（*Clostridium thermocellum*）。搅拌速度保持在 120 r/min，使用无氧的 NaOH 溶液将 pH 保持在 6.8。每小时记录 3 次 H_2、CO_2 和 N_2。将气体发酵罐连接至在线气相色谱仪，其中 H_2 和 CO_2 的浓度是根据 N_2 气体的持续流速（10 mL/min）及其在样品气体中的含量计算的。发酵结束后，收集上清液，离心 10 min，去除细胞和任何残留的固体生物质。

（3）计算。

H_2 回收率（mol H_2/mol 底物）基于实际回收率（测量值），并与最大可能回收率（理论）进行比较。实际的 H_2 回收率是根据 COD 去除率计算的。假设底物化学计量转换为 H_2，根据以下方程计算最大 H_2 回收率。

$$乙酸：CH_3COOH + 2H_2O \longrightarrow 4H_2 + 2CO_2$$

$$乙醇：CH_3CH_2OH + 3H_2O \longrightarrow 6H_2 + 2CO_2$$

$$琥珀酸：COOHCH_2CH_2COOH + 4H_2O \longrightarrow 7H_2 + 4CO_2$$

$$乳酸：CH_3CHOHCOOH + 3H_2O \longrightarrow 6H_2 + 3CO_2$$

$$甲酸：HCOOH \longrightarrow H_2 + CO_2$$

MEC（微生物电解池）的产氢量（$M_{H_2, MEC}$）是根据 0.7 L 纤维二糖流出液的 COD 含量以及 MEC 在 COD 去除方面的表现和相应的产氢量计算得出的。用于计算的公式为

$$M_{H_2, MEC} = (Y_{H_2} V_{H_2} \Delta COD \ V_R)/C_{g0}$$

式中，Y_{H_2} 为 MEC 产氢量（mL H_2/g CODcons）；V_{H_2} 为 H_2 从体积到摩尔的转化系数（0.0402 mmol/L H_2：mL H_2，在 30℃ 和 1 atm 下）；ΔCOD 为 MEC 消耗的 COD 浓度（g COD/L）；V_R 为反应器的体积（L）；C_{g0} 为进入微生物燃料电池（发酵流出物）的底物初始浓度（mol 葡萄糖/L）。在组合系统的基础上计算了制氢系统的总体性能。

实施例 2：原生生物质电解高效析氢

聚合物生物质，如淀粉、纤维素、木质素，甚至是柳枝稷和木材粉末等直接被用作燃料进行发电，在较低温度（80℃左右）下利用太阳能诱导混合燃料电池，其中，以 POMs 作为光催化剂和电荷载体。该混合燃料电池将太阳能电池、燃料电池和氧化还原电池结合起来，当以纤维素作为燃料时，功率密度可达 0.72 mW/cm^2，研究人员还在前面实验装置的基础上，尝试了用加热诱导的方法，在 100℃ 下处理生物质（纤维素、淀粉、柳枝稷、草和木材的粉末等）和 POMs 混合液 4 h 后再进行发电，发现以纤维素为燃料的生物质燃料电池的电流密度比微生物燃料电池的电流密度大 3000 倍左右。该实施例初步探索了影响燃料电池功率密度的因素，得出了功率密度随 POMs 还原度增大而增大的结论。将生物质与 POMs 混合液进行反复加热电解循环后，通过总有机碳（total organic carbon，TOC）分析仪测试发现，初始浓度为 88% 的葡萄糖以及 82% 的纤维素都转化为了 CO_2。

实施例 3：太阳能直接生物质发电混合燃料电池

纤维素等生物质被用于探究磷钼酸与生物质的加热诱导反应和硅钨酸与生物质的

光照诱导反应。其中，以磷钼酸和硅钨酸作为液相催化剂，得到了施加电压与电流密度的关系。实验结果显示，通过光照诱导硅钨酸与生物质反应，电流密度为 $0.2\,A/cm^2$ 时，消耗的电能是 $0.69\,kW\cdot h\,/N\,m^3\,H_2$，与电解水制氢相比，节约了 83.3% 的电能，与电解甲醇、乙醇的水溶液制氢相比，可节约电能 64.3%。与此同时，研究发现 POMs 的还原度越高，初始电压越低。除此之外，还初步探索了电解过程中的中间产物和最终产物，利用液相色谱、气相色谱和核磁共振氢/碳谱分析了电解液中的有机物，得出葡萄糖、纤维素和淀粉的主要氧化残留物是甲酸、乙醇酸和乙酸，阳极反应释放的气体仅有 CO_2。

实施例 4：稀酸水解玉米秸秆发酵产氢气的操作实例

产氢菌种：菌源为牛粪堆肥。

产氢原料：玉米秸秆。

产氢培养基：乙醇发酵残液 600 mL/L，营养液 10 mL/L，初始 pH 7.0，装液量为 32 mL/140 mL 血清瓶。营养液组成如下：80 g/L NH_4HCO_3，12.4 g/L KH_2PO_4，0.1 g/L $MgSO_4\cdot7H_2O$，0.01 g/L NaCl，0.01 g/L $Na_2MoO_4\cdot2H_2O$，0.01 g/L $CaCl_2\cdot2H_2O$，0.015 g/L $MnSO_4\cdot7H_2O$，0.0278 g/L $FeCl_2$。

产氢发酵培养：为富集产氢微生物，提高天然产氢菌的产氢活性，将牛粪堆肥用适量水浸泡，煮沸 15 min 后，过滤取上清液。在上清液中加入 5 g/L 蔗糖和 5 mL/L 营养液，36℃ 厌氧预培养 16 h 作为产氢种子液；将 30 mL 乙醇发酵液煮沸 15 min，除去乙醇，加入 2 mL 营养液和 18 mL 预培养产氢种子液，装入 140 mL 批式反应器中，用稀酸或稀碱溶液调节至初始 pH 7.0，用 N_2 吹扫剩余空间的 O_2，用医用橡胶塞密封，（36±1）℃恒温振荡。定时检测产气量，分析气相产物中 H_2、CO_2 和甲烷的浓度。

累积产氢量的测定：按一定时间间隔用排饱和食盐水法排出发酵瓶内气体，测量气体体积。累积产氢量公式：

$$V = V_0\gamma_i + \sum V_i\gamma_i$$

式中，V 为累积产氢量（mL）；V_0 为反应器液面上空的体积（mL）；γ_i 为第 i 次抽出气体的体积（mL）；V_i 为第 i 次抽出气体中氢气含量。

单位累积产氢量的计算公式：

$$H = V/m$$

式中，H 为单位累积产氢量（mL H_2/g TS）；V 为累积产氢量（mL）；m 为反应底物的质量（g TS）。

第四节　纤维素制备烃类燃料

一、技　术　背　景

烃类物质是指只含有 C、H 元素的一系列有机物的总称（主要包括烷烃、环烷烃、烯烃、炔烃、芳香烃），其在各国石油化工领域扮演着非常重要的角色。烃类物质中乙烯工业的发展更是被称为国民经济的命脉并直接影响着国民生活的各个方面。但目前烃类化合物的生产方式仍主要依靠化石燃料的大量使用，在此过程中势必会产生大量环境污染物（如烯烃裂解会经过快速的升温过程，极有可能产生二噁英类环境污染物）。因此，寻找新的可再生能源生产烃类物质受到了全球化学化工、能源、环境等领域的广泛关注，也成为当今世界新能源利用与转化的研究热点之一。相较于其他可再生替代能源（如太阳能、风能、水能），生物质能可在温和的条件下利用光合作用将二氧化碳和水转化为有机物，以化学能的形式将能量进行稳定储存，并且该过程具备稳定的周期性。这推动了植物体中储存的生物质能转变为烃类物质的进程，纤维素类物质作为植物体中不易被人类直接利用的大分子物质，富含大量的碳氢有机化合物且常存在于农林废弃秸秆中，因而全球每年处置的废弃纤维素数以亿吨。传统的纤维素废弃物处理方式为焚烧处理，这不仅会造成大量碳氢资源的浪费，还会造成环境中 CO_2 排放量增加进而加重温室效应。将废弃纤维素转化为烃类燃料既可以提供可再生的燃料来源，又可以解决纤维素废弃物处置所带来的环境和资源利用率问题，同时从源头替代部分化石能源的使用，缓解能源危机。此外，纤维素本身均由光合反应产生，从"碳中和"的角度来看，由纤维素制造的烃类燃料在全过程中的净排放量为 0，对解决因二氧化碳排放等所导致的全球变暖问题具有重大意义。

二、技 术 工 艺

将纤维素转化为烃类燃料主要有以下三种传统途径（图 2-7），即气化合成法、热解–水热液化法、水解法。此外，近年来快速热裂解法作为一种快速、高效、经济的新方法也愈发受到人们关注。因水解法是将纤维素类物质转化为木质素和水解糖之后再通过水相重整和解聚提质等手段转化为液体燃料，其转化步骤主要发生于水解后物质，可参阅其他相关著作。而前文中已阐述过纤维素转化为乙醇等低碳醇的路径，本节不再赘述。

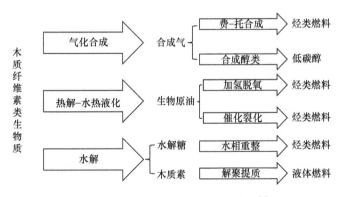

图 2-7　纤维素转化为液体燃料途径[4]

（1）气化合成法：气化合成法主要通过将纤维素等生物质转化为合成气的途径实现。生物质合成气的工业化生产过程主要通过流化床和固定床实现。在高温下，纤维素等生物质同氧气、水蒸气等发生反应，产生一氧化碳和氢气的混合气体，即合成气。除生产氢气、醇的反应外，合成气可以在 Co、Fe 等催化剂作用下，通过费–托（Fischer-Tropsch）合成反应，生成汽油、柴油等烃类液体燃料。其主要反应式如下：

$$CO + 2H_2 \longrightarrow (1/n)C_nH_n + H_2O$$

除直接由合成气合成烃类燃料之外，也可通过纤维素制取的甲醇进一步反应生成各种各样的烃类燃料，如图 2-8 所示。

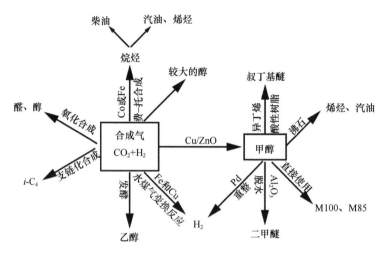

图 2-8 生物质合成气制取燃料的途径

（2）热解–水热液化法：纤维素等生物质可以在高温高压的溶剂环境下发生化学反应转化为液体燃料，如图 2-9 所示。一般来说，纤维素中含有 40 wt%～60 wt%的氧，热解–水热液化法合成烃类的关键要素是将纤维素中的氧元素除去。在热解–水热液化法中，氧原子的除去多以脱水反应（以水的形式将氧除去）、脱羧反应（以二氧化碳的方式将氧除去）的形式发生。该过程中产生的水和二氧化碳均为完全氧化的产物，热解–水热液化的过程并不会对原料的剩余热能造成损失。计算化学结果表明，反应溶剂为水或者含羟基的醇的情况下，脱水反应依然可以在高温、高压的情况下发生。

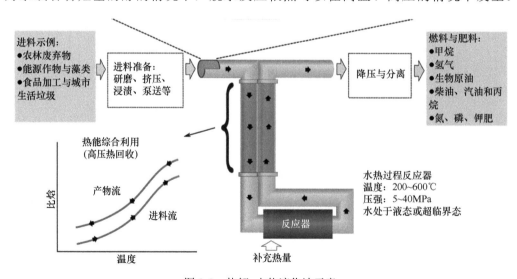

图 2-9 热解–水热液化法示意

这一条件下,纤维素被迅速分解为单糖,而其水解产物中的葡萄糖和果糖发生水热降解(图 2-10),生成一系列的小分子有机物。这些小分子有机物在高温高压的条件下与其他物质进一步发生脱水、脱羧等一系列反应,形成烃类燃料(图 2-11)。值得注意的是,通过热解–水热液化法所产生的烃类燃料相较于传统的石油含氧量较高,需在反应器中通入氢气、一氧化碳等还原性气体来降低所得产品的氧含量。

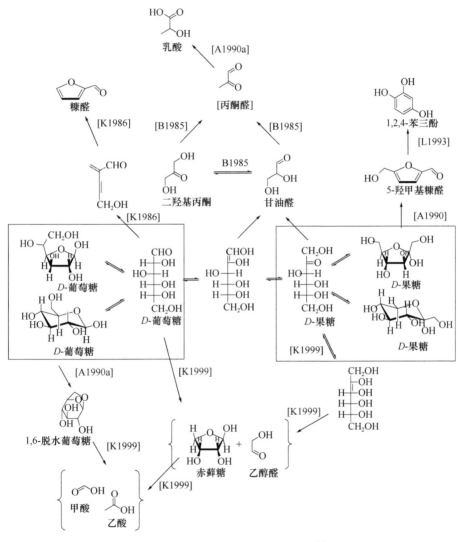

图 2-10 葡萄糖和果糖的水热降解[5]

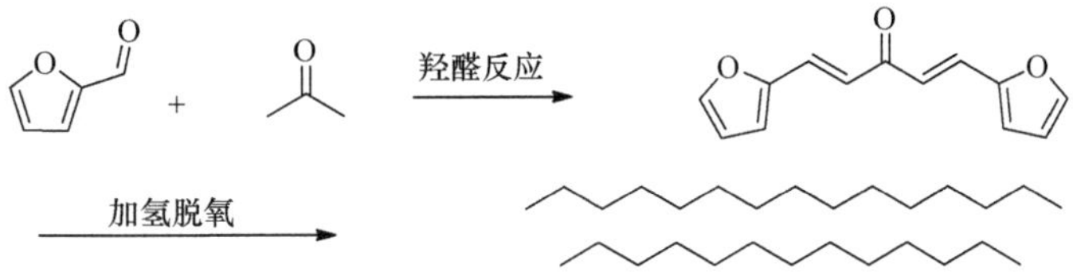

图 2-11 糠醛和丙酮生成液态烃类反应示意[6]

（3）快速热裂解法：热裂解是在无氧条件下，通过加热将生物质转化为液体生物油、固体生物炭和热解气的化学方法。根据升温速率和停留时间的不同，生物质热裂解可分为三大类：慢速（常规）、快速和闪速热解。通过控制热裂解的速度，可选择性地生产其中某一种或多种产品。

快速热解往往具有高加热速率（＞10～200℃/s）和短停留时间（0.5～10 s，通常＜2 s）的特点，其生物质油的产量可达 50 wt%～60 wt%。而更快的闪速热解通过更高的加热速率（10^3～10^4℃/s）和更短的停留时间（＜0.5 s），可以实现更高的生物油产量。

纤维素的快速热裂解可通过图 2-12 所示的流化床装置实现。纤维素中的纤维素和半纤维素经快速热裂解法生成羟基丙酮、乙酸、甲酸、丙酸等小分子含氧化合物，糠醛、5-羟甲基糠醛等呋喃类化合物，以及部分未热解完全的脱水的糖酮类产物。这些小分子产物再经过进一步的催化加氢脱氧、催化裂化等手段处理后，可提质为液体烃类燃料。在此基础上，在高温热裂解之前或在高温气相裂解产物冷凝之前，加入催化剂的条件下，可直接实现从纤维素到烃类燃料的转化。

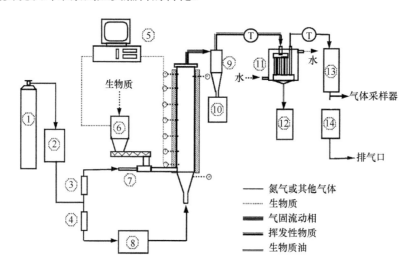

图 2-12　循环流化床快速热裂解装置示意图[7]
1-氮气钢瓶；2，14-累积流量计；3，4-流量计；5-监视器；6-储料仓；7-进料器；8-氮气预热器；9-旋风分离器；
10-碳收集器；11-淬灭器；12-生物质油收集器；13-过滤器

三、实　施　效　果

实施例 1：乳化型生物质柴油的制备技术实例

原料与试剂：玉米秆、大豆秸两种农作物秸秆和白桦、柞木两种常见硬杂树木，产地均为黑龙江省哈尔滨市郊区。考虑利用纤维素制取的生物质油将与柴油按一定比例混合乳化制成清洁环保的乳化型生物质柴油，最终要应用于内燃机中，因此选取乳化剂时，以选择能完全燃烧的非离子型乳化剂为主，并辅以少量阴离子型乳化剂。实验以 Span 80 和 Tween 80 为主，选用甲醇作为辅助乳化剂，经前期复配乳化剂实验，取亲水亲油平衡（hydrophile-lipophile balance，HLB）值，即 HLB＝5 进行配制。

生物质油的制备：将实验原料预先粉碎，制成粒径为 2.0～3.0 mm 的颗粒，实验前放入电热鼓风干燥箱内，在（110±5）℃条件下连续烘干 12 h 以上，然后将实验原料倒入课题组自行研制的斜板槽式低能耗精控加热型生物质快速裂解装置内，进行热解液化实验，其生物质加工能力为 300 kg/h；生物质油的平均得率可达到 65%；生物质油的平均热值为 21.5 MJ/kg；生产成本控制在 1500 元/t 以内。

实验装置：为了提高乳化生物质柴油稳定性，以超声波为外加能量，构筑超声波加乳化剂的生物质柴油乳化体系，目前市场上还没有成型的针对各超声条件可调节的超声乳化设备，实验室研究主要是利用超声波细胞粉碎仪进行烧杯实验，该方法存在单极探头能量分布不均、操作参数不可调节等问题，并且关于生物质柴油超声乳化的研究主要集中在乳化剂的配比上，很少对影响超声效果的各超声条件进行考虑，因此根据实验要求设计了槽式可变频率可控波形超声波乳化仪，该设备采用数字信号合成（DDS）技术实现对超声激励频率、激励波形、功率等操作参数的自由调节，以此进行生物质柴油超声乳化最佳工艺参数的实验研究。设备如图 2-13 所示。槽式可变频率可控波形超声波乳化仪的特点如下：

（1）超声波发生器频率可变：该超声波发生器变频范围为 20～200 kHz，并设有 3 个参数调节按键：步长、频加和频减键，可根据实验需要调节激励频率大小。

（2）超声波发生器波形可控：该超声波发生器为了满足各种测试和实验工艺的需要，信号发生器可以产生正弦波、锯齿波、三角波和方波脉冲波信号。

（3）超声波发生器功率可调：该超声波发生器的功率调节范围为 20～200 W。

（4）槽式结构超声波均匀分布：槽体四周均设有超声波换能器，避免探针式超声波换能器能量分布不均的问题。

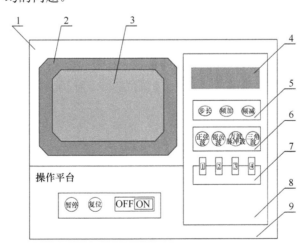

图 2-13　实验装置结构[8]

1-槽体；2-超声波换能器；3-待乳化液；4-液晶显示屏；5-频率控制系统；6-波形调控系统；7-功率选择挡位；
8-数显控制系统；9-操作平台

实验方法：根据前期实验结果，将条件确定为 HLB = 5，乳化剂用量 3%，生物质油掺量为 20%，0# 柴油占 80%，并添加相当于生物质油含量 20%的甲醇作为助乳化剂，乳化温度为常温。按照上述条件配制 40 mL 乳化液，放在槽式可变频率可控波形超声波乳化仪内，在一定频率、功率、波形与作用时间下利用超声。进行乳化处理制取乳化型生物质柴油，待实验完成，将制备好的纤维素生物质柴油在室温下老化 30 min 后，取少量稀释 50 倍，用 752 型紫外–可见光分光光度计在 500 nm 处测得其在 0 min 和 20 min 时的吸光度值，并按照下式计算其乳化稳定性 ESI。

$$ESI = A_0 \times \Delta t / \Delta A$$

式中，A_0 为 0 min 时的吸光度值；Δt 为时间差（min，本实验中为 20 min）；ΔA 为该时间差内的吸光度值变化。

正交试验：关于超声波条件对乳化纤维素生物质柴油稳定性的影响，需要考察的影响因素和水平较多，并且各因素间可能会有关联，选取超声波频率、超声波功率、超声波作用时间和超声波激励波形 4 个因素，每个因素选取 4 个水平，选用 L_{16} 表进行正交试验。

实施例 2：生物炭水蒸气气化制取富氢合成气

原料与试剂：实验所用原料包括木片炭、秸秆炭、稻壳炭和玉米芯炭，所有原料均来自工厂，其中，秸秆炭和稻壳炭来自生物质气化残炭，而木片炭和玉米芯炭通过炭化炉制得。

催化剂负载：催化气化主要以玉米芯炭为原料，因为玉米芯炭有固定的形状，实验中可将其处理成块状（每块 0.1～0.3 g），块状预处理可有效避免反应过程中因夹带而带来的碳损失。催化剂负载过程包括：

（1）配制一定浓度的碱溶液（KOH 和 K_2CO_3）100 g。

（2）将预处理且烘干后的玉米芯炭置于碱溶液中吸收，吸收时间为 3 h，过程中不断振荡以便吸收。

（3）吸收完全后取出并于烘箱中 105℃下烘干。

实验装置：实验在上吸式固定床管式炉中进行，实验装置见图 2-14。装置主体管式炉中部由长 840 mm、内径 55 mm 的石英管组成，其中，加热区长 400 mm，加热区中部有热电偶，炉温可通过程序升温从室温升至设定温度，温控范围 0～1200℃。由恒流蠕动

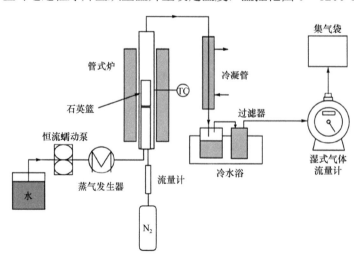

图 2-14 生物炭水蒸气气化装置[9]

泵将水注入蒸气发生器，流量可由恒流蠕动泵读出。气化后所得气体通过冷凝装置冷却未反应的水蒸气，最后通过集气袋收集并于岛津 GC-2014 气相色谱仪中离线分析气体成分。气体的产量由湿式气体流量计得出。每组实验原料量（2±0.03）g，原料盛于石英篮中。

实验开始前，先由程序升温至设定温度并用氮气吹扫管路，除去管路中空气。完成后关闭氮源，打开蒸气发生器，使管路中水蒸气流量稳定，再将盛有原料的石英篮移入管式炉中部加热区，气化一定时间。气化结束后关闭水蒸气并通氮气吹扫管路，以确保完全收集管路中残余的产品气，氮气流量 1 L/min，时间 5 min。气体由集气袋收集并于气相色谱仪中检测，残余固体先移至炉口低温区冷却，再于空气中冷却至室温，称重。

碳转化率计算：

$$c = (m - m_0) / (1 - A) \times m \times 100\%$$

式中，c 为碳转化率；m 为原料质量；m_0 为剩余固体质量；A 为灰分质量分数。

第五节　纤维素基环境材料

一、技术背景

18 世纪 60 年代起，工业革命促使世界经济和科技迈向快车道行列。随着经济与科技发展水平的日益提升，人类生产与生活方式得到了前所未有的革新。与此同时，世界范围内因工业、农业、生活用水所导致的水资源紧缺和水污染加重使得水资源的综合治理迫在眉睫。目前，大多数废水处理厂处理污水中污染物主要是通过物理吸附分离、化学反应转化、生物代谢消耗等方式进行的。这些主流处理方法净水效率差异的主要原因是不同类型净水剂的使用。所以新型水处理剂的研究与开发是改善污水处理效果的最主要方法之一。结合当前污水处理绿色化的新理念，未来水处理剂应兼具绿色化、高效化以及多功能化等诸多优势，通常以同时具有吸附/絮凝、抑/灭菌中的两种或多种功能为佳。

纤维素作为可无限再生的绿色环保材料，自身的长主链结构和具备多种类型的羟基等活性基团使其对金属离子具有良好的络合吸附效果。自身的黏接架桥作用、电中和机制以及网捕机制使得纤维素具有显著的絮凝性能，易与悬浮物菌种和絮凝聚集，抑制细菌的生长。与此同时，纤维素结构中含有的活性羟基使其易于化学修饰和改性，如通过酯化、氧化、醚化、交联等反应引入活性基团或金属氧化物，进而提高材料分散性、特异性吸附性能和吸附容量。此外，纤维素还可与天然矿物、有机材料、氧化石墨烯等复合，制备多种功能的改性纤维素或纤维素衍生物。

本节旨在归纳一类集多重功能于一体的环境友好型纤维素基水处理剂。通过进一步深入研究该类水处理剂的吸附、絮凝、杀菌性能和对实际污水的处理能力，证实纤维素衍生物水处理剂综合性能良好，有望替代单一功能的传统水处理药剂。

二、技术工艺

如前文所述，对纤维素改性是提升纤维素性能最常用的方法之一，弥补纤维素自身缺点的同时还使得纤维素利用率得以提升。目前纤维素改性的方法可分为两类，即物理改性和化学改性。

物理改性：纤维素作为一种生物亲和载体，能很好地稳定复合物。将纤维素与其他材料进行混合、掺杂等一系列物理改性能有效提高其吸附性能和机械性能。例如，与沸石、氧化石墨烯等具有高比表面积或带表面电荷的填料复合能增强纤维素的吸附性能，与聚乙烯醇这类有强极性基团的高分子聚合物复合能形成分子间氢键，提高其机械性能。

化学改性：化学改性是指通过化学反应改变聚合物的物理、化学性质以获得更为理想的性能。纤维素表面存在大量羟基，这为纤维素的接枝改性提供相应可能性。通过接枝反应纤维素表面被引入大量官能团以增加吸附位点，从而形成强相互作用，提高吸附能力和机械强度。例如，根据不同染料分子的电负性差异，可以通过分子设计在纤维素表面接枝与染料分子形成强静电吸附及氢键作用的基团，实现对阴、阳离子染料的选择性吸附。

（1）阳离子改性：阴离子染料，如甲基橙、甲基蓝、荧光素钠、酸性品红等，其分子内含有亲水基团，在水中以阴离子形式存在，能与阳离子基团形成较强的分子间作用力或化学键。因此，在纤维素表面接枝带正电的基团就能提高对阴离子染料的吸附能力。

（2）阴离子改性：阳离子染料也称碱性染料，溶于水后呈阳离子状态，在水溶液中电离生成带正电荷的有色离子。常见的阳离子染料有亚甲基蓝、罗丹明 B、结晶紫和孔雀石绿等。接枝羧基、酯基、羟基或磺酸基等阴离子基团增加纤维素分子的电负性可进一步提高纤维素对阳离子染料的吸附效果。

三、实 施 效 果

实施例 1：纤维素衍生物用于污水絮凝、吸附与杀菌

（1）以戊二醛作为交联剂化学交联甲基纤维素和氨基硫脲，制得氨基硫脲接枝的纤维素衍生物（MC-g-TSC）。成功制备的 MC-g-TSC 最佳接枝率为 63.4%，产物对 Cr^{6+} 的吸附效果显著，符合准二级吸附动力学模型，具有一定的可再生和循环使用前景。产物对朱家桥污水处理厂污水絮凝性能良好，浊度去除率可高达 95.5%，最低残余浊度约为 5.2 NTU，已经接近国家饮用水水源水质标准（3 NTU）。产物对大肠杆菌和金黄色葡萄球菌有明显的抑制作用，MC-g-TSC 用量为 60 mg/mL，4 h 时对大肠杆菌的最高杀菌率为 99.7%，5 h 时对金黄色葡萄球菌的最高杀菌率为 97%。

（2）MC-g-TSC 的合成：称取质量为 1.0 g 的甲基纤维素和 1.0 g 的氨基硫脲，分别用 50.0 mL 去离子水充分溶解后倒入圆底烧瓶中混合均匀。置于磁力搅拌油浴锅中，转速 250 r/min、反应温度 60℃，缓慢逐滴滴加 0.3 mL 戊二醛溶液。反应 4～5 h 后，将溶液进行抽滤，并用蒸馏水洗涤至中性，最后将产物于 60℃烘箱中真空干燥，得到 1.6 g 左右乳白色固体粉末，即为 MC-g-TSC。

（3）吸附实验：以合成产物 MC-g-TSC 作为吸附材料，探究 MC-g-TSC 对 Cr^{6+} 的吸附性能。配制 100 mg/L 的 Cr^{6+} 溶液，将加入 MC-g-TSC 的烧杯置于电动搅拌器上，设置搅拌器转速为 250 r/min。每隔一段相同时间用移液器吸取 4.0 mL 烧杯内上清液注入离心管内，离心后取上清液于紫外–可见光分光光度计内测定其吸光度。通过调节 pH 为 1、3、5、7、9、11、13，每个 pH 条件下，MC-g-TSC 的相对用量分别为 0.01 g、0.02 g、0.04 g、0.06 g、0.08 g、0.10 g，同时设置每组的吸附时间分别为 20 min、40 min、60 min、80 min、100 min，来研究 MC-g-TSC 对 Cr^{6+} 吸附性能的影响，从而得到最佳吸附条件和最高吸附率。为准确地探究 MC-g-TSC 在吸附 Cr^{6+} 过程中的吸附动力学，可以用准一级动力学和准二级动力学模型来解释。

$$\ln\left(q_e - q_t\right) = \ln q_e - k_1 t$$
$$t/q_t = q_e^2/k_2 + t/q_e$$

式中，q_e 为吸附平衡时的吸附量（mg/g）；q_t 为 t 时刻的吸附量（mg/g）；t 为吸附时间（min）；k_1、k_2 分别为一级动力学、二级动力学速率常数。

（4）絮凝性能探究：污水样悬浊液取自芜湖朱家桥污水处理厂二沉池，原始浊度为 115.4 NTU。加入一定量 MC-g-TSC，在 250 r/min 的转速下快速搅拌 20 min，搅拌结束后静置 30 min。将待测样品加入浊度仪附带的测量瓶中，待数值显示稳定时，记录平均值数据。通过调节 pH 分别为 2、4、6、8、10、12，每个 pH 条件下 MC-g-TSC 的相对用量分别为 2 mg/mL、4 mg/mL、6 mg/mL、8 mg/mL、10 mg/mL，每组絮凝时间分别为 5 min、10 min、15 min、20 min、25 min，来研究改性纤维素 MC-g-TSC 多功能型水处理材料的絮凝性能。

（5）杀菌性能探究：通过调节 MC-g-TSC 的相对用量和杀菌时间等关键因素，从而得到最佳杀菌条件和最高杀菌率。将配制好的 120 mg/mL MC-g-TSC 溶液与 106 cfu/mL 大肠杆菌、金黄色葡萄球菌实验用菌液分别共培养，使用培养液配制浓度为 1.9 mg/mL C1 液、3.8 mg/mL C2 液、7.5 mg/mL C3 液、15 mg/mL C4 液、30 mg/mL C5 液、60 mg/mL C6 液，并各设 3 组平行样。在 37℃ 电热恒温生化培养箱中共培养 12 h 后，各吸取 200 mL 稀释为 10^{-6} 和 10^{-7} 的 C1 液、C2 液、C3 液、C4 液、C5 液、C6 液涂布到营养琼脂板上，10^{-6} 和 10^{-7} 作为对比平行样。将营养琼脂板放置在 37℃ 电热恒温生化培养箱中培养 12 h 后进行观察计数。

分别配制 60 mg/mL 的 MC-g-TSC 和大肠杆菌、金黄色葡萄球菌共培养液。每隔 1 h，分别吸取 60 mg/mL 大肠杆菌、金黄色葡萄球菌共培养液涂布到营养琼脂板上，共吸取 6 次，将营养琼脂板放置在 37℃ 电热恒温生化培养箱中培养。杀菌率与菌落数的数量关系用如下方程表示：

$$杀菌率 = (M - N)/M \times 100\%$$

式中，M 为对照组菌落数；N 为实验组菌落数。

综上，通过设计合成 MC-g-TSC 制得一类多功能型改性纤维素水处理材料，该材料同时具有吸附重金属离子、絮凝污染物及杀灭大肠杆菌和金黄色葡萄球菌等多重水处理功能，具有一定的循环再生利用能力，有望在城市黑臭水体的污染物吸附、絮凝和杀菌方面有潜在的应用。

实施例 2：改性秸秆纤维素在水处理中除磷探究

（1）秸秆吸附剂的制备：准确称取 20 g 小麦秸秆样品于 500 mL 三口烧瓶中

（图 2-15），加入 400 mL 0.3～0.4 mol/L 的 NaOH 溶液，在 25～35℃内搅拌 30 min 后用超声波处理 10～15 min，再继续搅拌 30 min。加入 100 mL 环氧氯丙烷，于 90～100℃下搅拌 60 min。再加入一定量的结晶氯化铝，于 100～110℃下搅拌 180 min。最后用清水清洗数遍，过滤，干燥即得产物。

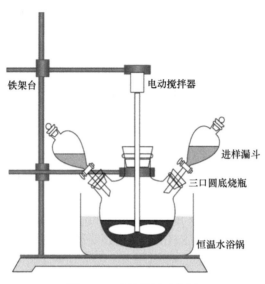

图 2-15　改性装置示意图

（2）静态吸附法：取一定量适当浓度的磷标准溶液于具塞锥形瓶中，加入定量改性小麦秸秆，在一定温度条件下以设定的振荡强度振荡一定时间，静置，取上清液，测量磷浓度。吸附剂对吸附质的吸附量可以根据下列公式计算出：

$$q = （C_0 - C_t）V/m$$

式中，q 为吸附剂对吸附质的吸附量（mg/g）；C_0 为吸附质初始浓度（mg/L）；C_t 为 t 时刻吸附质的浓度（mg/L）；V 为吸附质的体积（L）；m 为吸附剂的质量（g）。

磷的去除率计算：

$$\eta = （C_0 - C_t）/C_0 100\%$$

秸秆纤维素富含羟基、羧基等活性基团，对水体中的污染物质具有良好的絮凝及络合吸附作用[10]。本实施例通过改性秸秆纤维素，分析改性前后秸秆组分变化及对磷吸附-解吸的特征，为秸秆在水处理中的应用提供理论依据与技术指导。

实施例 3：再生纤维素膜用于水处理技术实例

在实际应用中，纳米纤维素除了直接制备成粉末吸附剂外，还可制备成凝胶材料、杂化或复合材料等，或者进一步加工成纳滤膜、滤纸和过滤器等净水材料。再生纤维素膜的膜孔受其制备工艺调控，根据膜的孔径特征可以划分为微滤、超滤、纳滤，不同孔径过滤的物质也有所不同，基于此，再生纤维素膜也被应用于不同的领域，如表 2-3 所示。

（1）微滤膜的过滤孔径为 0.01～10 μm，在水处理应用中，常被用于饮用水生产的预处理或初级阶段，一般要结合其他工艺才能起到保障饮用水水质的作用。工业上，微

表 2-3　不同膜孔材料的特性[11]

种类	功能	分离驱动力	透过物质	过滤物质	应用
微滤	多孔膜溶液的微滤，脱微粒子	压力差	水、溶剂、溶解物	悬浮物、细菌类、微粒子	食品饮料、医药卫生、环境监测等
超滤	脱除溶液中的胶体，各类大分子	压力差	溶剂、离子、小分子	蛋白质、细菌、病毒、乳胶、微粒子	废水处理、饮用水处理、药品提纯等
纳滤	脱除溶液中的盐类及低分子物	压力差	水、溶剂	无机盐、糖类、氨基酸、BOD、COD	挥发有机物去除、直饮水应用、饮用水深度处理

滤也应用于废水处理中的油水分离。例如，以聚多巴胺修饰的再生纤维素膜为载体，金属有机骨架为修饰剂，通过配位驱动原位自组装制备的 ZIF-8 改性膜（RC@PDAZIF-8）对各种水包油和水包油乳状液的分离能力高达 99%以上，膜通量良好。此外，该膜具有良好的可回收性，在循环使用至少 10 次后仍能保持较高的分离效率（98.5%）。

（2）超滤膜孔径范围为 0.001～0.02 μm，能够分离去除大分子蛋白质等粒径大于 2 nm 的颗粒，对微生物具有一定的截留效果。普通的自然水源经过超滤膜处理后可达到我国饮用水的安全标准《生活饮用水卫生标准》（GB 5749—2022）。以硫基化树枝状大分子 SDA-3-(SH)16 作为再生纤维素膜的改性剂，改性剂加入降低了再生纤维素膜的扩散通过率，提高了杨氏模量，对 NaCl、$CdCl_2$ 和 $PbCl_2$ 的废水具有选择通过性（过滤 0.001 g/L 的溶液，NaCl 的通过率为 40%，$CdCl_2$ 和 $PbCl_2$ 的透过率仅为 15%），扩展了再生纤维素膜在含有金属废水中的应用。

（3）纳滤膜的截留分子量（MWCOs）在 200～1000，其孔径范围为 1～10 nm，可有效去除重金属、降低总溶解固体及软化水质等。由于纳滤膜大多表面带有电荷，因此对水中离子具有选择性截留，截留高价离子，渗透低价离子，保留了对人体有利的物质。对制备的再生纤维素膜进行 TEMPO 氧化，然后采用戊二醛交联法以聚乙烯亚胺进行改性，获得双功能化（氨基和羧基）纤维素膜。所制备的纤维素膜对阴离子（二甲酚橙）和阳离子（亚甲基蓝）染料的截留率分别为 93%和 83%，经过 4 次循环使用，截留衰减率分别为 6%和 11%，是一种适合于染料废水处理的有效工具。以海藻酸钠和羧甲基纤维素混合溶液涂覆在再生纤维素膜表面，采用环氧氯丙烷为交联剂制备了纤维素基纳滤膜。对 NaCl、$NaSO_4$、$MgCl$、$MgSO_4$、$CaCl_2$ 溶液进行过滤，对 NaCl 最高截留率为 52.5%。对 $NaSO_4$ 截留率高达 93%。重复过滤 NaCl 溶液 30 次，分离性能衰减率较小（膜通量下降 27.4%，截留率下降 8.2%）。

参 考 文 献

[1] 林鹏, 虞亚辉, 罗永浩, 等. 生物质热化学制氢的研究进展. 化学反应工程与工艺, 2007, 23(3): 267-272.

[2] 张文强, 于波. 高温固体氧化物电解制氢技术发展现状与展望. 电化学, 2020, 26(2): 212.

[3] Lalaurette E, Thammannagowda S, Mohagheghi A, et al. Hydrogen production from cellulose in a two-stage process combining fermentation and electrohydrogenesis. International Journal of Hydrogen Energy, 2009, 34(15): 6201-6210.

[4] 陈文. 生物油提质改性制备高品位液体燃料的研究. 杭州: 浙江大学, 2015.

[5] Peterson A A, Vogel F, Lachance R P, et al. Thermochemical biofuel production in hydrothermal media: a review of sub-and supercritical water technologies. Energy & Environmental Science, 2008, 1(1): 32-65.

[6] Huber G W, Chheda J N, Barrett C J, et al. Production of liquid alkanes by aqueous-phase processing of biomass-derived carbohydrates. Science, 2005, 308(5727): 1446-1450.

[7] Bridgwater A V, Peacocke G V C. Fast pyrolysis processes for biomass. Renewable and Sustainable Energy Reviews, 2000, 4(1): 1-73.

[8] Lu Q, Zhang Y, Tang Z, et al. Catalytic upgrading of biomass fast pyrolysis vapors with titania and zirconia/titania based catalysts. Fuel, 2010, 89(8): 2096-2103.

[9] 贾爽, 应浩, 徐卫, 等. 生物炭水蒸气气化制取富氢合成气. 化工进展, 2018, 37(4): 1402-1407.

[10] 吴文清, 黄少斌, 张瑞峰, 等. 改性秸秆纤维素在水处理中除磷的研究. 造纸科学与技术, 2012(5): 80-86.

[11] 汪东, 林俊康, 林珊, 等. 再生纤维素膜在水处理中的应用研究进展. 中国造纸, 2020, 39(12): 61-68.

第三章 木质素绿色转化技术

第一节 木质素绿色转化过程

木质素是地球上仅次于纤维素的最为丰富的天然有机高分子聚合物，作为绝大多数植物的关键结构材料，其在细胞壁和黏合纤维的形成中有不可替代的作用。木质素全球产量已突破 1 亿 t，而作为商业用途的木质素却不到 2%，其中大部分主要用于分散剂、黏合剂及表面活性剂的生产。尽管一些脂肪族和脂环族化合物在工业上可从纤维素、淀粉或甘油三酯中获得，但相当数量的关键化学品仅来源于石油。木质素是唯一丰富的可再生天然芳香族生物聚合物，可作为芳香族化学品的可持续候选原料。如何将木质素高效、绿色高值化利用是目前亟待解决的问题，本章结合木质素的基本性质和特点，介绍其绿色转化相关的技术背景、技术工艺和具体的实施案例。

木质素是一种异质芳香族生物聚合物，占地球上有机碳的近 30%，是为数不多的芳香族化学可再生资源之一，在生产精细芳香族化学品方面具有巨大潜力。木质素主要存在于大多数陆生植物的木质部，裸子植物（针叶木类）和被子植物（阔叶木和草类）中占 15%～36%，其木质素组成也各不相同，裸子植物中的木质素主要是愈创木基型（G）的，被子植物中的双子叶植物主要为愈创木基（G）–紫丁香基（S）型的，被子植物中的单叶植物主要为愈创木基（G）–紫丁香基（S）–对羟基苯型（H）。此外，木质素也广泛分布于植物的细胞壁和原生质体中，起加固木化组织、黏接相邻细胞的作用（图 3-1）。相对于纤维素，木质素利用率较低，寻求合适的木质素利用方式以保证其蕴含的化学能能够最大化应用是目前学界以及产业界急需解决的问题。

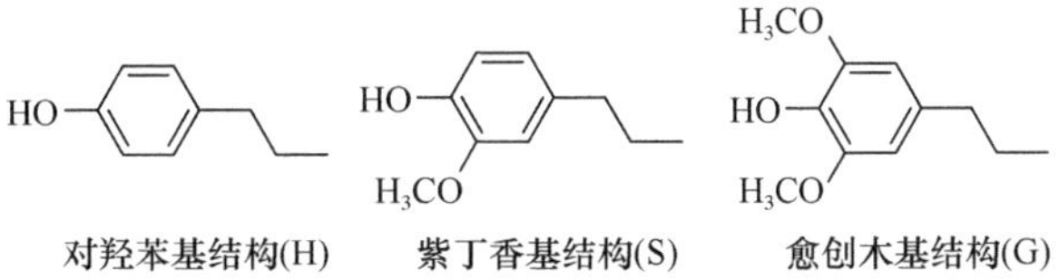

对羟苯基结构(H)　　　紫丁香基结构(S)　　　愈创木基结构(G)

图 3-1　木质素的三种基本结构单元

若要充分利用木质素中蕴含的物质与能量，就需对木质素的化学结构做详细剖析。木质素是由苯丙烷基以醚键或 C—C 键结合形成的杂支链网络结构组成，基本结构单元为愈创木基丙烷、紫丁香基丙烷和对羟苯基丙烷。并在其中存在多种官能团，如羟基、甲氧基、羰基等，这些官能团的含量及利用与原料的种类和分离提取方法息息相关，多样的官能团也使得木质素有较高的反应活性和多样的物理化学性质，通过改变官能团可实现对木质素的改性和调控。目前，除直接燃烧外，最常见的木质素利用方式主要通过磺化反应实现，经磺化后的木质素可变为木质素磺酸盐并被有效利用。此外，木质素的黏结性、螯合性、吸附性和表面活性也为其广泛应用提供基础，近年来，通过木质素制备含芳香族化学品的高值化利用方式也受到广泛的关注。

　　自然中的木质素分子量达几十万以上，分离后的木质素分子量一般低很多，且在结构和性质上有所差别。木质素中存在众多官能团，通过不同的改性途径，如氧化、还原、水解、醇解、酸解、酰化、磺化、缩聚烷基化等，可以合成新的化学活性位点，此类改性途径是修饰木质素结构，赋予其不同物理化学性质的基础，也是制备木质素基材料的基本途径。此外，木质素也能直接发生化学反应生成树脂、聚胺等高聚物，这些高聚物被广泛应用于泡沫材料、阻燃剂、薄膜等材料的生产。

　　将木质素直接制备成芳香族精细化学品，选择性转化为酚、醛、羧酸、烷烃、芳烃等增值化学品的过程也被化学与环境工作者重点关注（图 3-2）。硝基苯氧化是木质素转化降解的经典方法，其基本原理为在木质素中加入氢氧化钠和硝基苯，在180℃条件下反应2 h，木质素在碱的作用下脱去甲醛，随后醚键断裂，再发生侧链氧化形成香草醛（图 3-3）。

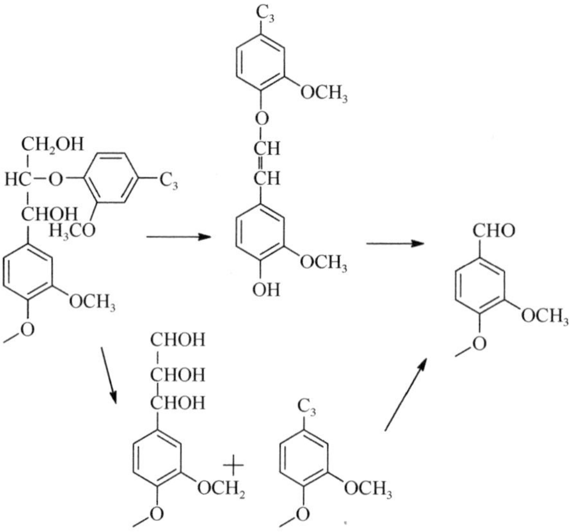

图 3-2　木质素的硝基苯氧化改性过程

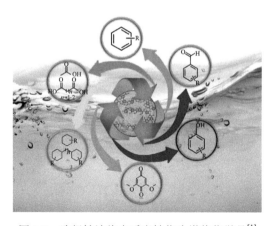

图 3-3　选择性地将木质素转化为增值化学品[1]

木质素转化的难点在于木质素结构复杂、反应多样，导致产物往往为复杂的混合物。将木质素选择性转化为有价值的化学物质具有重要意义和挑战。Mei 等[2]首次实现了高选择性转化木质素中的甲氧基，在催化剂的存在下，甲氧基与 CO 和水反应定向生成乙酸（图 3-4）且无副产物产生。这项工作为使用木质素作为原料生产纯化学品开辟了道路。

$$\begin{array}{c}\text{MeO}\quad\text{OMe}\\\text{MeO}\quad\text{木质素}\quad\text{OMe}\\\text{OMe}\end{array} + CO + H_2O \longrightarrow CH_3COOH + \begin{array}{c}\text{MeO}\quad\text{OMe}\\\text{MeO}\quad\text{木质素}\quad\text{OMe}\\\text{OMe}\end{array}$$

图 3-4　选择性利用木质素中的甲氧基生产乙酸[2]

第二节　木质素制备化学品

一、技　术　背　景

本节旨在介绍木质素的解聚策略，通过这类策略实现木质素高价值转化为化学品。作为地球上唯一可持续再生的芳香族聚合物，木质素独特的苯环结构使其成为芳香类化学品（如苯、甲苯、二甲苯等芳烃、酚类、芳族醚、香兰素等）的良好来源。除芳香族化合物外，糠醛、乙酰丙酸也是重要的木质素平台化学品，是化工、生物制药等行业重要的原材料，同时也是合成生物燃料的重要前体物，通过对糠醛和乙酰丙酸进行催化转化可获得重要的衍生物化学品和燃料，目前已经被美国能源部列入最重要的 12 种由木质纤维素转化的平台化学品。以木质纤维素资源为原料通过催化转化获得平台化学品糠醛、乙酰丙酸并将其转化为燃料是尽快摆脱石油资源短缺困境的重要途径。目前芳香类物质作为众多药物分子以及高分子产品的原料多来自石油、煤炭工业，若使用木质素取代化石燃料作为来源，每年能大量减少碳排放。充分利用木质素，将其转化为高价值化学品对促进绿色化工的可持续发展具有重要意义。

二、技　术　工　艺

木质素在不同种类乃至同一种类不同位置的生物质中皆有所差异，天然木质素并无明确唯一的结构图。图 3-5 展示了木质素的一种典型三维结构。

图 3-5 可见苯丙烷单元间通过复杂多样的化学键相互连接形成三维网络，其中，β—O—4、β—β 和 β—5 分布广泛，是含量最丰富的化学键。除此之外，还包括 α—O—4、4—O—5、α—O—γ 和 β—1 等 35 种化学键连接方式（图 3-6）。在种类繁多的化学键中，β—O—4 是联结大分子片段最主要的化学键，其含量可达总分布的 50% 左右，β—O—4 的化学活性很大程度上决定了木质素对化学消解抵抗力的强弱。

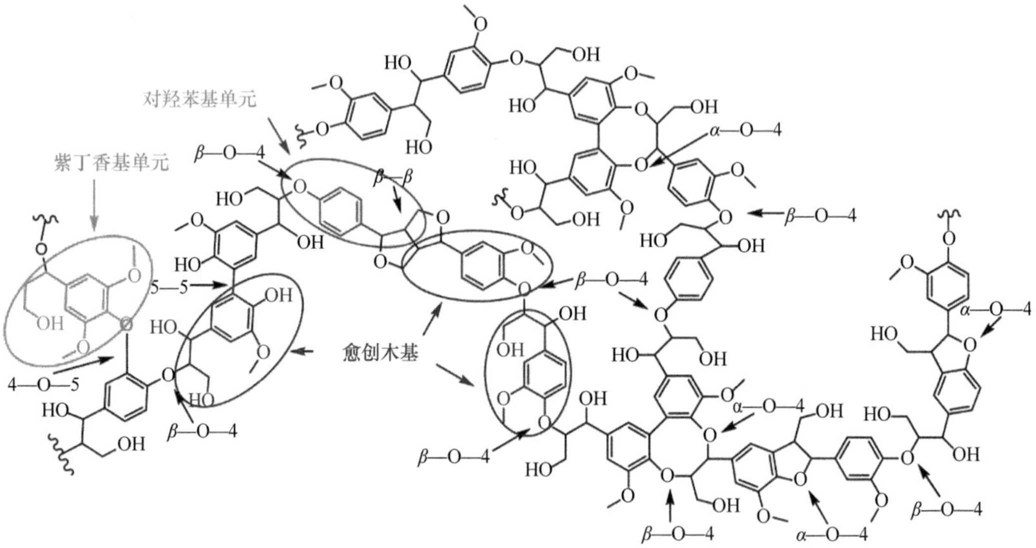

图 3-5　木质素的一种典型的三维结构[3]

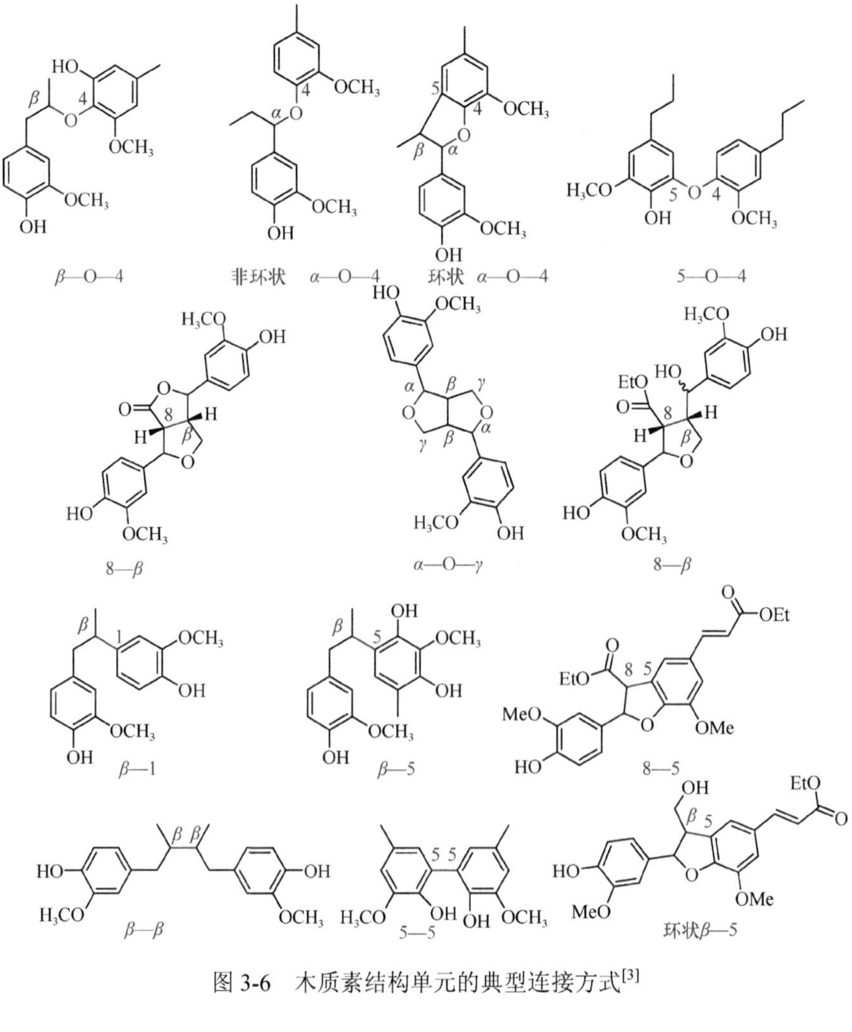

图 3-6　木质素结构单元的典型连接方式[3]

1）木质素的碱性解聚

木质素的碱性解聚大多在250～600℃进行，最终形成一系列烷基化或多羟基化的酚类化合物及其他易挥发组分（图3-7）。在这一反应中，压力、温度、时间、碱浓度、木质素/溶剂比均能够很大程度上影响产物的结构和收率。在碱性解聚中，芳基—烷基醚键，包括 β—O—4 键，是木质素结构中最易断裂的键，醚键的断裂是碱性条件解聚木质素的主要反应。

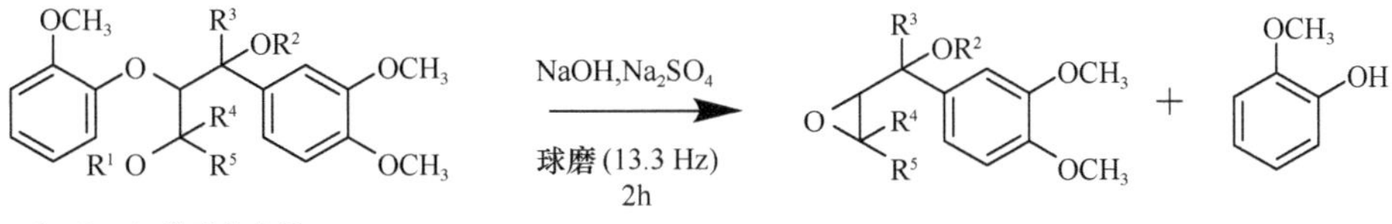

1:R¹=H,R²=H,R³=H,R⁴=H,R⁵=H   62%

2:R¹=Me,R²=Me,R³=H,R⁴=H,R⁵=H   4%

3:R¹=Me,R²=H,R³=H,R⁴=H,R⁵=H   16%

4:R¹=H,R²=Me,R³=H,R⁴=H,R⁵=H   50%

5:R¹=H,R²=H,R³=Me,R⁴=Me,R⁵=Me   15%

6:R¹=H,R²=H,R³=H,R⁴=Me,R⁵=Me   30%

7:R¹=H,R²=H,R³=Me,R⁴=H,R⁵=H   56%

图 3-7　碱催化降解 β—O—4 木质素模型化合物

Karagöz 等[4]以松木屑为原料，研究了碳酸铯和碳酸铷水解木质素的效果，获得的木质素转化率为 83 wt%～88 wt%，油品收率为 22 wt%～25 wt%，主要产品为酚类化合物和苯二酚衍生物，当在非碱性水中反应时，木质素转化率和油品收率仅为 58 wt%和 9 wt%，表明碱催化剂能有效促进液相油的生成。除均相碱性催化剂外，一些固体碱催化剂，如层状双金属氢氧化物（水滑石或类水滑石化合物）、氧化镁和氧化钙等，也被应用于木质素解聚反应当中。Sturgeon 等[5]报道了水滑石负载的催化剂在水中解聚有机可溶木质素和磨木木质素的工作，当反应在 270℃进行 1 h 后，凝胶渗透色谱（GPC）显示两种木质素的分子量明显下降，小分子产物主要为芳香族酚类化合物和少量来自碳水化合物杂质的呋喃基化学品。

2）木质素的酸性解聚

与碱性解聚类似，木质素酸性解聚中 α—芳基醚键和 β—芳基醚键的水解断裂起主要作用。α—芳基醚键的酸水解活化能相对更低，反应速率往往相对更快。酸性水解中影响木质素产物结构和产率的限制条件与碱性水解条件类似。反应物芳香环上羟基、甲氧基以及烷基侧链上的取代基也会改变芳基醚键的水解速率。研究表明，当反应物存在酚羟基时，临界碳正离子中间体的相对稳定能使 β—O—4 键酸解速度提高两个数量级，而木质素侧链的 α 碳甲基化后可使 α—O—4 键酸解速度提升一个数量级。

对 β—芳基醚键来说，以模型化合物 GG 为例，其酸性水解机理如图3-8所示。

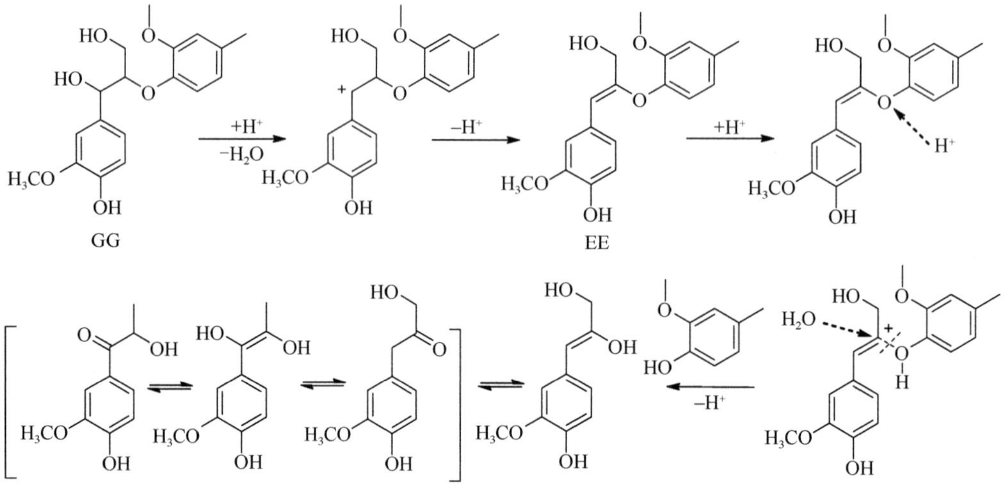

图 3-8 β—芳基醚键的酸性水解机理

对于 α—芳基醚键，其酸催化水解机理主要为 S_N1 机理，即

$$Aryl—CH_2O—Aryl' + H^+ \longrightarrow Aryl'OH + Aryl—CH_2^+$$

$$Aryl—CH_2^+ + ROH \longrightarrow Aryl—CH_2OR$$

式中，ROH 为水或低分子量醇。

利用甲酸/甲酸钠在温和条件下（110℃）对氧化木质素进行解聚，可得到超过 60 wt% 的低分子量芳香族化合物，如愈创木基和紫丁香基衍生的二酮类产品。在 320℃、甲酸–乙醇溶液中解聚木质素，生物油收率可达 23 wt%，产物由烷基化的愈创木酚和紫丁香酚构成，当甲酸溶剂被分子氢替代后，生物油收率下降至 14 wt%，而当乙醇被异丙醇或甲醇替代后，固体残渣量提高约 10 wt%。

后续研究发现，在离子液体体系中，Lewis 酸催化剂对于木质素有较好的降解作用。常见的 Lewis 酸包括 $ZnCl_2$、$FeCl_2$、$AlCl_3$、$Cu(Oac)_2$、$Al(Otf)_3$ 等。其酸催化活性主要来自两个方面：一是 Lewis 酸与水或醇反应生成质子酸，促进木质素醚键水解；二是由 Lewis 酸的金属中心衍生，它能与醚键中的氧相互作用导致木质素解聚。图 3-9 为一个由木质素的模型化合物 GG 生成糠醛树脂的反应实例。

Wang 等[6]采用 $ZnCl_2$ 水溶液解聚软木木质素，在 200℃ 达到 47 wt% 的生物油收率，其中可定性的小分子主要为烷基酚类化合物。

3）木质素的热解

木质素的热解通过结构单元间的连接键和不稳定的 C—C 键的断裂将高沸点的碳氢化合物转化为低分子的芳香族化合物和烃类化合物。除富含芳香族化合物的生物油外，木质素热解产生的气体包括一氧化碳、二氧化碳和一些小分子烃类物质，如 CH_4、C_2H_4、C_2H_2、C_3H_6 等，主要来自木质素中羰基或羧基以及烷烃侧链的重整。按照反应过程升温速率，可分为慢速热解和快速热解。升温速率的不同会影响木质素热解过程中化学键的断裂，得到的产物也存在较大差异，快速热解过程有利于木质素结构中甲氧基、脂肪族 C—C 键和羰基断裂，产生更多的多环芳香族碳氢化合物。

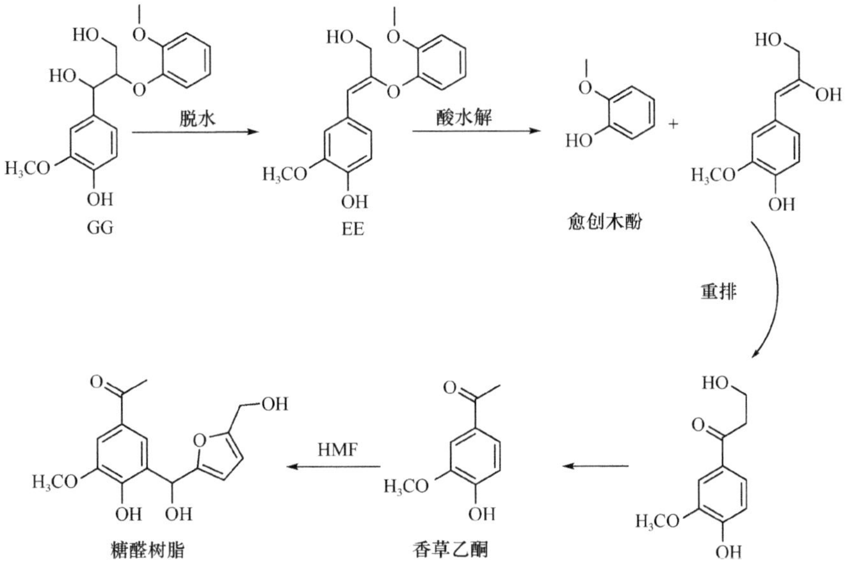

图 3-9　由木质素模型化合物 GG 生产糠醛树脂

木质素热解反应可能的反应机理：在 250～400℃的低温阶段，苯丙烷单体间的 C—C 键和醚键断裂产生气相产物 CO_2、CO 等；在 400～600℃时，不稳定的二氢香豆酮和芳香酯裂解生成大量愈创木基和紫丁香基酚类化合物；随着温度继续升高，G 型和 S 型酚类侧链断裂，产生大量酚类化合物和 H_2、CH_4、C_2H_4、C_2H_6 等气相产物。

酚类为木质素热解最主要的产物。在热解反应中加入催化剂能更好调控木质素的热解，如用 $Mo_2N/\gamma\text{-}Al_2O_3$ 催化木质素热解可降低挥发性含氧有机物产量而提高单环芳烃产量。随着反应温度和 $m_{催化剂}/m_{木质素}$ 的增加，苯的产量增加而甲苯产量降低，在 850℃时，苯和单环芳烃在液相产物中的含量最高可达 70%和 95%。以活性炭为催化剂，微波热解木质素所得生物油主要成分为酚类、愈创木酚类、烃类和酯类等，共占生物油的 71%～87%。在 650℃热解碱木质素时，产物为以 2,6-二甲氧基酚和 2-甲氧基酚为主的酚类化合物，但加入 ZSM-5 分子筛催化剂后，酚类产品选择性明显降低，而烃类产物分率提高到 91 wt%。

4）木质素的氧化解聚

木质素的氧化解聚指利用氧化剂对木质素进行氧化转化以生产酸或醛类化合物的过程。木质素转化的氧化剂通常有氧气、过氧化氢、臭氧以及氯的过氧酸（包括二氧化氯），涉及亲电、亲核及自由基反应等机制。木质素氧化反应常用的催化剂有金属单质催化剂、金属离子催化剂、金属氧化物催化剂、复合金属氧化物催化剂和多金属氧酸盐催化剂等。

传统上，木质素经过湿空气氧化可被解聚为脂肪族羧酸和芳香醛（香兰素、丁香醛和对羟基苯甲醛等）。其反应机理如图 3-10 所示。

新型的木质素氧化解聚方法要求在不同的催化剂或催化体系下，其官能团和化学键（包括侧链连接键、酚羟基及芳香环等）被分别选择性氧化，产生一系列具有特殊功能的化学品。当侧链连接键被选择性氧化时，芳香性结构单元得以保留，木质素大分子可

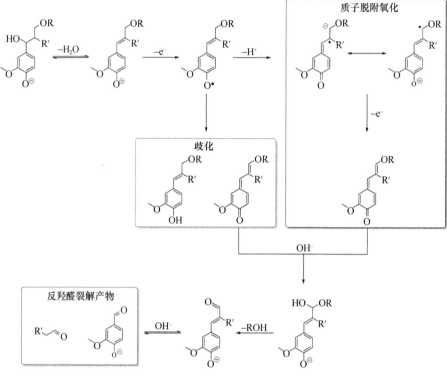

图 3-10　木质素碱性氧化制备香兰素的反应机理

被转化为酚类平台化学品。由于不同催化剂、不同侧链官能团的氧化机理不同，所以木质素会分别被氧化成芳香族醛、酮、酸。若木质素分子结构中的酚羟基或 C_1—C_α 键被氧化而断裂，木质素大分子会被转化为苯醌类平台化学品，主要包括邻苯醌、对苯醌、2-甲氧基-1,4-苯醌和2,6-二甲氧基-1,4-苯醌（图 3-11）。如果芳香环被过度氧化直至开环，最终的平台化学品则为脂肪族羧酸。

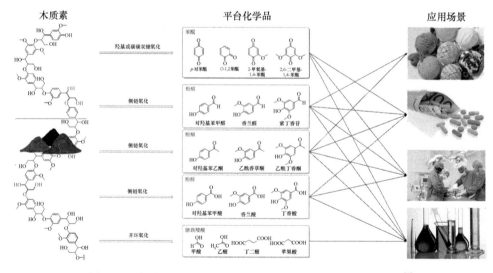

图 3-11　木质素氧化解聚制备高附加值平台化学品及后续利用[7]

5）木质素的还原解聚

上述方法所产生的木质素解聚产品往往含有较高比例的氧，具有较强的聚合倾向。因而，高氧含量产品在使用前一般要求特定的精制过程。在催化剂作用下，以氢气或其他试剂为氢源对木质素进行还原转化，主要发生加氢脱氧（HDO）反应，是当前木质素解聚最常用且最有效的途径之一。木质素 HDO 工艺把解聚和脱氧过程集成，生产出热值和稳定性都有所改善的高附加值组分，产物可被有效用作生物燃料和平台化学品。HDO 工艺通常涉及多个反应，如氢解、加氢裂化、氢化、脱水、脱羧、异构化以及再聚合等。

木质素还原反应最常用的氢源为氢气。在 320℃、3.5 MPa 氢压下采用硫化的 NiW/AC 催化剂可将碱木质素解聚为芳香小分子，单体产品收率达 28 wt%，其中 56 wt% 为烷基酚。Molinari 等[8]展示出温和反应温度（150℃）下碱木质素在连续加氢过程中的解聚现象，当氢压为 2.5 MPa，以 Ni/TiN 为催化剂时，三种不同平均分子量的木质素碎片可被分离开来，其中平均分子量为 647 g/mol 的木质素碎片收率为 23 wt%，可定量的芳香小分子占 3 wt%，主要为取代的愈创木基衍生物。

木质素的还原解聚也可以使用供氢溶剂取代氢气进行。例如，300℃超临界乙醇中铜镁铝氧化物催化木质素解聚，可获得 23 wt% 的芳香类单体，几乎一半的产品中不含有氧原子。反应过程中乙醇充当着淬灭剂的角色，其通过与醛和酚发生酯化和烷基化反应能有效抑制解聚产品的聚合。在 380℃，有机可溶木质素和碱木质素的小分子芳香类单体收率可达 60 wt%～86 wt%。

除酚之外，木质素的还原解聚也可以进一步解聚为完全脱氧的产物。Jongerius 等[9]报道了一种将液相重整和加氢脱氧整相结合的反应路径来解聚有机可溶木质素、碱木质素和甘蔗渣木质素。在 225℃、碱性乙醇–水溶液中，经 Pt/γ-Al$_2$O$_3$ 催化剂作用并发生液相重整反应后，木质素的分子量降低 27%～57%。进而在 5.0 MPa 氢压、十二烷溶剂中，CoMo/Al$_2$O$_3$ 和 Mo$_2$C/CNF 催化上游产品继续加氢脱氧得到 5 wt%～9 wt% 的芳香单体，其中 15 wt%～25 wt% 的产品已完全失去氧原子。

三、实　施　效　果

实施例 1：木质素中甲氧基高选择性转化利用

木质素中富含 10 wt%～22 wt% 的甲氧基。正如第一节中提到，2017 年，Mei 等[2]以 RhCl$_3$ 为催化剂，使用 CO 和水作为原料，将木质素上的甲氧基高选择性地转化为乙酸。而木质素中的芳基甲基醚结构被转化为苯酚结构。使用碱性木质素和有机溶剂木质素，其产率分别为 87.3% 和 80.4%，即从 1 g 木质素中可以得到 0.186 g 和 0.219 g 的乙酸，且无其他副产物生成。

此后在 2019 年，Mei 等[10]在之前研究的基础上，创造性地选择利用木质素上甲氧基基团进行了胺的 N-甲基化反应（图 3-12）。其使用离子液体 1-己基-3-甲基咪唑四氟硼酸盐（HMimBF$_4$）体系，以 LiI 作为催化剂在 120℃较为温和的反应条件下进行了这一反应，反应的产率高达 98%。其认为，与产生乙酸的反应相类似，LiI 催化了木质素中甲氧基上醚键的断裂,并在 BF_4^- 的协同作用下产生 CH_3I 和中间体 A。此后 CH_3I 再与 N-甲基胺反应生成 N,N-二甲基胺和 HI,后者再生形成 LiI(图 3-13)。

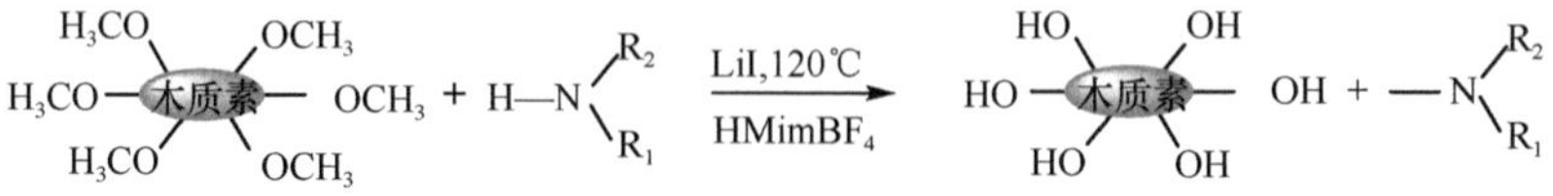

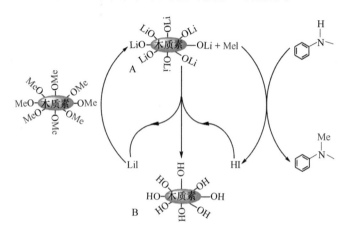

图 3-12 木质素中的甲氧基与胺的 N-甲基化反应

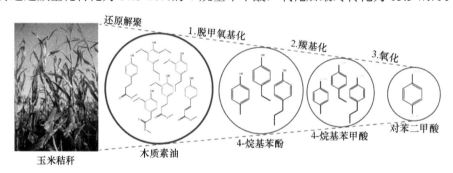

图 3-13 木质素中的甲氧基与胺的 N-甲基化反应机理

实施例 2:木质素脱甲氧基制备对苯二甲酸

对苯二甲酸(PTA)是聚酯纤维(PET)塑料的单体之一,在生产生活中具有广泛的用途。2019 年,Song 等[11]报道了一种将木质素中的甲氧基除去,并产生 PTA 的方法(图 3-14)。其以木质素为基础,以 MoO_x/AC 为催化剂,加氢脱甲氧基化后得到 16.1 wt%的 4-烷基苯酚,再通过羧基化转化为 14.8 wt%的 4-烷基苯甲酸,氧化后最终转化为 15.5 wt% PTA。

图 3-14 木质素脱甲氧基生产对苯二甲酸

第三节 木质素制备功能性肥料

一、技 术 背 景

在农业生产中,肥料是指能供给作物萌发及生长的必要养分物质,肥料对作物的必要性类似于微量元素对于人类的作用，可有效改善土壤性状，提高作物产量及品质。农业生产中的肥料主要包括无机肥和有机肥两类，其中，无机肥主要含有磷酸盐、硝酸盐、铵盐和钾盐，肥料虽然对农业发展有着不可或缺的作用，但长期施用化肥会造成土壤元素平衡被打破，使土壤板结，从而阻碍根系生长，降低植物吸收养分和水分的能力进而引起农作物明显减产，同时引发一定程度的水土流失，久而久之将造成土壤受损。土壤改良剂通过改善土壤结构，可用于改良贫瘠的土壤，重建因土壤管理不当或自然原因而受损的土壤。同时，土壤改良剂也能大幅度提高土壤的阳离子交换能力，为植物生长储存特定养分。目前常用的土壤改良剂缺陷较大，许多土壤改良剂中存在的盐、氮、金属和部分营养物质实质上难以降解，且在过量添加时对植物健康有害，甚至会流入水道危害水体，造成环境污染。木质素是一种来源广泛，廉价易得，在土壤中能缓慢降解，无毒害不残留且具有多种活性基团的天然多环高分子有机物，其在自然界中无法被动物消化，是腐殖质的前体，对土壤和肥料中的营养元素有较强的络合能力，多样的活性基团和物理化学性质决定了其有较强的吸附和缓冲性能，用其作为载体吸附、包裹肥料或土壤改良剂，可达到肥料缓释的目的。

在畜牧业上木质素也常作饲料添加剂和食用菌营养剂。硫酸盐木质素含有少量如碳水化合物、蛋白质、钙、铁、锌、锰等动物新陈代谢必需的营养物质。此外，木质素丰富的碳源也证明其作为食用菌的培养基的价值。

二、技 术 工 艺

木质素制备功能性肥料涵盖以下几种：缓释氮肥、木质素磷肥、木质素复合肥、螯合微肥和包膜肥料。

（1）缓释氮肥包括但不限于木质素磺酸盐氮肥、木质素氮肥和氧化木质素氮肥。氨氮是植物生长的必要条件之一，在自然界中常以无机氮和有机氮的方式存在，其中，无机氮能够被植物直接吸收利用。木质素不仅含有植物必需的氮、磷、钾等大量养分，还含有丰富的腐殖酸等有机质。木质素作为腐殖质的前体，在土壤中可以较为稳定缓慢地被微生物降解，这为改良氮修饰木质素提供了便利。木质素作为潜在肥料不仅能满足日益增长的化肥需求，还可以提高施肥效率。

通过木质素磺酸盐可制备缓释氮肥，以木质素磺酸盐为原料，经尿素和氢氧化钠改性后获得了较高的有机结合氮含量，较原料提高了约50%。碱木质素可以通过羟甲基化显著增加木质素的反应活性，或是通过缩合构建缓释模型制备缓释氮肥。氨氧化木质素氮肥常见于木质素的化学改性肥料，通过对碱木质素进行氧化氨解反应，在氨化的同时进行氧化反应，反应后得到木质素固定氮产物，改性后含氮量高达10.7%，约1/3的氮以铵离子形式与木质素结合，2/3的氮以共价化合物形式存在。

（2）当下磷肥的问题主要是其较低的原子利用率，由于磷在施肥后在土壤中常以离子形态存在，易与土壤中的金属离子反应形成不溶性无机盐，不利于植株吸收，当季利用率一般只有10%～25%。通过引入木质素与磷肥形成复合肥，木质素上大量的活性基团能在相当程度上保护磷，减少其与金属离子的反应，同时木质素在土壤中被微生物缓慢降解成带有一定酸性的腐殖质，有利于易溶性磷酸盐的转化吸收。木质素也能改进磷肥的物理性质，能够一定程度上避免水土流失造成的肥料损失。

现有的木质素磷肥可分为增效磷肥、活化磷肥和氧化木质素磷肥。对高溶解性磷肥进行改性，引入木质素以提高高溶性磷肥被固定的效能和有效性，与普通磷肥相比，能提高10%～20%的有效磷含量。由于木质素活泼的官能团属性，其表现出较强的阴阳离子交换能力，且具有一定的表面活性，能对磷矿粉起活化作用，制得活化磷肥。氧化木质素磷肥可通过对木质素进行稀硝酸氧化修饰改性获得，其具体实施仍然有待研究。

（3）木质素复合肥指以木质素为原料的有机–无机复合肥。近年来大量使用化肥造成的土质衰退、土壤板结和环境污染问题愈发严重，将木质素与化肥按一定比例混合，不仅能缓解这方面的环境问题，而且能提高肥料利用率，实现节肥增产的效能。通过将普通化肥中的磷肥、氮肥、钾肥等与木质素均匀化，造粒烘干制得木质素复合肥（图3-15），与同等养分水平的化肥相比，复合肥对冬小麦等的增产可达到20%以上且成本更低。

利用微生物对秸秆进行木质素降解来获得反刍动物家畜粗饲料的方法已经成为国内外饲料行业发展的热点。理论上而言，反刍动物能够通过瘤胃微生物将饲料中全部的纤维素和半纤维素分解并利用，但至今尚未发现哺乳动物消化道内有降解木质素的酶，由于木质素与部分纤维素和半纤维素紧密结合，使饲料无法被完全消化。在秸秆等比较常见的生物质固废中，木质素较纤维素、半纤维素是难以利用的部分，可采用微生物方法处理，其中主要采用真菌处理。农作物收获后剩余的秸秆可以通过还田和自身降解的方式，把秸秆转化为有机肥料归还到土壤中，但秸秆在土壤中的完全降解需要很长一段时间，利用真菌可以加快这个转化过程，应用白腐真菌处理秸秆，可以将秸秆转化为纤维饲料，用于反刍动物营养中。

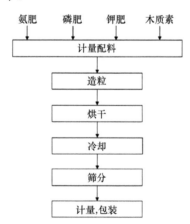

图 3-15　木质素在有机–无机复合肥生产中的应用

三、实　施　效　果

实施例 1：尿素和过氧化氢氧化改性木质素磺酸盐制备缓释氮肥

杨益琴等[12]以木质素磺酸盐为原料制备缓释氮肥。木质素磺酸盐是麦草亚硫酸盐–

甲醛–蒽醌法制浆后，提取所得废液经蒸发浓缩、喷雾干燥所得的干粉，其木质素磺酸盐占 33.52%。将尿素和木质素磺酸钙在烧杯中加水溶解，磁力搅拌器搅拌至完全溶解，配成 25%溶液，用稀硫酸调节 pH 后，转移到四口烧瓶（带有温度计、冷凝管和滴液漏斗）中进行反应，通过电动搅拌器搅拌，水浴加热，经滴液漏斗滴加过氧化氢，通过改变时间、温度、pH、过氧化氢用量等工艺参数得到不同条件下的改性产品。产品中改性木质素磺酸盐的反应产物部分浓缩后冷冻干燥得干粉；干粉用无水乙醇抽提，去除乙醇相，不溶物再用无水乙醇抽提，如此反复多次，去除其中未反应尿素。抽提后不溶物于 45℃真空干燥箱中干燥后保存，供产品氮含量分析用。

结果表明：过氧化氢氧化和尿素改性同时进行时，所得产品与先过氧化氢氧化后尿素改性和纯粹的尿素改性相比，具有较高的有机结合氮含量，氮含量提高约 50%。在反应温度 75℃、过氧化氢用量 15%、反应初始 pH=4、反应时间 3 h、催化剂 $FeSO_4 \cdot 7H_2O$ 用量 0.05%的条件下，与木质素结合的总氮含量可达 8.6%，其中铵态氮含量为 1.13%，有机结合氮的含量占总氮量的 87%，它们将随着木质素的降解而缓慢释放。

实施例 2：木质素对土壤性质和小白菜生长的影响

刘继培等[13]利用小白菜盆栽实验研究了施用麦秸铵法木质素（ALS）和麦秸对土壤性质及小白菜生长的影响。铵法木质素是在 130～140℃用亚硫酸铵加热蒸煮秸秆，此时木质素被磺化成水溶性的木质素磺酸盐，纤维素则析出，将纤维素滤去，剩下的即亚硫酸铵制浆液，其肥效成分含量很高，经浓缩、喷雾即可得到铵法木质素。有机物料和氮肥、磷肥、钾肥一次性施入。实验中秸秆用量为土重的 0.75%，盆栽前测定秸秆和木质素的有机物质总量，碱法木质素、铵法木质素用量与秸秆等碳施入，所有处理均施用磷肥、钾肥，其用量为 P_2O_5 0.08 g/kg、K_2O 0.10 g/kg，设置 5 个处理组，重复 4 次。具体研究了施用木质素对土壤硝态氮含量的影响，对土壤 pH 的影响，对土壤活性有机碳含量的影响，对土壤酶活性的影响，对土壤中腐殖酸含量的影响。结果表明，铵法木质素与氮肥配施处理的土壤中硝态氮含量显著高于其他处理（$P<0.01$），硝态氮含量为 48.67 mg/kg，碱法木质素和氮肥配施与单施氮肥的土壤中硝态氮含量差异不显著，其含量分别为 37.70 mg/kg 与 36.30 mg/kg。而秸秆与氮肥配施的土壤中硝态氮含量仅高于对照，其土壤中硝酸盐含量为 10.65 mg/kg。施用 3 种有机物料均使土壤 pH 上升，其中施用碱法木质素会使土壤 pH 升高近一个单位，使土壤环境变差，对作物生长产生负面影响，但是在红壤上可能会改善土壤 pH，有待进一步研究。经过两茬小白菜之后碱法木质素配施处理的土壤中过氧化物酶活性最高，为 8.19 mg/（g·2h）。施用有机物料的土壤中过氧化物酶活性和多酚氧化酶活性均有不同程度提高，在两茬小白菜收获之后，铵法木质素中的多酚氧化酶活性远高于其他方式处理的木质素。就腐殖酸来说，碱法木质素配施的土壤中高达 0.40%腐殖酸含量显著高于其他处理方法。

总之，木质素与化学肥料混合加工后得到氨氧化木质素肥料具有一定施用价值，通过比较不同方式处理的木质素进行的盆栽实验结果后发现，铵法木质素与氮肥配施能显著提高土壤中活性有机碳含量、多酚氧化酶活性以及作物的干物质量，其效果好于碱法木质素。通过将木质素氨氧化改性，与氮肥结合形成效果明显提高的新型复合肥，提高农业产率，不仅是以废治废、变废为宝的具体体现，也有积极参与生态循环和节能减排的正面意义。

实施例3：木质素磺酸钠促释磷肥的结构特征及其有效性机理

黄雷等[14]采用木质素磺酸钠与磷矿粉混合，通过连续水浸实验验证了与不同磷矿粉相比，木质素磺酸钠促释处理的磷矿粉水溶性磷含量显著提高，且第 2 次浸提量比第 1 次明显增加，其幅度为 33.5%～172.9%，在经过 8 次处理之后，水溶性磷累计释放量达到了对应磷矿粉的 5.6～14.0 倍。

结果表明：木质素磺酸钠能显著促进磷矿粉中水溶性磷的释放，既能显著提高其水溶性磷释放总量，又能加快磷素的释放速度，使其能持续地保持在一个较高的磷素释放水平，有效弥补磷矿粉水溶性磷含量过低不能满足植物生长需要的缺点。其具体实施方式如下。

（1）连续提取：分别称取磷矿样品 0.5000 g 装入 50 mL 的离心管中，加入 50 mL 蒸馏水，在（25±1）℃下振荡 15 min（振荡机速率 200 r/min），离心 10 min（4000 r/min），然后用无磷定量滤纸过滤，滤液承接于 100 mL 塑料瓶中；剩下样品残渣留在离心管中，再次加入蒸馏水 50 mL，摇匀，按上述方法振荡、离心、过滤，共重复 8 次，用钼锑抗比色法测定滤液中水溶性磷含量。

（2）有效磷、活性磷、NH_4Cl-P 的测定：磷矿处理前后有效磷采用 2%的柠檬酸提取测定；活性磷采用 1 mol/L 乙酸–乙酸钠（pH=4.7）提取测定；NH_4Cl-P 采用 1 mol/L 的 NH_4Cl 提取测定。

（3）持续活化性能测定：将活化磷矿样品按固液比 1∶100（磷矿样品∶浸提液），用 1 mol/L 乙酸–乙酸钠（pH=4.7），200 r/min 振荡浸提 2 h，抽滤，滤渣用 95%乙醇溶液淋洗 5 次，45℃烘干。将烘干的样品按上述活化磷肥制备方法重新活化，重复此操作两次，并用 1 mol/L 乙酸–乙酸钠（pH=4.7）提取活性磷，采用钒钼黄比色法测浸提液中的磷。

实施例4：利用白囊耙齿菌生产高值玉米秸秆饲料的研究

张超[15]分离筛选出一株同时具有降低木质素降解能力和提高饲料营养价值因素的菌株 ZK1，根据发育树分析结合其结构特征和镜检观察结果，将菌株 ZK1 鉴定为白囊耙齿菌。菌株 ZK1 在筛选过程中具有较好的过氧化物酶及漆酶活性。

（1）菌株 ZK1 对碱木素的最高降解率为 37.59%。在秸秆发酵培养基中，经扫描电镜观察，菌株 ZK1 能深入秸秆内部造成损伤从而达到降解的目的，其木质素降解率较高，同时处理后秸秆的蛋白质含量明显提高。菌株 ZK1 可产木质素过氧化物酶、锰过氧化物酶及漆酶，并具有较高的酶活性，同时多糖含量较高。对菌株 ZK1 研究表明，菌株 ZK1 对植酸盐具有一定的降解能力，并释放出磷酸盐。因此，菌株 ZK1 可以降解玉米秸秆中的木质素和纤维素，并具有提高蛋白质和多糖的含量、将植物中植酸磷释放出可溶性磷酸盐的能力，菌株 ZK1 在秸秆饲料中的应用具有一定的潜在价值。

（2）玉米秸秆与羽毛粉按照不同比例进行混合后，菌株 ZK1 在不同混合培养基上进行生长繁殖。研究表明，菌株 ZK1 在玉米秸秆与羽毛粉按照 4∶1 比例混合后的木质素、纤维素降解率最高，木质素酶与植酸酶的活性也最强，发酵后的可溶性糖、可溶性磷酸盐、蛋白质增长量等均高于其他两组，弥补了玉米秸秆作为饲料适口性差、营养价值低等缺点，使处理后的玉米秸秆饲料更有利于动物吸收和消化。因此，菌株 ZK1 在生产高值秸秆饲料方面具有重要的应用价值。

第四节　木质素制备污染修复材料

一、技术背景

目前，随着现代造纸、冶金、化学、选矿、印染等相关重工业技术的不断更新，水体和土壤污染问题日益突出，其中染料与冶金工业造成的重金属离子污染尤为严重。偶氮染料能抵抗有氧降解并起到氧化剂的作用，且在水土中浓度较低，难以处理；重金属，如铅、汞、镉、铬和砷具有高毒性、易致癌的特点，这些污染物会污染水土资源，并通过食物链在人体内积累，导致各种疾病，严重威胁健康。水和土壤中重金属离子的处理方式一般采用物理-化学沉降或吸附分离法。其中，吸附剂的选取直接决定吸附分离效果。所以，开发低成本、高效率的吸附剂是吸附法处理污染水土的关键。从 20 世纪 80 年代起，以木质素为原料制备的吸附材料的开发取得了很大进展。研究表明，木质素基吸附材料对金属阳离子、有机污染物具有良好的吸附性能，且兼具成本低、易制备、易于调控改性等优点。木质素含有具有反应活性的官能团（如酚、醇羟基和羧基等），能赋予如亲水性等其他物理化学性质。因木质素的酚、醇羟基及其邻位、对位氢原子具有反应活性，可以通过交联、杂交、缩合、接枝和共聚等反应来实现木质素改性，大幅提高木质素吸附剂对污染物的吸附容量、选择性、稳定性及可循环使用性。

二、技术工艺

木质素吸附剂可以分为木质素基离子交换树脂、木质素基碳质吸附剂、木质素基金属吸附剂和其他类木质素吸附剂。木质素基离子交换树脂自 20 世纪 60 年代起被广泛研究，因木质素磺酸盐中的磺酸基具有强离子交换能力、在可电离的同时保持了木质素的基本构架，能进一步发生交联反应得到高分子结构而被广泛应用于木质素基离子交换树脂中。但与常规的离子交换剂相比，木质素基离子交换树脂的稳定性、强度等性能仍然较低。木质素基碳质吸附剂是指以木质素为原料制备的活性炭、炭化树脂和碳分子筛等，碳质吸附剂成本高，吸附性能弱，普适性低，不适用于土壤、污水处理中金属离子的吸附，其用途将在下一节着重介绍。

木质素基金属吸附剂指通过木质素作为阳离子吸附点来进行金属离子的吸收。木质素以改性材料作为重金属去除吸附剂早有研究，如碱木质素、木质素磺酸钠、有机溶剂木质素和各种改性木质素等，通过木质素进行磺化和氧化等改性，将木质素中数量众多的含氧基团转化为磺酸基、羧酸基、酚羟基和羧甲基等酸性基团，使得木质素改性材料能够在土壤、污水中有效吸附金属离子。木质素吸附重金属的选择性也可通过改性来实现。例如，导入疏水基团降低木质素的溶解性，使被吸附的金属离子更容易被吸解，得到的木质素吸附剂不再吸附钠离子，转而强烈吸收水溶液中的 Hg^{2+}、Pb^{2+}、Cd^{2+}、Cu^{2+} 以及 Cr^{3+}、Fe^{3+} 等重金属离子，吸附选择性和效率得以提高。其吸附机理主要是离子交换、静电相互作用、金属络合、金属螯合，吸附后改性木质素的酚羟基、甲氧基、羧基与金属离子结合在一起，即吸附剂对金属离子的作用主要是静电作用以及金属络合。

单一木质素吸附性能不优于商业吸附剂和离子交换树脂材料，存在局限性，通过对木质素进行改性以显著提高其力学性能和水稳定性。改性木质素吸附剂的制备分为接枝共聚、交联反应和曼尼希（Mannich）反应等，木质素上众多活性基团决定了其可进行氧化、还原、磺基化、烷基化等改性。接枝共聚一般采用木质素与丙烯酰胺接枝共聚、木质素与丙烯酸接枝共聚、木质素与丙烯腈接枝共聚等，区别在于接枝单体不同。交联反应通过木质素与环氧氯丙烷、甲醇等交联剂反应制备木质素基离子交换树脂，其结构规整均匀、强度好。

三、实 施 效 果

实施例1：木质素的氧化改性

Dizhbite 等[16]通过引入含氧官能团对从稻草中提取的木质素进行氧化改性，将木质素与 POMs 在 O_2 和 H_2O_2 同时存在的条件下进行氧化改性后，木质素中的羧基和羟基数量显著增多，在 20℃、pH=5.0 条件下，其对 Pb^{2+}、Cd^{2+}饱和吸附容量相对于木质素分别增加了 2 倍、3 倍。氧化改性木质素存在更多的羧基或酚羟基，吸附容量更高（图 3-16）。

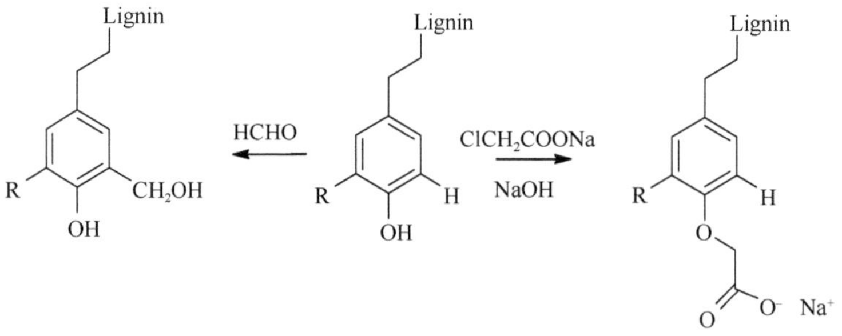

图 3-16　木质素含氧官能团改性示意图

实施例2：木质素的胺化和 Mannich 改性

木质素的 Mannich 改性是以木质素中活泼氢与甲醛和氨反应，其中氢原子被胺甲基取代。通过胺化反应，将含氮官能团接枝到木质素官能团（图 3-17）。其胺基与羟基在吸附过程中与金属离子发生作用，以实现对木质素的胺化改性。此外，胺化改性木质素纳米微粒含有的甲基引起的供电子效应会在一定程度上增强胺基与重金属离子的结合能力。

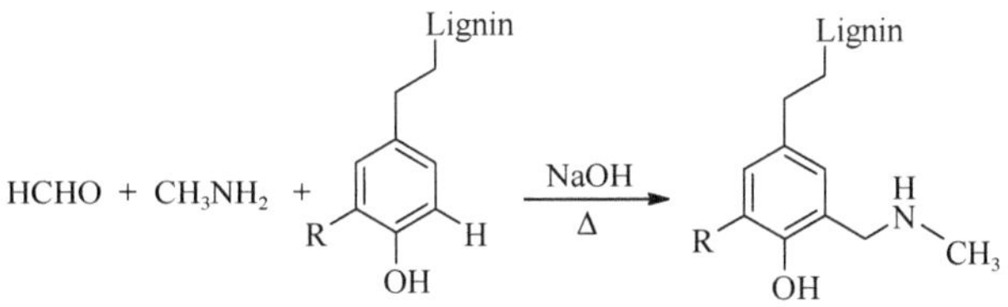

图 3-17　木质素 Mannich 改性示意图

通过 Mannich 反应制备出 N 掺杂木质素，之后再用水热合成与三乙烯四胺和 CuCl₂ 反应制备了一种新型掺杂 Cu/N 的改性木质素吸附剂。实验以 pH=5.0，将 10 mg 吸附剂加入 25 mL 浓度为 100 mg/L 的待测溶液，结果表明这种吸附剂对 As(V) 和 Cr(VI) 的去除率分别为 86.44% 和 39.48%，其中对 As(V) 的最大吸附容量为 253.5 mg/g。经 X 射线光电子能谱分析（XPS）表征发现吸附的产生是由于 $HAsO_4^{2-}$ 和 N 元素之间的氢键作用。

实施例 3：木质素的硫化改性

甲磺酸根和磺酸根可分别通过磺甲基化和磺化反应被引入木质素大分子上。木质素磺化和磺甲基化可改善木质素的亲水效能，含硫官能团对重金属离子具有很强的亲和性能，并已广泛用于木质素上含硫官能团的改性（图 3-18）。Xu 等[17] 通过将稻草提取的木质素与 SO₃ 微热爆破处理制备了介孔木质素基生物吸附剂并引入磺酸基，在 20℃下，其对 Pb²⁺ 吸附容量高达（952±31）mg/g。

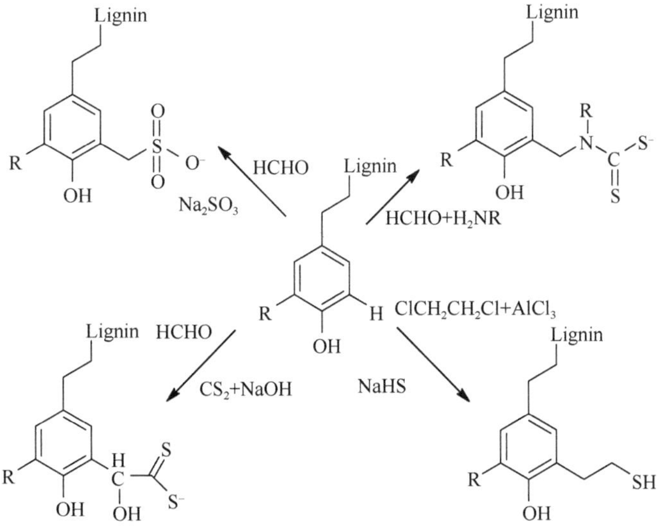

图 3-18　木质素硫化官能团改性示意图

木质素磺酸酯可通过含羟基化合物与 CS₂ 简易制得，它可与重金属离子形成高度稳定的金属络合物。Ge 等[18] 利用碱木质素制备得到二硫代氨基甲酸改性木质素，在 25℃、pH=6.0 条件下，该改性材料对 Cu²⁺ 和 Pb²⁺ 的吸附容量分别为 175.9 mg/g 和 103.4 mg/g，高吸附容量归因于其存在高度拓展的大分子矩阵和大量二硫代氨基甲酸根基团，其吸附动力学符合拟二阶动力学方程，表明吸附过程是—NCSS—基团与金属离子之间的化学作用。Jin 等[19]制备了一种硫醇改性木质素基吸附剂，在 25℃、pH=6.0 的条件下，改性吸附剂对 Cd^{2+} 具有很高的选择性，且吸附容量高达 72.4 mg/g，比原料木质素高 8.6 倍。

第五节　木质素制备高质活性炭

一、技 术 背 景

活性炭是一种高比表面积、孔体积及含有各种基团的多孔材料，广泛应用于废水处理、超级电容器、气体吸附与分离、催化剂、催化剂载体等方面。用于活性炭制备的前体主要有煤和农林业副产物，我国传统的活性炭制备原料为木材、木炭、木屑、椰子壳、果核等，但由于我国"草多林少"的特点，木材、木炭的来源严重萎缩，导致活性炭制备极为受限。因此，寻找来源广泛、低成本、可再生的前驱体大量制备高比表面积与孔体积的活性炭材料的研究受到了越来越多的关注。木质素是地球上含量仅次于纤维素的第二大生物质，也是含量最丰富的天然多孔聚合物，有产量大、可再生及含碳量高的优点，是生产活性炭的理想前体，可用于高效吸附及制备高比电容、高功率密度、循环稳定性好的超级电容器等。利用木质素制备活性炭可解决农业秸秆污染治理问题，同时将其变废为宝，提高资源利用率。木质素含有大量的羟基等活性基团，有利于采用尿素改性、三聚氰胺改性制备木质素基新型活性炭，为木质素制备含氮活性炭提供了新途径。

二、技 术 工 艺

第四节详细介绍了木质素吸附剂去除金属离子的应用，木质素基碳质吸附剂在一定程度上行之有效，但因其成本高、不易制，适用性不强，木质素基活性炭并不适合作为金属吸附剂。传统活性炭制备主要包括炭化和活化两个步骤。在活化过程中，碳材料通过加热等途径转化为活性炭。木质素的炭化在惰性气体氛围下进行热裂解，其间会形成一系列的芳香族产物，如醛、甲苯、苯乙烯等。在此过程中木质素的 β—O—4 连接键断裂，随后在 350℃以上形成自由基，自由基的形成导致链增长、随机再聚合形成生物炭。温度达 700℃以上时，微孔碳结构增多，随后物理活化以水蒸气、二氧化碳等氧化性气体与炭化后材料进行水煤气反应，与碳原子进行化学作用，生成小分子气体，进行开孔、扩孔、造孔，在炭化物表面及内部产生形状不同、大小不一的孔隙，最终制成活性炭。化学活化法是在惰性气体中碳前驱体与活化剂进行复杂的热解反应产生孔隙而生成活性炭。与物理法炭化、活化两个过程相比，化学活化法的炭化、活化过程可发生于同一个阶段，能耗较低，但需要进行后期冲洗去除活化剂。常用的活化剂有氯化锌、磷酸、氢氧化钾、氢氧化钠、碳酸钾及氯化铁等。

随着空气污染问题进一步得到重视，活性炭越来越多被应用于空气污染的治理。将木质素应用于制备活性炭，可以对大气中的甲醛、苯系物及氨等有害气体进行有效去除。目前，以化学活化法制备出的活性炭孔率较低，无法有效应用于有机污染物、生物大分子这类物质的吸附。木质素制成的活性炭中无定形区和石墨区中含有大量不饱和键，存在活性中心，具有催化活性，将木质素应用于多孔炭材料的制备，不仅解决了木质素反应活性位点数量少、难以化学利用的难题，还可以推动活性炭材料行业的蓬勃发展。木质素基活性炭在吸附/催化方面应用广泛，常见的吸附应用包括：①染料吸附，如来源于油漆、塑料、织物、化妆品等企业的染料污染物；②有机分子吸附，如来源于炼煤厂、汽油、橡胶、塑料、钢铁、消毒剂以及药物等企业的污染物；③气体吸附，如 CO_2、H_2S 和 CH_4 等。催化方面，木质素制备的活性炭因其廉价、易调控，具有较广阔的应用前景。例如，Li 等[20]通过木质素基制备的固体酸催化剂具有热稳定性，较大的比表面积（850 m^2/g），平均孔径为 4.7 nm，较高的表面酸性使其可成功用于催化果糖脱水制 5-羟甲基糠醛。电子器件方面，活性炭主要应用于超级电容器，良好的导电性、发达的孔隙结构以及优异的电容性能使其吸附大量电解质，提高了电容量，提升了充放电循环性能。Yu 等[21]通过两步预热解活化和直接活化制备出两种不同的木质素基活性炭用于高性能超级电容器，大大缩短了电子传输距离，加速离子传输，最终提高了活性炭的电化学特性。如何在低能耗的条件下制备具有高比表面积的可控碳结构是目前也是未来的重要挑战。

三、实施效果

实施例 1：木质素制备活性炭及其在油气回收中的应用[22]

木质素原料烘干至恒重后与磷酸（60 wt%）按一定的磷料比充分搅拌混合，并于 80℃水浴中密封浸渍，然后取出置于 80℃烘箱中敞口烘干至恒重。炭化活化取浸渍好的样品置于瓷舟中随后置入管式炉进行活化，在氮气保护下，以一定的升温速率升温到所需活化温度（400～600℃），保温一定的活化时间后停止加热，在氮气保护下在炉内降温至常温制得活化样品。结论上，最优活化条件为氮气保护，磷料比为 2.5，活化温度为 450℃，活化时间为 90 min，升温速率为 5℃/min，此时木质素基活性炭比表面积为 1772 m^2/g。

采用该方法制得木质素基活性炭对正丁烷吸附量为 0.485 g/g，且含有一定数量中孔，脱附残留量小，且其动态吸附性能良好，表明磷酸活化木质素所得活性炭适合油气回收。

实施例 2：磷酸法木质素基活性炭的制备及其电化学性能研究

郭奇等[23]以杨木木质素为原料，采用磷酸活化法制备中孔发达的活性炭。在活化温度为 800℃、浸渍比为 2∶1 的条件下，制得的活性炭表现出最佳的结构性能，其比表面积为 1031 m^2/g、中孔率为 61%、平均孔径为 3.31 nm。使用该活性炭作为超级电容器电极材料时，在 1 A/g 的电流密度下比电容达到 165 F/g，且在 10 A/g 的电流密度下比电容仍有 136 F/g。在 1 A/g 的电流密度下，循环 5000 次后，比电容值能保持在初始值的 78.1%（图 3-19）。

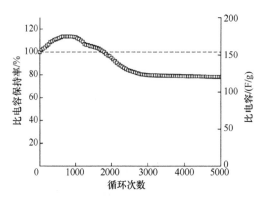

图 3-19　杨木木质素基活性炭充电放电 5000 次的循环性能

实施例 3：木质素制备燃料电池阴极电催化碳材料研究

金凯楠等[24]以酶解木质素为原料，通过含氮化合物改性、炭化和高温氨气活化制备出氧化还原反应（ORR）电催化性能优良的木质素基活性炭。采用含氮化合物改性和氨气活化的方法，可有效调控木质素基活性炭的孔隙结构，以及吡啶氮、吡咯氮和季铵等含氮基团含量，从而实现定向调控木质素基活性炭的 ORR 电催化性能。木质素经三聚氰胺改性、800℃碳化、950℃氨气活化制得的活性炭表面积为 1034 m²/g，微孔（0.438 cm³/g）和中孔（0.302 cm³/g）结构发达，含氮量为 6.82%，季氮基团为 64.8%。其电催化性能也被进一步研究，根据不同转速（400～2500 r/min）下线性扫描伏安曲线图（图 3-20），采用 Koutecky-Levich（K-L）方程计算 ORR 电催化过程的电子转移数。由图可知三聚氰胺改性、800℃炭化、950℃氨气活化制得的活性炭与商用 20% Pt/C 电极的 K-L 图的截距和斜率非常接近，表明其电催化过程非常接近，也证明了三聚氰胺改性的木质素基活性炭是一种商业化应用潜力巨大的电催化材料。

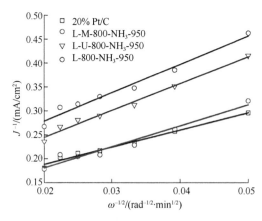

图 3-20　木质素基活性炭和商用 20%Pt/C 的 Koutecky-Levich 图
L-M-800-NH₃-950 表示三聚氰胺改性活性炭；L-U-800-NH₃-950 表示尿素改性活性炭；L-800-NH₃-950 表示未改性活性炭

实施例 4：负载镍锌氧体木质素基活性炭吸附磺胺噻唑

仇仕杰等[25]以碱木素为原料热解制备碱木质素基活性炭（LAC），在此基础上添加硝酸镍、硝酸锌等，用水热合成法成功制备出负载镍锌氧体的木质素基活性炭并研究其在水溶液中对磺胺噻唑的吸附。

结果表明，所制得的木质素基活性炭具有明显的三维多孔结构与稳定的晶体结构，其具备较大的比表面积（759.1 m^2/g）。在吸附过程中，该木质素基活性炭表现出较好的吸附性能，最大吸附容量可达 328.2 mg/g，优于其他报道的吸附剂。在循环利用 4 次后，解吸率仍可达 79.43%。主要通过静电作用、π—π 堆积作用、络合作用、氢键作用及疏水性作用的协同使吸附性能得到很大提高。

第六节　木质素制备清洁燃料

一、技　术　背　景

目前，全球能源和燃料供给主要依赖化石资源的转化。但为应对当今全球变暖的现状，开发可替代的生物质燃料越来越受到社会各界的广泛关注。其中，木质纤维素类生物质主要包含纤维素、半纤维素、木质素以及少量提取物，其中木质素占比为10%～30%，其比能含量高于纤维素和半纤维素。相比于传统的木质素直接燃烧回收热量，利用生物质燃料电池将木质素转化产电是更清洁环保、资源利用率更高的一种方法，利用固体氧化物电池、直接碳燃料电池、微生物燃料电池等均可实现木质素或木质素磺酸盐的转化产电。直接燃烧的废弃木质素中常常因为含有硫、氮等杂质以及本身的不完全燃烧导致有害气体、温室气体的大量排放，进而造成环境污染。此外，木质素中碳与氢的比例与天然石油成分相似，使用木质素生产生物液体燃料成为实现木质素价值的有效途径。因此，研究木质素制备燃料不仅可以充分利用生物质资源，创造经济价值，而且可以控制环境污染，有助于建设绿色可持续发展社会。

二、技　术　工　艺

从木质素的基本结构特性可知通过解聚能获得大量的芳香族化合物，从而获得大量的生物燃料。木质素的化学解聚已被广泛研究，主要包括催化热解、催化氧化、催化氢解、光催化解聚、电化学解聚、醇解等。其中，催化热解、催化氧化、催化氢解易于实现，经济实用且应用面广。木质素的催化热解是指木质素在热解过程中通过添加催化剂来调控热解程度以及产物选择性的解聚方法，如以 HZSM-5 和 CoO/MoO_3 为催化剂催化木质素的热解反应，可促进木质素中脂肪族转化为烯烃、进一步生成芳香烃化合物液体燃料。

木质素的催化氢解是指木质素分子中的醚键在还原反应下裂解时，其释放的原子或基团被氢取代的过程。由于木质素分子中存在大量醚键，因此理论上催化氢解能够有效地解聚木质素。活性炭负载的钌催化剂可用于木质素催化氢解，木质素大分子中的醚键在反应中解聚断裂生成酚类化合物，产物中的不饱和键继续与 H_2 反应达到饱和，既增加了产物的稳定性，又避免了重聚反应的发生。木质素的催化氢解所得的生物液体燃料氧含量较低、热值较高以及较少焦炭形成，这是其他解聚方法所不能同时达到的。

木质素制备生物燃料近年来研究甚多，但木质素经解聚后得到的产物与石油等燃料相比存在氧含量高、碳数低、密度小、热值低等诸多问题，不能直接替代现有的化石能源。通过木质素制备高密度生物液体燃料是实现木质素的高值化利用的突破口之一，高密度燃料具有体积热值高、密度与体积热值呈正相关的特点，即在燃料箱体积一定的情况下，燃料的密度越大，单位体积的燃料所提供的能量越大，常在航空航天业作为燃料使用。当前木质素通过催化解聚得到的燃料碳含量低、氧含量高，需要进一步对木质素生物燃料进行如 C—C 偶联反应或加氢脱氧（HDO）反应。C—C 偶联反应通常包括羟醛缩合反应、烷基化反应、寡聚反应、Diels-Alder 反应等来加长碳链，具体差异和优缺点见表 3-1[26]。

表 3-1 常见 C—C 偶联反应类型[26]

C—C 偶联反应类型	反应机理	优点	缺点
羟醛缩合反应	具有 α—H 的醛或酮在一定条件下形成烯醇负离子与另一分子羰基化合物进行亲核加成，生成 β-羟基羰基化合物	反应条件温和，操作简便，节能减耗	所使用的碱性催化剂难回收，易污染
烷基化反应	芳香族芳环上氢被烷基取代的过程	提高碳氢燃料密度，构造产物特殊结构	反应产物结构复杂且分布不均匀
寡聚反应	单体通过二聚、三聚、四聚等形成低聚物的聚合反应	耗能低，无污染	反应聚合程度可控性差
Diels-Alder 反应	1,3-二烯化合物和另一个有不饱和双键的底物经过环化加成，生成六元环状化合物的反应	提高碳氢燃料密度以及体积热值	反应产物复杂且不可控

为提高燃料产品的燃烧热值，原始木质素及其衍生物或由其经 C—C 偶联反应所得到的燃料中间体中的氧需要被去除以提高其碳氢比。HDO 反应作为合成高密度燃料的重要反应被广泛使用，经处理后其产物含氧量减少，含氢量增加，化学稳定性得以提高。但在此过程中 C—C 键会发生裂解或离解，这直接造成了产物碳链的缩短，进而降低了其密度与热值，未来的研究将围绕设计避免此类副反应的催化剂进行。

水煤浆是一种新型的煤基流体洁净环保燃料，既保留了煤的燃烧特性，又具备了类似重油的液态燃烧应用特点，约 2 t 水煤浆可以替代 1 t 燃油。煤炭为疏水性物质，不易被水润湿，且煤浆中的煤粒很细，具有较大的比表面积，容易自发地聚结，因而煤粒与水不能密切结合成为一种浆体。木质素特有的表面活性功能决定其能作为水煤浆添加剂被广泛使用，其作用机理有以下三个方面：①提高煤颗粒表面的亲水性；②增强颗粒间的静电斥力；③增强空间位阻效应。

阴离子型木质素系水煤浆添加剂，主要靠双电层效应和吸附膜空间位阻效应实现浆体的流变稳定性。木质素磺酸盐原料丰富、价格便宜，且制浆稳定性较好，析水量少，与 Ca^{2+}、Mg^{2+} 有较强的络合能力，使复合煤间通过表面的木质素磺酸盐与 Ca^{2+}、Mg^{2+} 络合形成三维网络结构，稳定性增强。同时，以碱木质素为原料制备水煤浆添加剂也被广泛研究，但添加剂和煤颗粒表面吸附不牢固，分散降黏性能不佳，造成水煤浆自身的稳定性差等问题，需要引入磺甲基、羟基、烷基等活性基团，增加产品的分子量，在保持良好分散降黏性能的基础上提高水煤浆添加剂稳定度。

水热炭化是一种环保、方便、经济的处理木质素的新技术。生物质在高压间歇反应釜中加热（200~350℃），产生亚临界水和自生压（2~10 MPa），在降低能源消耗的同时能提升产物热值，为处理废弃生物质提供了一种全新的理念，解决了传统生物质直接燃烧导致环境污染的问题。相较于传统热解工艺，水热炭化处理木质素具有环境友好型、低耗能等优点，尤其是解决了传统热解方法中直接燃烧的热值利用率低、灰分大和耗能严重等问题，从产物特性来看，水热炭可在固体燃料方面有所应用。

三、实 施 效 果

实施例 1：以木质素酚类化合物制备联环烷烃类燃料[27]

以木质素酚类化合物（苯酚、苯甲醚、愈创木酚）和环醇（环己醇、环戊醇）为原料，通过烷基化反应制备出单烷基酚类燃料母体化合物，并对燃料母体化合物进行加氢脱氧反应和加氢异构反应，制备出联环烷烃类燃料。其中，得到的产物为71%联环己烷和27%环己基环戊基甲烷的混合燃料，其密度为 0.88 g/mL、黏度为 3.1 mm²/s（20℃）、冰点为-22℃、净燃烧热值为 37.3 MJ/L，是理想的航空燃料。此外，HDO 过程中 C—C 键会发生裂解或离解，这直接造成了产物碳链的缩短，进而影响其密度与热值。该问题很大程度上取决于反应中所使用的催化剂，未来应设计与调整催化剂中活性金属性质和酸强度，以抑制 C—C 键的裂解。

实施例 2：水热炭化技术应用实例[28]

该实例探究木质素在不同保温时间下水热炭燃料性能的变化规律，在反应温度为290℃、木质素：水固液比为 1：20 条件下开展了不同保温时间梯度的水热炭化实验研究。结果表明，水热炭化可显著改善木质素的燃料性能，随着水热炭化保温时间的增加，水热炭热值增大。保温时间从 0 h 增加为 2 h 时，水热炭热值从 20.01 MJ/kg 增加至 26.32 MJ/kg，增加了 31.53%；随着保温时间的增加，水热炭中碳元素的比例呈现稳定的上升趋势，这是由于木质素水热炭化后，芳构化程度增强，水热炭挥发分降低，燃烧性能得到明显提高。

实施例 3：木质素准液体燃料应用实例[29]

将木质素与纯柴油以及适量的乳化剂混合后通过均质机均质，得到木质素准液体燃料，而后在 S195 单缸柴油机上对两种不同燃料进行发动机台架试验，得出柴油机燃用木质素准液体燃料和纯柴油的负荷特性及排放特性曲线，同时对木质素准液体燃料和纯柴油的油耗率进行了对比。

结果表明，木质素能够替代柴油做功，使用木质素准液体燃料作为代用燃料的输出功率与使用纯柴油几乎相同，且在 1600 r/min 时较纯柴油有明显的节油效果，所排出的二氧化碳、一氧化碳、碳氢化合物含量均有所降低。

实施例 4：木质素在直接生物质燃料电池中产电性能研究[30]

　　探讨了木质素原料类型、溶剂类型，以及水浴加热、紫外光照射等预处理方式对木质素在直接燃料电池中产电性能的影响。通过改变溶剂体系及预处理条件，对酶解木质素（EHL）、碱木质素（AL）、木质素磺酸钠（SL）和糠醛渣（FR），这 4 种类型的木质素在直接生物质燃料电池中的产电性能进行了一系列的研究，并对 AL 反应前后的紫外光吸收光谱、红外光谱和 ^{1}H NMR 谱图进行了分析。研究结果表明，AL 的产电性能最好，开路电压可达 392.7 mV，最大功率密度为 0.198 W/m^2。

　　木质素在 3 种不同的溶剂体系中的发电性能不同，在 NaOH 溶液中的产电性能最好，在 NaOH-苯甲酸钠溶液中最差。水浴加热预处理对木质素的产电性能有提高作用，温度越高，处理时间越长，木质素的产电性能会越好。

参 考 文 献

[1] Mei Q, Shen X, Liu H, et al. Selectively transform lignin into value-added chemicals. Chinese Chemical Letters, 2019, 30(1): 15-24.

[2] Mei Q, Liu H, Shen X, et al. Selective utilization of the methoxy group in lignin to produce acetic acid. Angewandte Chemie International Edition, 2017, 56(47): 14868-14872.

[3] Li C, Zhao X, Wang A, et al. Catalytic transformation of lignin for the production of chemicals and fuels. Chemical Reviews, 2015, 115(21): 11559-11624.

[4] Karagöz S, Bhaskar T, Muto A, et al. Effect of Rb and Cs carbonates for production of phenols from liquefaction of wood biomass. Fuel, 2004, 83(17-18): 2293-2299.

[5] Sturgeon M R, O'Brien M H, Ciesielski P N, et al. Lignin depolymerisation by nickel supported layered-double hydroxide catalysts. Green Chemistry, 2014, 16(2): 824-835.

[6] Wang H, Zhang L, Deng T, et al. ZnCl$_2$ induced catalytic conversion of softwood lignin to aromatics and hydrocarbons. Green Chemistry, 2016, 18(9): 2802-2810.

[7] 刘超. 木质素液相氧化解聚制备芳香族化合物的研究. 南京: 东南大学, 2020.

[8] Molinari V, Clavel G, Graglia M, et al. Mild continuous hydrogenolysis of kraft lignin over titanium nitride-nickel catalyst. ACS Catalysis, 2016, 6(3): 1663-1670.

[9] Jongerius A L, Bruijnincx P C, Weckhuysen B M. Liquid-phase reforming and hydrodeoxygenation as a two-step route to aromatics from lignin. Green Chemistry, 2013, 15(11): 3049-3056.

[10] Mei Q, Shen X, Liu H, et al. Selective utilization of methoxy groups in lignin for N-methylation reaction of anilines. Chemical Science, 2019, 10(4): 1082-1088.

[11] Song S, Zhang J, Gözaydın G, et al. Production of terephthalic acid from corn stover lignin. Angewandte Chemie International Edition, 2019, 58(15): 4934-4937.

[12] 杨益琴, 李宝玉, 曹云峰, 等. 麦草木质素磺酸钠制备缓释氮肥的研究. 中华纸业, 2008, 29(13): 55-58.

[13] 刘继培, 汪洪, 李书田, 等. 草浆造纸木质素对土壤性质和小白菜生长的影响. 农业环境科学学报, 2011, 30(10): 2018-2023.

[14] 黄雷, 毛小云, 王君, 等. 促释磷肥的结构特征及其有效性机理研究. 中国农业科学, 2013, 46(4): 769-779.

[15] 张超. 利用白囊耙齿菌生产高值玉米秸秆饲料的研究. 长春: 吉林农业大学, 2018.

[16] Dizhbite T, Jashina L, Dobele G, et al. Polyoxometalate(POM)-aided modification of lignin from wheat straw biorefinery. Holzforschung, 2013, 67(5): 539-547.

[17] Xu F, Zhu T T, Rao Q Q, et al. Fabrication of mesoporous lignin-based biosorbent from rice straw and its application for heavy-metal-ion removal. Journal of Environmental Sciences, 2017, 53: 132-140.

[18] Ge Y, Xiao D, Li Z, et al. Dithiocarbamate functionalized lignin for efficient removal of metallic ions and the usage of the metal-loaded bio-sorbents as potential free radical scavengers. Journal of Materials Chemistry A, 2014, 2(7): 2136-2145.

[19] Jin C, Zhang X, Xin J, et al. Clickable synthesis of 1, 2, 4-triazole modified lignin-based adsorbent for the selective removal of Cd(Ⅱ). ACS Sustainable Chemistry & Engineering, 2017, 5(5): 4086-4093.

[20] Li X, Li P, Ding D, et al. One-step preparation of kraft lignin derived mesoporous carbon as solid acid catalyst for fructose conversion to 5-hydroxymethylfurfural. Bioresources, 2018, 13(2): 4428-4439.

[21] Yu B, Chang Z, Wang C. The key pre-pyrolysis in lignin-based activated carbon preparation for high performance supercapacitors. Materials Chemistry and Physics, 2016, 181: 187-193.

[22] 闫伟. 草浆黑液木质素制备活性炭及其在油气回收中的应用. 大连: 大连理工大学, 2011.

[23] 郭奇, 许伟, 刘军利. 磷酸法木质素基活性炭的制备及其电化学性能研究. 林产化学与工业, 2022, 42(2): 31-38.

[24] 金凯楠, 左宋林, 桂有才, 等. 木质素制备燃料电池阴极电催化炭材料研究(Ⅰ)——改性酶解木质素的热解过程. 林产化学与工业, 2021, 41(6): 1-9.

[25] 仇仕杰, 梁祖雪, 华洁, 等. 负载镍锌氧体木质素基活性炭吸附磺胺噻唑. 中国环境科学, 41(8): 3642-3652.

[26] 简雅婷, 余强, 陈小燕, 等. 木质素制备生物液体燃料进展. 化工进展, 2021, 40(S02): 8.

[27] 聂根阔. 基于松节油和木质纤维素平台化合物的高密度燃料合成. 天津: 天津大学, 2017.

[28] 孙文迪, 白莉, 迟铭书, 等. 木质素水热碳化产物燃料性能的实验研究. 吉林建筑大学学报, 2022, 39(3): 57-65.

[29] 王文将, 潘梦雅, 李玉娇, 等. 木质素准液体燃料在柴油机上的试验研究. 广州化工, 2019, 11: 92-95.

[30] 杜艺飞, 蒲悦, 张力平, 等. 木质素在直接生物质燃料电池中产电性能研究. 林产化学与工业, 2022, 42(3): 42.

第四章　养殖废弃物质绿色转化技术

第一节　养殖废弃物质绿色转化背景

畜牧业是国民经济的重要组成部分,是一项关联广泛的重要基础产业。近50年来,畜禽和水产养殖业在我国蓬勃发展。2020年,我国家禽出栏量为155.7万只,水产品总产量为6463.67万t,较2010年分别增长38.8%和20.3%。在养殖规模不断扩大的进程中,废弃物的产量也随之急剧上升,但我国90%以上的畜禽养殖场缺少废弃物综合利用的技术手段和治理设施,畜禽养殖污染呈现出总量增加、程度加剧和范围扩大的趋势。

畜禽和水产养殖业带来的环境污染问题为我国农业、生态环境的可持续发展带来了难以估量的代价和损失。粪便大量堆积会产生硫醇、硫化氢、氨气、吲哚、有机酸、粪臭素等有毒有害物质,为动物疫病的传播提供有利条件。此外,畜禽饲养会排放大量温室气体。据统计,我国畜牧养殖业每年向大气中排放约7.1亿t CO_2。有机废弃物的过量还田与直接倾倒会造成土壤结构失衡与有害物质积累。地表径流或降水冲刷随意堆放的废弃物或被其污染的土壤汇入水体后,会造成水体富营养化、地下水硝酸盐超标等问题。发展畜禽水产养殖业的无害化清洁处理和资源化利用技术是污染防治、以废治废、实现"双碳"目标的重要举措。

畜禽水产养殖废弃物主要分为养殖废弃物和屠宰废弃物。养殖废弃物主要为动物排泄物、未食用完的饲料和冲洗水组成的混合物。水产养殖产生的废弃物多存在于废水中。相较于畜禽养殖废弃物,其资源化利用更为困难,更易随大气、水体流动,造成周边水域水体的富营养化与病原体传播。屠宰废弃物一般指屠宰产生的不可利用物和污水,其结构、性质、成分常因饲养动物的种类不同而有较大差异,例如,禽类的羽毛是丰富的蛋白质来源,虾蟹类的壳含有大量的甲壳素。畜禽水产养殖废弃物中资源与能源的可持续、环境友好型利用已成为全世界的研究热点。目前,我国主流的畜禽水产养殖废弃物资源化利用模式主要有两种:①经无害化处理后作为肥料回归农田;②通过如气化、厌氧产沼等技术生产生物炭和其他可燃性产物。目前相关技术尚需进一步完善,以减少二次污染,节能减排,同时也亟待开发更为高效的高值化利用技术。

本章着重介绍了养殖废弃物用于生产清洁能源、清洁肥料与清洁饲料等资源化利用技术,旨在总结现有技术的可取之处和对应问题的痛点,为实现养殖废弃物清洁资源化转化抛砖引玉。

第二节　畜禽养殖废弃物基能源化利用

一、技　术　背　景

随着全球畜禽产业持续繁荣，畜禽养殖废弃物大量产生。畜禽养殖废弃物主要来源于养殖场排放的畜禽粪便、禽畜舍垫料、废饲料、畜禽尸体及散落的羽毛等固体废弃物。未经适当处理的废弃物排放到环境中会对土壤和水系统造成严重污染。与畜禽养殖业有关的污染物已被确定为水系统污染的主要原因之一，其造成地表水富营养化和地下水硝酸盐富集等环境污染问题。畜禽粪便不仅会散发出难闻的气味，还会促进苍蝇和啮齿动物繁殖，造成严重的环境问题。对畜禽屠宰场废物的不当处理将导致畜禽养殖场面临疾病的威胁。另外，采用合适的资源化方法加以利用，可以实现变废为宝。因此，以合适的方法及时处理废物是促进绿色、经济的畜禽养殖活动的关键。目前，对于畜禽养殖废弃物有许多不同的管理方案，包括将垃圾生产为有机肥料、沼气和牲畜饲料等具有商业用途的产品。

二、技　术　工　艺

畜禽养殖废弃物的能源化利用是养殖废弃物资源化的重要路径，主要包括畜禽养殖废弃物的直接燃烧和清洁燃料生产。将畜禽粪便等养殖废弃物直接燃烧产热的方法适用于草原上相对干燥的动物粪便，对于集约化养殖场来说，粪便中含水量较高，难以燃烧。此外，直接燃烧畜禽养殖废弃物易造成大气污染，应用局限性大，二次污染严重，难以推广。厌氧生物处理技术可利用厌氧微生物，将有机质协同代谢为 CH_4 和 CO_2，产生沼气等生物质能源，是处理畜禽粪便的清洁、高效技术。20 世纪 80 年代，厌氧生物处理技术开始被应用于畜禽养殖废弃物的处理，该处理方法不仅能产生清洁能源，还能消除臭味、杀死致病微生物和寄生虫卵，减少畜禽粪便污染。另外，沼渣沼液还可作为有机肥料、食用菌基质、饲料或饲料添加剂加以利用。

厌氧微生物降解复杂有机物通常可分为四个阶段：水解阶段、产酸发酵阶段、产氢产乙酸阶段、产甲烷阶段，如图 4-1 所示。

在水解阶段，多糖、蛋白质与脂类化合物等大分子有机物在水解酶的作用下，水解为单糖、氨基酸、醇类和脂肪酸等物质；此类小分子物质在厌氧发酵菌的作用下转化为甲酸、乙酸、丙酸、丁酸、戊酸等中间代谢产物；醇类与中间代谢产物在产氢产乙酸菌的作用下，转化为乙酸、H_2、CO_2 等产甲烷底物。最后，严格厌氧的产甲烷菌通过嗜氢产甲烷与嗜乙酸产甲烷过程将乙酸、H_2 转化为 CH_4。

针对不同应用场景主要可分为三类沼气池：家用沼气池、沼气化粪池和沼气厂。家用沼气池适用于处理小规模、非集约模式下畜禽养殖产生的废弃物。一个典型的家用沼气池容积为 $6\sim15\ m^3$，可处理 $8\sim20$ 头猪、$1\sim2$ 头牛或 $150\sim200$ 只鸡的粪便，日产沼气 $0.8\sim2.0\ m^3$。

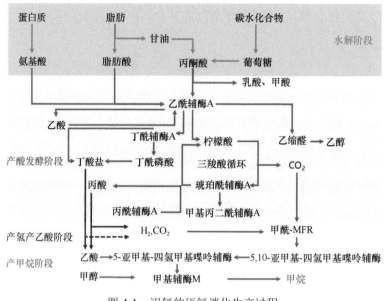

图 4-1　沼气的厌氧消化生产过程

20 世纪 70 年代末,我国环保和沼气技术领域的研究人员在家用化粪池和传统化粪池的基础上,结合污水厌氧处理新技术,研制出了沼气化粪池。沼气化粪池可在常温下厌氧消化废水,适用于发展中国家的城镇或村庄等缺乏中央污水处理设施的地区。沼气化粪池建造简单、运行成本低,其设计的主要目的并非生产能源,而是净化废水,保护环境。

沼气化粪池处理过程可分为三个阶段:①初级沉降;②厌氧过滤;③兼性过滤器后处理。沼气化粪池的主要优点如下:①可靠、坚固,具有缓冲冲击负载的能力;②没有(或很少)能源需求;③污泥产量低;④操作和维护简单;⑤运行维护成本低;⑥与系统故障相关的风险降低。但是,沼气化粪池也有以下缺点:①处理后的污水不能完全达到排放标准;②建设成本高于中央污水处理厂;③分散系统在安装过程中需要更多的工作、监视和控制。因此,沼气化粪池并不是最有效、最高效的污水处理方法。然而,在发展中国家,沼气化粪池可以改善卫生条件,缓解一些环境污染。在没有污水收集系统、中央污水处理厂的地区,沼气化粪池系统是污水处理的首选。它也是处理从偏远地区和旅游景点厕所排出的废水的有效方法。

21 世纪以来,我国沼气建设进入大发展大调整时期,中大规模沼气工程建设不断增多,各地因地制宜摸索出了"猪沼果""五配套"等具有地域特色的沼气利用模式,发酵原料以畜禽粪便为主,我国已是世界上户用沼气池数量最多的国家。根据《沼气工程技术规范 第 1 部分:工艺设计》(NY/T 1220.1—2006)指导,畜禽粪便适用于完全混合式厌氧消化器(CSTR)、厌氧接触工艺(AC)和升流式厌氧固体反应器(USR)。

完全混合式厌氧消化器在常规消化器内安装机械搅拌装置,物料与微生物处于完全混合状态,活性区遍布整个反应器。对进料固体浓度不敏感,启动快、运行稳定、产气效果好、运行费用低,适用于以沼气能源为主,周围有使用沼液有机肥条件的地区。除了完全混合式厌氧消化器,升流式厌氧固体反应器也是沼气厂中应用较多的设备。该类反应器结构简单，适用于高固体含量的畜禽粪污和有机废水发酵，处理效率高、运行管理成本低，但是对进料均布性要求高，在发酵过程中需要强化搅拌。

传统沼气经厌氧发酵和净化提纯后可获得与常规天然气成分、热值等基本一致的绿色低碳净化环保可再生的生物天然气，其生产工艺路线如图 4-2 所示[1]。生物天然气项目是随着种植专业化、养殖规模化以及有机废弃物处理集约化发展而构建的区域综合能源中心，其运行稳定可靠，产气量高，产品种类丰富。

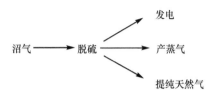

图 4-2　生物天然气生产工艺路线

发展生物天然气的措施：①统一生物天然气质量，制定出台行业标准，如规范化入网的生物天然气热值等参数；②升级提纯技术，成熟的沼气提纯方法主要有水洗法、溶剂物理吸收法、溶剂化学吸收法、深冷法、膜分离法和变压吸附法等，将沼气提纯为与天然气媲美的热值和纯度存在困难；③增加补贴，促进补贴形式多样化等。

三、实　施　效　果

实施例 1：不同温度和有机负荷下猪场粪污沼气发酵产气性能[2]

（1）实验材料：四川某规模化养猪场粪污。

（2）实验装置：沼气发酵装置如图 4-3 所示，沼气发酵瓶采用有效容积为 1000 mL 的玻璃瓶，用带有进料管、出料管和排气管的橡皮塞密封。集气瓶为 1000 mL 玻璃瓶，用带有进气管和排水管的橡皮塞密封，发酵瓶和集气瓶通过橡皮管连接。沼气通过排水法收集。

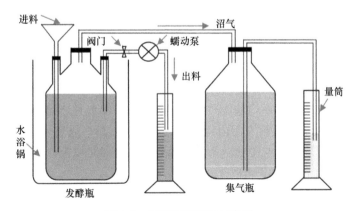

图 4-3　沼气发酵装置示意图

（3）实验方法：实验在 10℃、15℃、20℃、25℃、30℃和 35℃温度下进行，使用水浴锅维持发酵温度。固定进料浓度不变（TS = 1%），通过增加进料量逐步提高有机负荷，直至进一步提高有机负荷时容积产气率不再增加，或者最后两次的容积产气率偏差小于 5%，则获得最大容积产气率。实验开始时，向每个发酵瓶中加入 500 mL 厌氧污泥，然后加入猪粪水。由于在不同温度下，产气速率不同，取得最大容积产气率对应的有机负荷不同，因此在不同温度下有着不同的起始有机负荷和有机负荷范围。每天分两次进出料，先从发酵瓶里排出一定量的上清液，然后加入相同量的猪粪水，并在每次进料完成后手动晃动沼气发酵瓶。当连续 15 d 的容积产气率偏差小于 10% 时，视为某有机负荷实验达到稳定状态，停止实验。每个实验设两个平行。每天定时记录产气量 1 次。每 3 天测定出水 COD、pH、$NH_3\text{-}N$，气体成分 1 次，每周测定挥发酸浓度 1 次。

（4）分析项目和方法：COD 测定采用重铬酸钾法；BOD_5 测定采用仪器法；悬浮固体（SS）测定采用称重法；$NH_3\text{-}N$ 测定采用纳氏试剂分光光度法；TN 测定采用过硫酸钾氧化紫外分光光度法；TP 测定采用钼锑抗分光光度法；pH 测定采用玻璃电极法；沼气成分采用沼气成分分析仪测定；挥发性脂肪酸（VFA）采用气相色谱法。

（5）固定进料浓度为 1% TS，通过逐步增加有机负荷，研究了不同温度下有机负荷对猪场粪污沼气发酵的影响，结果如下。

最大容积产气率依赖于温度，在 10℃、15℃、20℃、25℃、30℃和 35℃温度下的最大容积产气率分别是 0.071 L/（L·d）、0.271 L/（L·d）、1.173 L/（L·d）、1.948 L/（L·d）、2.196 L/（L·d）和 2.871 L/（L·d），对应的有机负荷分别为 1.0 g TS/（L·d）、1.5 g TS/（L·d）、5.0 g TS/（L·d）、6.0 g TS/（L·d）、7.0 g TS/（L·d）和 9.0 g TS/（L·d）。

随着温度降低，出水 COD 浓度增加，COD 去除率和 COD 去除负荷下降。在达到最大容积产气率时，10～35℃ 的 COD 去除负荷分别为 0.760 g COD/（L·d）、0.943 g COD/（L·d）、3.053 g COD/（L·d）、4.010 g COD/（L·d）、4.693 g COD/（L·d）和 6.000 g COD/（L·d）。

在 10～35℃ 温度下，有机负荷增加导致 pH 下降，在达到最大容积产气率之前 pH 均在 6.5～7.2；在 20～35℃的高有机负荷阶段，挥发酸浓度均在 1 g/L 以下，在 10℃发酵温度下，有机负荷＞1 g TS/（L·d）时，总酸浓度在 1 g/L 以上。

实施例 2：大棚式沼气工程在畜禽粪便污染治理中的应用[3]

（1）运行模式及数据获取：工程采用沼气工程物联网系统进行控制，设备包括超声波沼气流量计、沼气成分分析仪、传感器、物联网应用软件等。该系统可实时获取沼气工程运行参数，如温度、压力、沼气流量、甲烷含量等。运行模式如图 4-4 所示。

（2）温度情况分析：月平均最低温度出现在 12 月和 1 月，为－4℃；月平均最高温度出现在 6 月，为 31℃。农村家用沼气池多采用低温发酵，温度一般为 8～25℃。加盖塑料棚后棚内温度可提高 9～12℃，冬季棚内温度均在 8℃以上，沼气池内料液温度保持在 17℃以上，保证冬季能继续产气。

（3）大棚式沼气工程具有诸多优点，零占地，冬季可以正常运行，产气率较高，可满足用户用气需求，充分发挥其治污效果，建设大棚式沼气工程治理畜禽养殖污染是农业源减排的重要方式，是实现农业废弃物减量化、资源化、无害化的有效途径，为畜禽养殖污染治理提供了经验。大棚式沼气工程为解决我国北方畜禽粪便污染找到了新的途径。

图 4-4　大棚式沼气工程运行模式

实施例 3：秸秆与畜禽粪便混合厌氧发酵产沼气特性研究[4]

（1）材料准备及实验装置：玉米秸秆、水稻秸秆、大豆秸秆粉碎后备用。猪粪、鸡粪、牛粪取自沈阳市近郊某养殖户。接种物取自沈阳市近郊某户用沼气池。

实验所用装置主要由厌氧发酵装置、集气装置及控温装置三部分组成。发酵装置采用 500 mL 的广口瓶，用橡胶塞密封后通过玻璃管与乳胶管相连接，集气装置由带有集气口的广口瓶和细口集水瓶连接而成。恒温水浴锅控制广口瓶中发酵料液温度，形成一个小型的厌氧发酵装置。用排水集气法收集沼气。实验采用中温厌氧发酵，利用恒温水浴锅控制发酵温度在（35±1）℃。

（2）实验设计：以玉米秸秆为中心添加不同粪便的混合厌氧发酵处理组及以牛粪为中心添加不同秸秆的混合厌氧发酵处理组。

组 1：以玉米秸秆和畜禽粪便为原料，研究不同配比玉米秸秆与猪粪、鸡粪、牛粪混合厌氧发酵的产气特性，选取玉米秸秆和猪粪、鸡粪、牛粪及其不同配比（干物质质量比 1∶3、1∶2、1∶1 和 1∶0）的混合物为发酵原料，以户用沼气池底物为接种物，接种物添加量为 105 g，研究不同发酵原料厌氧发酵过程中日产气量、累积产气量的变化。

组 2：以牛粪和不同秸秆为原料，研究不同配比牛粪与玉米秸秆、水稻秸秆、大豆秸秆混合厌氧发酵的产气特性，选取牛粪和玉米秸秆、水稻秸秆、大豆秸秆及其不同配比（干物质质量比 3∶1、2∶1、1∶1、0∶1、1∶2、1∶3）的混合物为发酵原料，以户用沼气池底物为接种物，接种物添加量为 105 g，研究不同发酵原料厌氧发酵过程中日产气量、累积产气量的变化。

（3）测定方法：总固体及挥发性固体的测定。

准确量取一定量待测秸秆、粪便、接种物转入已恒重的坩埚内，称取坩埚与样品总重量，放入干燥箱干燥 6 h，待冷却至室温称重。再将坩埚放入马弗炉 550℃灼烧 2 h，待冷却至室温称重。

$$TS\ 总固体（\%）=（W_2-W_0）/（W_1-W_0）\times100\%$$

$$VS（\%）=[（W_B-W_0）-（W_A-W_0）]/（W_B-W_0）\times100\%$$

式中，W_1 为试样与坩埚总质量（g）；W_2 为烘干样与坩埚总质量（g）；W_0 为坩埚质量（g）；W_A 为灼烧后残留物与坩埚总质量（g）；W_B 为烘干样与坩埚总质量（g）。

（4）原料混合厌氧发酵是指将两种或多种发酵底物混合后同时消化以提高生物转化率以及甲烷产量的技术，主要通过改善营养平衡，降低发酵过程中有毒化合物的毒害作用以及改善发酵底物流变学特性而提高发酵效果。不同发酵原料以一定比例混合后的发酵效果较单一原料发酵效果有显著提高。该实验研究了不同秸秆与畜禽粪便两种底物混合后的厌氧发酵产气特性，结果发现各混合组发酵效果显著优于单一原料组。

秸秆中的纤维素和淀粉是细菌的碳素营养，畜禽粪便中的含氮物质则是细菌的氮素营养。秸秆具有很高的 C/N，可以为畜禽粪便提供充足的碳源。因而，粪便与秸秆混合以调节 C/N 比是提高原料混合厌氧发酵效果的理论依据。原料混合发酵不仅可以弥补单一原料的发酵缺陷，还可以实现发酵原料间的优势互补，从而提高发酵效果。

第三节　畜禽养殖废弃物基肥料化利用

一、技　术　背　景

为适应第二次世界大战后世界人口的迅速增长，化肥在农业生产领域被广泛使用。然而，化肥不合理施用会造成一系列环境问题：土壤板结，土壤缓冲能力降低；土壤环境平衡被打破，土壤微生物种群遭到破坏；土壤氮、磷、钾含量失衡，农产品效益降低，农产品品质下降。因而，使用绿色无公害肥料以提高农产品产量和质量、恢复和提高被破坏的土壤生产力成了农业可持续发展中所必须解决的问题。利用动植物粪便及残骸生产有机肥具有数千年的悠久历史。目前最常用的方案是微生物堆肥发酵。经微生物发酵产生的有机肥中腐殖质、氮、磷、钾的含量均会有所上升，并能够消灭粪便及残骸中含有的大多数病原体、植物种子和虫卵等。但是，堆肥法需要较长的反应时间，且在发酵过程中会产生多种温室气体与一些副产物，因而传统的堆肥法也需要进一步的改良。

二、技　术　工　艺

传统堆肥法中存在的问题：需要占用较大的土地面积，需要较长的发酵周期，产生大量恶臭气体，所得到的有机肥的质量较低。在传统的畜禽粪便好氧堆肥中，需要在温度大于 50℃ 的条件下堆肥 5～10 d，才能够实现畜禽粪便的无害化。但是由于原料的相关特性，该温度可能难以达到，导致堆肥过程中卫生条件较差、有害物质分解不完全。若堆肥持续过长时间，发酵过程中可能导致过多的有机碳、氮等物质损失，造成肥料的肥力下降。在好氧堆肥过程中，会产生一系列的挥发性气体，如氨气、一氧化二氮、一氧化氮、甲烷和其他挥发性有机物等，这些气体对大气环境也有着不可忽视的负面影响。

堆肥，即好氧堆肥，指的是利用好氧微生物在适当的条件下，分解大分子有机物，将其转化为生物体所需的营养物质，并促进微生物本身的增殖，推动进一步的发酵。其涉及的主要化学反应如下。

无氮有机物的氧化：

$$C_xH_yO_z + (x + 0.5y + 0.5z)O_2 \longrightarrow xCO_2 + 0.5yH_2O + 能量$$

含氮有机物的氧化：

$$C_nH_tN_uO_v \cdot aH_2O + bO_2 \longrightarrow C_wH_xN_yO_z \cdot hH_2O + dH_2O(气体) + cH_2O(液体)$$
$$+ fCO_2 + gNH_3 + 能量$$

细胞内物质的合成：

$$n(C_xH_yO_z) + NH_3 + (nx + 0.25ny - 0.5nz - 5x)O_2 \longrightarrow$$
$$C_3H_7NO_2(细胞质) + (nx - 5)CO_2 + 0.5(ny - 4)H_2O + 能量$$

细胞内物质的氧化：

$$C_3H_7NO_2 + 5O_2 \longrightarrow 5CO_2 + 2H_2O + NH_3 + 能量$$

影响好氧堆肥的因素可分为内部因素和外部因素。内部因素主要是堆肥动物粪便的组成和微生物的种类，外部因素主要为供氧情况、温度、含水量、pH、碳氮比、颗粒大小等。

温度是微生物生存、繁殖和发酵过程中最为重要的因素之一。一般而言，温度会在很大程度上影响微生物的活性和有机物的分解速度，从而直接决定发酵过程的周期和腐熟程度。而在好氧堆肥过程中，温度往往由微生物分解有机物所产生的热量决定。在第一次好氧堆肥循环中，堆肥温度分为三个阶段，即升温阶段、高温阶段和降温阶段。在不同温度下，微生物有着不同的生长状态，如表 4-1 所示[5]。

表 4-1　微生物在不同温度下的生长状态

温度/℃	嗜温微生物	嗜热微生物	超嗜热微生物
25~38	活性状态	不适合生长	不适合生长
38~45	被抑制	开始生长	不适合生长
45~55	被破坏	活性状态	不适合生长
55~60	菌群消失	被抑制	不适合生长
60~70	—	被破坏	开始生长
>70	—	菌群消失	增殖状态

温度过高或者过低均会影响微生物的生长。温度低于 25℃时，微生物的酶活性会降低，有机物的分解速度也会降低，将延长堆肥到达腐熟期的时间。因而，需要根据微生物的种类来控制好氧堆肥的温度。此外，好氧堆肥过程中的高温可以杀死原料中的病原体、寄生虫卵等有害物质。研究表明，堆肥需要在 50~60℃条件下保持 5~7 d 才可以达到无害化标准，杀灭部分病原体所需的温度和时间如表 4-2 所示[6, 7]。

碳氮比也是影响好氧堆肥的关键要素。碳元素在微生物活动中，主要负责提供能量。在发酵过程中，一部分碳元素在微生物的氧化呼吸作用下，转化为 CO_2 排放到大气中；另一部分碳元素被微生物利用以制造生命过程中所需的有机质。而氮元素是微生物活动中所必需的养分。在碳氮比过低、碳被充分利用时，过剩的氮会以氨的形式流失，影响

表 4-2　杀灭病原体所需条件

病原体种类	死亡条件
伤寒沙门氏菌	55～60℃ 持续 30 min
沙门氏菌	56℃ 持续 1 h 或 60℃ 持续 14～24 min
志贺氏菌	55℃ 持续 1 h
大肠杆菌	55℃ 持续 1 h 或 60℃ 持续 15～20 min
变形虫	68℃ 持续 1 h
无钩条纹虫	71℃ 持续 5 min
美洲钩虫	45℃ 持续 50 min
流产布鲁氏菌	61℃ 持续 3 min
化脓性微球菌	50℃ 持续 10 min
发酵链球菌	54℃ 持续 10 min
牛分枝杆菌	55℃ 持续 45 min

周围的环境，并且降低氮元素的利用率，影响最终堆肥产品的质量。而碳氮比过高时，因为缺乏合成蛋白质所必需的氮，微生物的生长繁殖过程受到影响，从而降低了温度和发酵速度，延长了发酵时间，降低了最终发酵产品的含氮量，堆肥品质下降而影响作物的生长。一般而言，微生物本身的碳氮比为 4:1～30:1，因而原料的碳氮比也以该比例为佳。实践表明，碳氮比 30:1～35:1 更适合发酵的前期。若原料不处于这一最适宜区间时，可以通过添加含碳量或者含氮量高的物质以调节碳氮比，如秸秆和锯末就适宜作为高碳添加剂，而畜禽粪便因含氮量较高，除作为发酵原料外，也可以作为高氮添加剂加入至含氮量较低的原料中，促进微生物的增殖。发酵后的碳氮比可以作为堆肥腐熟度的标志之一，研究表明当碳氮比处于 15:1～20:1 时，可认为堆肥已经较为腐熟。

通风情况：好氧堆肥过程中，需要消耗氧气，因而通风是好氧堆肥过程中不可或缺的条件。若在发酵过程中供氧不足或供氧不均匀，会导致局部厌氧发酵，产生硫化氢等气体，散发出恶臭污染环境。此外，发酵过程会产生有机酸，抑制微生物的生长，降低有机物的分解速率，延长发酵过程所需的时间。通风过程也可影响堆肥设备内的温度，带走有机物降解产生的热量来降低堆肥温度。此外，通风还可以去除堆肥材料中水分、CO_2 和其他影响微生物活动的气体。研究表明，发酵开始时的最适宜通风量为 0.2～0.5 L/（$m^3 \cdot kg$）。

含水量：在好氧堆肥的发酵过程中，水所起到的主要作用是以下四点：溶解小分子有机物并参与微生物的代谢活动；通过蒸发带走热量，调节堆肥温度；为发酵过程中的反应提供介质；控制堆肥中物料的间隙，平衡水和氧气的含量。当含水量过低（<40%）时，微生物活性受到抑制，有机物难以分解；当含水量过高时（>75%）时，发酵温度难以升高，有机物分解程度降低，且过多的水分阻碍了通风和供氧，易发生厌氧发酵，从而导致硫化氢等恶臭气体的产生。一般来说，最佳水含量为 55%～65%。

酸碱度：在好氧堆肥过程中，堆肥的 pH 随堆肥时间和温度的变化而变化。在发酵的初期，微生物分解有机物产生有机酸，因此发酵过程高温阶段堆肥的 pH 维持在 6.5 左右。随着发酵过程的进行，挥发性有机酸会随着温度的升高而挥发，同时微生物活动将含氮有机物分解为 NH_3，堆肥的 pH 又逐渐升高，最高可达 8.5 左右。合适的 pH 可以促进好氧微生物的活动，pH 过低或过高均会影响堆肥的产品质量以及肥效。在堆肥过程中，一般需要将高温阶段的 pH 控制在 6.7～8.5，以获得最佳效果。

粒度：在好氧堆肥过程中，气体交换需要通过堆肥材料之间的空隙。粒度可以表征堆肥材料和微生物接触的表面积。一般而言，堆肥材料的粒度以 12～60 mm 粒径分布为佳。

菌剂添加剂：许多研究表明，在农业废弃物中添加菌剂添加剂可以促进堆肥腐熟，提高堆肥质量。菌剂添加剂可以影响堆肥的温度、碳氮比等要素，其中有研究表明，接种菌剂的发酵比不含菌剂的堆肥升温速度更快，高温持续时间更长。畜禽粪便发酵中添加外源菌剂添加剂能够使畜禽粪便堆肥提前 11 d 进入高温期（＞50℃）。与不添加菌剂添加剂的对照组相比，两者之间存在 11℃的温差。而在好氧发酵过程中，接种过的畜禽粪便的碳氮比比不接种的畜禽粪便堆肥过程下降得更快。磷和钾在堆肥过程中难以通过挥发的方式损失，因而在堆肥前后，磷和钾的含量变化不大。

好氧堆肥腐熟度的评估：腐熟度是用以评估堆肥的有机质经过微生物矿化和腐殖化后达到的稳定程度，是衡量堆肥产品质量的重要参数。但是因为堆肥原材料和反应条件的复杂性和差异性，难以建立统一的评价堆肥腐熟度的方法。我们可以从以下四个角度出发，综合评价堆肥的腐熟度。

（1）物理评价方法是从温度、颜色、气味等人的感官的角度对堆肥的腐熟度做出主观判断，一般来说，以温度接近室温、深棕色或黑色、泥土的气味作为堆肥已经腐熟的标志。其缺点是难以量化，依赖人的主观判断。

（2）化学评价方法通过分析堆肥过程中原材料的化学成分的变化来评价堆肥腐熟度，也是最常见的堆肥腐熟度的评估方法，其主要指标为挥发性物质的量、pH、电导率、碳氮比、水溶性有机物的量、腐殖化指数等。其指标如表 4-3 所示。

表 4-3　堆肥腐熟度的主要评估指标

指标	腐熟时特征	特点与不足
pH	8～9	易于检测但容易受到堆肥材料和条件的影响
电导率（EC）	＜9.0 mS/cm	易于检测，但易受堆肥材料影响
挥发性固体（VS）	VS 降解38%以上且分解产物 VS＜68%	易检测但易受堆肥原料影响，推广难度大
五日生化需氧量（BOD_5）	20～40 g/kg	测量方法复杂、耗时；且由于原材料不同，该指标无法统一标准
淀粉	无淀粉分解产物	易于检测；无淀粉是堆肥腐熟的必要条件，但不是充分条件
碳氮比（C/N）	15：1～20：1	当初始 WSC/N 比小于16时，很难作为通用参数
水溶性碳（WSC）	＜6.5 g/kg	微生物只能使用水溶性的组分；测定方法没有统一标准
WSC/WSN（水溶性氮）	＜2	WSN 含量较少时，结果准确性差
WSC/有机氮	趋于 5～6	当堆肥初始 WSC 小于6时，很难作为通用参数
NH_4^+-N	＜0.4 g/kg	其变化受温度、氨化氧化细菌、通风条件等影响
NH_4^+-N/（NO_2^- + NO_3^-）	＜3	测定快速简单；容易受到堆肥材料和工艺的影响
阳离子交换容量（CEC）/总有机碳（TOC）	CEC/TOC＞1.9（CEC＞60）	CEC/TOC 代表堆肥的腐殖化程度，易受堆肥材料和堆肥工艺的影响
湿化指数（HI）	≤2.4	只考虑堆肥时间和堆肥特性，不考虑堆肥条件
生物降解指数（B.I.）	＞3	可评估堆肥的稳定性；然而，在堆肥过程中，新的腐殖质形成，现有的腐殖质可能被矿化

（3）生物评价方法：使用生物手段评估堆肥腐熟度的主要方法有测定呼吸作用速率、酶分析、微生物活性分析和种子发芽指数（G.I.）。其中，微生物活性分析的具体评价参数为 ATP、微生物丰度和群落变化、指示微生物等。未腐熟堆肥产品中含有一定量的对植物有毒的物质，如小分子有机酸、NH_3、多酚等，可以显著抑制种子发芽，因而堆肥的 G.I.≥80%时，即可认为堆肥已经腐熟。

（4）光谱学评价方法：光谱学评价方法主要通过紫外–可见光谱、红外光谱和三维荧光光谱，从材料结构的角度来分析和评价堆肥的腐熟过程。

近年来，高温、超高温堆肥也成了研究的新热点。高温、超高温堆肥需要运用嗜热微生物和超嗜热微生物，在很高的温度下进行堆肥发酵。与传统的堆肥菌种相比，高温和超高温堆肥可以更好地杀灭病原体，并能够以更快的速度完成整个堆肥过程。此外，堆肥过程中因菌种不同，也往往需要添加不同的添加剂以提高好氧堆肥的速度。

羽毛、鹿角、鬃毛、爪子、头发、蹄、角和羊毛等物质中含有大量的角蛋白，其分解会产生大量的含氮物质。以鸡毛为例，其含有 92%的角蛋白，可以成为氮肥的理想来源。根据美国农业部的数据，2020 年美国共产生了超过 470 万 t 鸡毛。而角蛋白的难消化性、缓慢的降解速率也使得羽毛成为畜禽养殖业废弃物管理中的主要困难之一，因而将羽毛水解后制作成农业有机肥有望成为解决此难题的钥匙。

羽毛的成分中有 92%的粗蛋白，其中 82.8%是不溶且在化学上较为惰性的角蛋白。角蛋白是一种小分子量（约 10 kDa）的半结晶蛋白，其结构具有高机械稳定性，不溶于水、酸、碱和一般溶剂的特点，大多数蛋白酶也无法对其结构造成破坏。目前，对于角蛋白废物的处理方法主要有焚烧、填埋和堆肥等，但是高昂的成本限制了其广泛使用。其中，堆肥方法与畜禽粪便堆肥相类似，但是过高的氮含量容易导致堆肥过程中产生大量的氨，抑制微生物的生长，影响堆肥效率。

之前的研究中，人们发现纯化学方法也可以完成对羽毛的水解，产生大量氨基酸。但是消化性差、生物学价值低和水解产物中缺乏必需的氨基酸，如蛋氨酸、赖氨酸、组氨酸和色氨酸，限制了该方法的进一步应用。此后，人们又逐渐发现了一些能够有效降解角蛋白的微生物。其中大部分是嗜温微生物，在 25～37℃下显现出降解活性，而少部分细菌在更高温度下具有活性，大多数具有降解活性的细菌可以在搅拌的条件下 2～5 d 完成降解。除细菌外，多种真菌，包括黄曲霉、烟曲霉、尼日尔曲霉、构巢曲霉和土曲霉菌均可以有效降解羽毛。

为了实现更好的处理效果，可以将不同的处理方法综合起来使用。化学处理与生物处理手段综合使用对羽毛的降解效果有着极大的改善。例如，将羽毛在微波照射的条件下加入少量化学物质处理破坏二硫键后，其微生物的水解效果显著提升。在整个发酵过程中，角蛋白的蛋白水解和脱氨反应中过量氨的释放有关，在增加体系 pH 的同时，也促进了角蛋白的水解。在多种酶的共同作用下，角蛋白最终几乎可以被完全降解。羽毛水解过程中释放的色氨酸是产生吲哚-3-乙酸（IAA）的前体，其能够促进植物细胞分裂、生长，是一种植物生长所必需的植物激素。因而，畜禽羽毛水解后用以生产作物所需的肥料是一条切实可行的技术路线。

三、实 施 效 果

实施例1：一种畜禽粪便好氧堆肥的方法[8]

实验组：将地衣芽孢杆菌、黄孢原毛平革菌、黑曲霉菌按体积比 1∶5∶5 混合，制备成接种菌剂，园林垃圾晒干后切成 1 cm，将其添加到畜禽粪便中调节 C/N 至 28，含水量调节至 55%，在调节好的畜禽粪便中添加 5%糖蜜（占干物质质量的比例），接种菌剂按 2%（v/w）接种到调制好的畜禽粪便中，进行好氧堆肥。

当温度高于 70℃时，通风 1 h，通风量为 0.02 $m^3 O_2$/（kg 有机物·h），每 6 天翻堆一次，堆肥时间为 30 d。结果显示，该方法对畜禽粪便中恩诺沙星的降解率为 68%，对环丙沙星的降解率为 69%，对四环素的降解率为 75%，抗性基因（ARGs）总丰度降低至 40%，重金属 Cu 钝化效率达到 12%，重金属 Zn 钝化效率达到 25%，氮损失率降低至 50%。

对照组好氧堆肥方法基本与实验组相同，唯一不同之处在于不添加菌剂，仅利用畜禽粪便或环境中天然存在的微生物进行降解。结果显示，畜禽粪便中恩诺沙星的降解率仅为 32%，对环丙沙星的降解率为 28%，对四环素的降解率为 32%，抗性基因（ARGs）总丰度降低至 73%，重金属 Cu 钝化效率仅达到 3%，重金属 Zn 钝化效率达到 12%，氮损失率为 76%。

实施例2：无辅料的畜禽粪便发酵工艺[9]

发酵工艺包括以下步骤（图4-5）。

投料：将畜禽粪便物料投入罐体内。

发酵：在发酵过程中，同时对罐体下部物料和罐体中间物料进行曝气（图4-6）。

出料：发酵完成后进行出料。

在发酵过程中，罐体内的畜禽粪便物料的有效容积与罐体总容积的有效容积占比为 70%～90%。

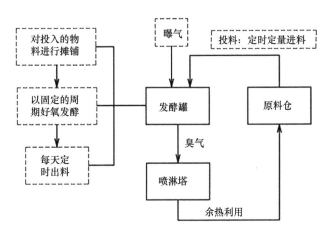

图 4-5　无辅料的畜禽粪便发酵工艺实施流程图

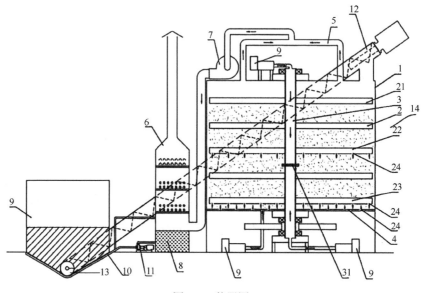

图 4-6　装置图

1-罐体；2-搅拌组件；3-主轴；21-上层桨叶；22-中层桨叶；23-下层桨叶；24-曝气孔；31-隔断；4-底板；5-排气管；6-喷淋塔；7-除臭风机；8-水箱；9-曝气装置；10-换热装置；11-水泵；12-原料仓；13-螺旋给料装置；14-发酵罐

实施例 3：利用家禽羽毛生产微生物有机肥料的方法及其产品[10]

（1）将含菌量为 $1×10^8$ 个/g 以上的微生物发酵液按 50 L/t 接种到 5%～15%膨化羽毛、0%～10%菜粕堆肥和 85%～95%猪粪堆肥中进行固体发酵，发酵过程中每天翻堆 1 次，温度不超过 50℃，发酵 5 d，结束后微生物含量达到 $1×10^8$ 个/g 以上，获得微生物固体菌剂。

（2）微生物固体菌剂在温度不超过 60℃的条件下将微生物有机肥的含水量蒸发至 30%以下，包装出厂即为所获得的微生物有机肥料。

所得肥料全氮含量为 2%～4%，总氮磷钾养分质量比为 3%～5%，有机质含量为 25%～35%。实验证明，该微生物有机肥料可以有效促进作物的生长。

第四节　畜禽养殖废弃物基饲料化利用

一、技术背景

近年来，畜禽养殖生产规模的日益壮大，带来巨大经济效益的同时也不可避免地造成了一些负面问题。大量的副产品和有机废弃物随之产生，包括粪便、内脏、动物皮、骨头、血液等。为了减少浪费以及实现可持续发展的目标，充分利用畜禽养殖业副产品，需要将这些剩余的生物质转化为其他具有价值的材料。从成分来看，胶原蛋白、弹性蛋白和角蛋白是动物加工产业中普遍存在的纤维蛋白的组成成分。在这几种蛋白质中，角蛋白因其特殊的顽固性使得富含角蛋白的畜禽养殖业副产品的回收处理较为困难，但在一定的条件下可以发生蛋白质水解。畜禽养殖废弃物中含有丰富的蛋白质，使其具有制备畜禽饲料的潜能。

二、技术工艺

角蛋白作为脊椎动物体内最重要的结构蛋白之一，是真核细胞细胞骨架的重要组成成分，并且构成了表皮及其附属物，如羽毛、指甲和头发等。角蛋白中不同的共价键（二硫键）和非共价键（氢键和疏水相互作用等）相互作用赋予了角蛋白不溶性和顽固性。

羽毛的蛋白质比例很高。干燥的羽毛中角蛋白的含量接近 90%。这使得羽毛具有疏水性以及对多种常规蛋白水解微生物和酶、化学作用和机械作用的顽固性[11]。全世界每年约产生 500 万 t 羽毛，是最常见的富含角蛋白的畜禽副产品。目前一般通过填埋、焚烧等方法处理羽毛，这无疑是对资源的浪费。被填埋的羽毛在降解过程中会释放氨和硫化氢，产生恶臭，污染环境。焚烧法在处理过程中会产生一定量的有毒气体且处理成本较高。通过物理方法将羽毛打碎成羽毛粉是传统的畜禽羽毛的资源化利用方法，但是羽毛粉仅能简单用作畜禽饲料，经济价值不高。角蛋白中虽然缺乏一些必需氨基酸，如组氨酸、蛋氨酸和赖氨酸，但富含甘氨酸、丝氨酸和脯氨酸等氨基酸，若将羽毛通过水解的方法分解成较小的多肽或氨基酸，能够最大限度地利用羽毛中蛋白质的营养成分，实现其绿色资源化与高值化。

羽毛粉的质量会显著影响其作为饲料被消化的比例。含硫的氨基酸，尤其是胱氨酸是影响羽毛粉质量最关键的指标。Moritz 和 Latshaw[12]在 149℃条件下使用饱和蒸汽，以 207～517 kPa 不等的压力，完成了商业性肉鸡厂废弃羽毛的水解。其结果表明较低压强下的水解产物具有较高的营养价值，随着压强的增加，可用胱氨酸的含量会下降；产物的含硫量和酸性洗涤纤维的含量与原料的含硫氨基酸的含量呈正相关，因而可以用羽毛粉的硫含量来表征羽毛粉的质量。

但传统水解方法，往往需要高温、高压、强酸/碱的条件，以裂解二硫键并破坏其疏水相互作用，促进蛋白质溶解并转化为单体。这会造成一些热稳定性差的氨基酸被破坏或发生外消旋化，因而用这种方法生产的角蛋白水解物的质量不高，且因为氨基酸消化率差，其作为动物饲料的用途较为局限。改进的方法是，将羽毛进行化学预处理后，再进行酶水解以生产羽毛蛋白浓缩物或角蛋白水解物。在 70～80℃下，使用碱性还原性溶液预处理羽毛底物，可以使蛋白质中的二硫键断裂，并产生更易于反应的蛋白质结构，提高其反应活性。此外，该方法的低温条件和较短的反应时间可以防止氨基酸的损失和外消旋化，较传统方法更加快速、安全、廉价，所得产物用途也更为广泛。

尽管羽毛对蛋白水解酶有一定的抵抗力，但是自然界中角蛋白的分解也说明了角蛋白降解微生物的存在，利用这些微生物将角蛋白水解后即可获得不同的生物产品，包括肽、氨基酸、蛋白酶等（蛋白质水解产物的生产流程如图 4-7 所示）。研究表明一些芽孢杆菌属细菌、放线菌和某些真菌可以有效降解角蛋白底物，以地衣芽孢杆菌菌株的效果最佳。尽管微生物降解角蛋白底物的具体机理仍有争论，但是有研究认为一些细胞内还原酶和微生物细胞外蛋白酶之间的协同关系是影响它们降解角蛋白能力的原因。细胞内还原酶充当生物还原剂，其切割角蛋白的二硫键，从而将蛋白质结构打开至切割蛋白质肽键的细胞外蛋白酶。一些常规蛋白酶可以在化学或生物还原剂存在的情况下降解羽毛。但只有在角蛋白结构上的表面疏水残基被其他蛋白酶切割后，胃蛋白酶和胰蛋白酶才能降解羽毛，从而释放出隐藏在蛋白质中的赖氨酸和精氨酸活性位点。这可能解释了将有氧条件下处理的羽毛与厌氧条件下处理的羽毛的营养价值进行比较时观察到的结果。羽毛水解产物可用来改善土壤微生物的活动，这也是羽毛水解产物应用的新方向。

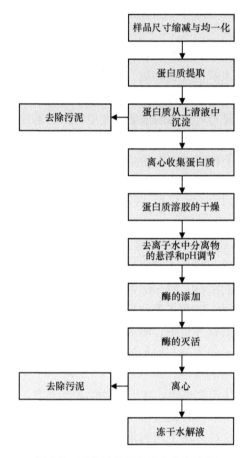

图 4-7　蛋白质水解产物的生产流程

此外，有研究表明培养基中未水解角蛋白的存在可以诱导部分微生物分泌胞外角蛋白酶。这些酶可以用于洗涤剂、化妆品、医疗、制革行业等；而角蛋白的降解产物——肽和氨基酸可以用于其他用途，如作为蛋白胨或化妆品的原料等。Mazotto 等[13]测试了从分解羽毛的土壤中分离出的不同种类的芽孢杆菌和链霉菌在含有角蛋白底物的培养基中产生角蛋白酶的能力，结果表明，培养基中使用的角蛋白底物的结构也会在很大程度上影响角蛋白酶的产生。当与三种芽孢杆菌菌株一起培养时，与含有全羽毛的底物相比，羽毛粉底物对酶有更高的回收率。这可能是由于羽毛粉生产过程中羽毛角蛋白的部分变性使得微生物可以更好地利用底物作为碳源和氮源。pH 和温度等条件的最佳值取决于产生角蛋白酶的微生物的性质，其中大多数微生物在碱性和中温温度下具有最高的活性。

除了酶解法和传统的水解法，新的绿色的亚临界水水解法也被开发出来用以不同生物质和废弃物的水解。用亚临界水水解了鱼粪、鸡粪、羽毛和毛发，可获得氨基酸。亚临界水水解的氨基酸产率受到反应温度、时间和压强的影响，获得最高产率的条件为200～290℃、6～16 MPa 和 5～20 min。该方法简单、环保且有效。

在较大规模的生产中，不同于实验室内很少或没有残留物的情况，往往有一定量的固体水解废物残留。然而，由于留下的任何残留物都含有一定量的未水解蛋白质，因此可以将它们添加到堆肥或生长培养基中作为碳和氮的来源。

畜禽养殖粪便制作饲料的工艺主要包括干燥处理（自然干燥、加热烘干、微波干燥）、化学处理、发酵处理（厌氧发酵、充氧发酵、青贮发酵）、热喷处理、膨化处理等，其中发酵处理是畜禽养殖粪便作为畜禽饲料的一种较为理想的技术措施。

厌氧发酵：将新鲜养殖粪便装入密封的塑料袋或水泥池中，留一小透气孔逸出废气，水分保持在 32%～38%；发酵时间随季节而异，春秋季 3 个月、冬季 4 个月、夏季 1 个月左右，当发酵粪便温度与外界一致不变时，发酵结束。

充氧发酵：常用的是充氧动态发酵法。充氧动态发酵机采用"横卧式搅拌釜"结构。处理前，将养殖粪便的含水量降至 45% 左右，加入一定量的辅料（玉米等）和发酵菌，混合后投入发酵罐。搅拌器搅动，温度始终保持在 45～55℃，同时向机内充入大量空气，供给好气菌繁殖发酵的需要，并使发酵产出的氨、硫化氢废气和水分随气流排出。充氧动态发酵的优点是发酵效率高、速度快、有效杀灭有害病原体、营养成分的损失少。

青贮发酵：将新鲜养殖粪便去杂物，调节含水量至 60% 左右，按新鲜养殖粪便 50%、玉米秸秆 30%、麸糠 20% 的比例，装入青贮窖中踏实封严，经 30～45 d 发酵后即可使用。发酵好的秸秆除颜色较深外，气味和感官指标与玉米秸秆青贮没有差别。

通过发酵处理既可以将粪便中的尿酸铵、硫化氢等有害物质分解掉，也可以杀死粪便中存在的诸如大肠杆菌、沙门氏菌等有害微生物，使畜禽养殖粪便成为质量优良、适口性好的蛋白质饲料。

三、实　施　效　果

实施例 1：鸡粪干燥除菌后在发酵床上的应用[14]

将收集的鲜鸡粪除去杂质后，喷洒 0.5% 的过氧乙酸消毒灭菌，摊在水泥地面或席子上，利用阳光晒干、除臭灭菌。当水分降到 10% 以下时，收集、封存备用。在发酵床的垫料制作中，添加 20% 的干鸡粪到发酵床的垫料中，发酵床的垫料配方是：锯末屑60%、稻草 20%、干鸡粪 20%。实验结果发现，用 20% 干鸡粪制作的发酵床效果比用猪粪制作的发酵床好，菌种的生长速度快，缩短了发酵时间，发酵床分解猪排泄物的速度较快，无臭味、无蝇蛆。

实施例 2：生物发酵雏鸡鸡粪生产饲料及其应用效果[15]

1）实验材料

菌剂 I：将乳酸菌混合液、嗜热侧孢霉发酵菌液和嗜热异养氨氧化细菌发酵菌液按照体积比为 2∶（1～2）∶（1～2）的比例进行混合。

菌剂 II：乳酸菌混合液和酿酒酵母的发酵液按照体积比为 5∶（2～3）的比例进行混合。

发酵辅料和鸡粪材料：辅料由玉米粉、麸皮和豆粕按不同比例混合组成，鸡粪材料为含水量在 60%～70% 的新鲜雏鸡鸡粪。

2）雏鸡鸡粪发酵饲料实验

步骤一：将 3～5 L 菌剂 I、10～15 kg 玉米粉、5～7 kg 麸皮和 65～70 kg 新鲜雏鸡鸡粪，在有夹层加热和搅拌功能的发酵设备中搅拌均匀并调节其含水量，干湿标准以用手紧握刚好能滴出水为宜。利用加热器将混合物料的温度加热到 50℃ 以上，密封发酵 12～16 h。

步骤二：将 6～8 L 菌剂 II、5～10 kg 玉米粉、3～5 kg 麸皮和 2～5 kg 豆粕混合均匀，然后加入步骤一发酵完成的物料中，搅拌均匀，将物料温度降到 40℃ 以下，压紧密封发酵 30～32 h。物料发酵总时长 48 h，发酵成功后，可直接饲喂或干燥到含水量在 15% 以下加工制作成颗粒饲料。

3）指标测定

无害性指标检测：在发酵过程中每隔 8 h 采样（发酵 0 h、8 h、16 h、24 h、32 h、40 h 的物料）进行下列各项指标的检测。

感官性能检测：分别检查发酵前后的鸡粪饲料的气味、质地和适口性。

酸度测定：取各时间段样品 5 g，加入 10 mL 灭菌生理盐水，混匀，1500 r/min 离心 15 min，取上清液用 pH 计测定，结果以 pH 表示。

乳酸菌、酿酒酵母菌和致病菌的测定：乳酸菌用脱酸乳杆菌–中性红固体培养基进行检测，酿酒酵母菌用加入链霉素的酵母提取物–蛋白胨–葡萄糖培养基进行测定，大肠杆菌、沙门氏菌和志贺氏菌用亨克托肠道琼脂固体培养基进行测定，其中红色菌落为大肠杆菌，黑色菌落为沙门氏菌，无色透明菌落为志贺氏菌。

营养成分检测：在发酵过程中每隔 8 h 采样（发酵 0 h、8 h、16 h、24 h、32 h、40 h 的物料）进行下列各项指标的检测。

分别取各时间段的样品 100 g 置于 105℃ 干燥箱中干燥 10 h 左右，直至恒重为止，研磨成粉状。其中，总蛋白质采用国家标准（GB/T 6432—2018）凯氏定氮法测定，真蛋白用硫酸铜法沉淀蛋白质后按照国家标准（GB/T 6432—2018）进行检测，粗纤维的含量用酸碱洗涤–重量法快速测定，总氨基酸的检测用甲醛法进行测定。

安全性检测：对发酵好的雏鸡鸡粪饲料进行总砷、铅、汞和镉这四种重金属及黄曲霉素 B1 含量的测定。

鸡仔生长性能指标检测：实验期间每天按重复记录饲料消耗，每三天早晨空腹称重，计算各组的平均日采食量、平均日增重和死亡个数。

实施效果：采用微生物菌剂和辅料对雏鸡鸡粪进行两步发酵，能够明显消除雏鸡鸡粪臭味、抑制雏鸡鸡粪中病原菌等致病菌，发酵后的鸡粪饲料中沙门氏菌和志贺氏菌全部被灭杀，大肠杆菌也降到了安全范围内，臭味消失并带有动物喜爱的酸香味。而且经过发酵后，饲料中总氨基酸达到 12.89 wt%，真蛋白高达 18.34 wt%，均比发酵前有明显提高，而粗纤维降低了 21.97 wt%，明显低于发酵前。此外，重金属及黄曲霉素 B1 的含量均达到安全要求。而且鸡粪饲料中的乳酸菌能分泌乳酸对饲料进行酸化处理、酵母菌能分泌多种酶类帮助消化进而提高饲料转化利用效率，还能够分泌维生素、有机酸等营养物质从而促进畜禽的生长。从饲喂鸡仔实验结果来看，添加 25%的鸡粪饲料饲喂鸡仔不仅不影响鸡仔的生长，反而还能提高鸡仔的生长性能。

实施例 3：蚯蚓堆肥

蚯蚓堆肥或蠕虫堆肥已被证实是一种能从畜禽养殖粪便中回收营养物质的较为安全、环保的堆肥方法[16]。

蚯蚓基质的发酵：猪粪晾干（含水量为 20%左右），磨碎过 2 mm 孔径筛，小麦秸秆晾干（含水量为 14.3%左右），粉碎长度为 2～2.5 cm，猪粪与小麦秸秆混合物（猪粪含量为 16.3%～23.2%），以 C/N 为 25～30 最佳，枯草芽孢杆菌添加量以 1.0%为益，基质含水量为 60%、发酵环境温度为 28℃，基质温度超过 50℃每 3 d 翻料 1 次且持续 10 d 以上，以含水量下降至 33%～35%、pH 在 7.8～8.5、T 值（$T = \dfrac{终点C/N}{初始C/N}$，用来评价堆肥腐熟度）为 0.62～0.65 时，为基料发酵腐熟。

蚯蚓养殖：基质温度为（20±1）℃、湿度为 65%～70%，10 d 左右添 1 次基质，厚度为 3 cm 左右，当 C/N 为 15.6～19.4 时，幼蚯生长 5～7 周可长到 0.45～0.50 g。

蚯蚓粉加工：蚯蚓排杂干净后清洗，60℃下烘干 4 h，粉碎过 40 目筛，收集筛下的蚯蚓粉，此加工工艺能够最大限度保证蚯蚓粉的外观品质和气味，蚯蚓粉呈土黄色，带有正常腥味且粉质细腻。

蚯蚓粉营养成分及安全性检测：蚯蚓粉粗蛋白质和氨基酸含量分别为 65.93%和 62.97%，铜、铁、锌和砷的含量分别为 106.88 mg/kg、2088.00 mg/kg、185.00 mg/kg 和 21.62 mg/kg。在蚯蚓粉中未检测到黄曲霉素 B1、玉米赤霉烯酮、青霉素钠、阿莫西林和恩诺沙星，符合饲料卫生标准。

第五节　水产养殖废弃物资源化利用

一、技 术 背 景

自改革开放以来，我国水产养殖业大幅增长，已成为世界水产养殖业最大的供应地和消费地。截至 2016 年底，水产品总年产量达 6901.25 万 t。随着水产养殖业发展，养殖方式由半集约化向高度集约化和工厂化升级转型，目前我国由南至北沿海 15 m 等深线以内的水域、滩涂几乎均已开发，陆地工厂化水产养殖面积也已经超过 $1.0 \times 10^8 \text{ m}^2$，其中养殖鱼类对投喂饲料中的蛋白质利用率仅为 20%～25%，其余部分残留于残饵粪便或水体的含氮化合物中污染水体。养殖规模和养殖密度的不断扩大导致养殖过程中产生的废弃物引发的环境污染问题日益突出。另外,虾、蟹等产生的甲壳类固废中富含甲壳素,在医学和工业上具有重要用途。如何有效处理水产养殖废弃物并实现资源化利用是水产养殖业可持续发展面临的重要课题。

二、技　术　工　艺

水产养殖废弃物的治理主要分为减量化和资源化,其中实现水产养殖废弃物减量化的根本措施在于提高饵料质量、增加饵料转化率。水产养殖废弃物资源化利用的选择则较为丰富。

1)在生态环境中直接利用

直接利用是无须将水产养殖中的废弃物与水体分离、直接对其进行利用的过程。如发展鱼藻间养、鱼菜共生等生态养殖模式,以扇贝–海藻–海参生态养殖模式为例,藻类可吸收扇贝排泄的氨氮等溶解性污染物,同时海参可以利用沉积的固体排泄物,将单一的扇贝养殖转化为复合生态养殖,获得了经济和环境效益。

Avnimelech[17]在 1994 年提出了将生物絮凝技术(bio-floc technology,BFT)应用于水产养殖中处理固体废弃物,BFT 通过向水体中投加碳源以保持水体中浮游生物、细菌和细菌分解者的数量,在特定碳氮比下形成的生物絮体能将有机氮等污染物转化成可供滤食性养殖生物利用的菌体蛋白质,从而实现养殖水体中污染物循环利用的新兴技术。采用 BFT 处理鲈鱼养殖产生的废水,COD、色度、TN 和 TP 去除率分别为 79.5%、95.1%、80.6%和 78.3%,可达到排放要求且降低养殖成本。

人工湿地建造和管理费用较低,可收获附加动植物产品,具有一定观赏性且有稳定的去污能力,对水产养殖业废水中的氮、磷、有机物和悬浮物等都有优良的去除效果。湿地植物脱氮贡献率一般不超过 18%,微生物的吸收转化是人工湿地脱氮最主要的途径。微生物一般附着在人工湿地的基质上,其对氮的转化方式包括氨化、硝化、反硝化、厌氧氨氧化、硫自养反硝化及同步硝化反硝化等。污水中含磷污染物的存在形式主要为无机磷酸盐、聚合磷酸盐和有机磷酸盐三大类。人工湿地除磷同样是依靠基质的吸附、微生物的转化,以及湿地植物的同化吸收作用,但相较于氮的去除机理稍有不同。研究表明,用人工湿地可去除养殖水体中 95%的总悬浮固体及 80%~90%的氮和磷。

2)水产养殖废弃物收集后利用

堆肥是以较为经济环保的方式,利用微生物将水产养殖废弃物转化为稳定的腐殖质物质,将有潜在威胁的有机固体废弃物转变成更安全的高附加值产品的过程,是水产养殖废弃物资源化利用的最常见和最有效的手段。利用水产养殖废弃物堆制的肥料能改善土壤的肥力、耕作性能和持水能力,是适用于农田、果蔬、园艺和花卉种植等的高经济价值肥料。

厌氧消化能够利用厌氧微生物的分解作用,分解水产养殖废弃物中的有机物并产生沼气。对海水循环养殖系统中的废弃物性质进行分析表明其具有良好的厌氧条件和沉降性能，有利于厌氧消化反应的进行。水产养殖废弃物中蕴含大量可生化降解的生物质能，有效利用这类生物质能对实现环境和经济的可持续发展具有重要意义。

3）水产养殖业消费后废弃物利用

甲壳素又称甲壳质、几丁质等，化学名称为 β-(1,4)-2-乙酰氨基-2-脱氧-D-葡萄糖，分子式为$(C_8H_{13}NO_5)_n$，主要存在于甲壳动物和藻类细胞及植物细胞壁等。甲壳素是地球上产量仅次于纤维素的第二大可再生资源，也是自然界中含量第二大的天然高分子多糖。作为一种来源广泛的生物质材料，其具备独特的理化性质，在应用方面的研究一直备受关注。甲壳素的传统加工是以虾壳和蟹壳等为原料，通过碱处理脱蛋白、酸处理脱矿质、有机溶剂处理脱色等步骤，除去甲壳中的蛋白质、灰分、色素等获得甲壳素。甲壳素应用较广（以制备羧酸类产品为例，见图 4-8），如食品工业中的添加剂；

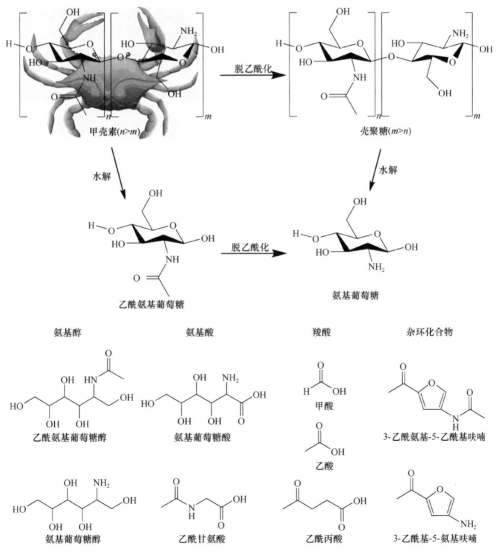

图 4-8　甲壳素制备羧酸类产品

医疗卫生中其衍生物可作缝合线、人造皮肤和止血剂；在制药方面，甲壳素可作为辅料制成微粒、胶囊和栓剂等；化学改性的壳聚糖通过结构上的修饰具有催化作用，如壳聚糖修饰的纳米氧化铜能够高效催化对硝基苯酚还原反应。近年来学术界提出类似于纤维素基生物炼制的"壳生物炼制"概念，推动了由甲壳素合成高值化学品和材料的研究。

我国是双壳软体动物的主要生产国，2010 年产量为 1035 万 t，占全球双壳贝类产量的 70.8%，占全球双壳软体动物水产养殖产量的 80%。受贝壳综合利用技术水平的制约，只有少量被用作土壤改良剂、饲料添加剂等，绝大多数贝壳被随意堆积或运送到垃圾处理站当作普通垃圾填埋，占用了大量的土地资源。贝壳上的肉体残留物易滋生蚊蝇与微生物，微生物会将贝壳附着的盐分解为氨气和硫化氢等气体，造成堆积或填埋场地的恶臭，对周围生活区居民健康造成巨大威胁。大部分贝壳由约 95% 的 $CaCO_3$ 晶体和少量有机质构成，其特殊的组成结构与结晶状态，使其具有巨大的潜在开发应用价值。在制备或改良建筑材料方面，可广泛应用于砂浆水泥、混凝土等其他功能性建材中，可改善混凝土的工作性、力学性能和耐久性；经过改性的贝壳粉具有防火阻燃、吸湿防水、净化空气、吸附甲醛等特性，有广泛的应用前景。

三、实 施 效 果

实施例 1

唐华钟等[18]研究了 1500 mg/L 和 2500 mg/L 总固体悬浮颗粒（TSS）浓度条件下生物絮凝技术对处理盐度为 2% 的水产养殖水体中固体废弃物中氮的去除效果。在实验条件下，养殖固体颗粒物中的氮可以被较快地释放，铵态氮、亚硝态氮、硝态氮的浓度分别在处理后 2 d、1 d、1 d 达到最高，两处理组间无显著差异。加入葡萄糖使反应器中的 C/N 超过 10：1，可以明显促进反应器中的无机氮快速同化，形成絮凝体。2500 mg/L TSS 处理组对无机氮的同化效果明显高于 1500 mg/L TSS 处理组。同时，研究了反应器对加入的 10 mg/L 铵态氮、20 mg/L 铵态氮以及 10 mg/L 亚硝态氮的处理效果，2500 mg/L TSS 处理效果明显优于 1500 mg/L TSS 处理组，10 mg/L 铵态氮和 20 mg/L 铵态氮的降低速度为 3.33 mg/（L·h），在相同时间内对亚硝态氮的转化效果不明显。

实施例 2

陈楚楚等[19]利用部分脱乙酰甲壳素纳米纤维与明胶在中性 HQ/Cu(Ⅱ)缓冲溶液中进行醌交联反应，得到了一种高强度交联复合凝胶膜。力学性能测试结果表明，经醌交联反应制备的 S-ChNF/G-6Cu 交联复合凝胶膜拉伸强度，较未经过醌交联反应制备所得 S-ChNF/G 复合凝胶膜提高了近 3 倍。

1）部分脱乙酰甲壳素纳米纤维膜的制备

将甲壳素粉末置于 33 wt%NaOH 溶液中，在 90℃机械搅拌 4 h，得到部分脱乙酰化的甲壳素碱性产物。通过真空抽滤，将所得部分脱乙酰化的甲壳素碱性产物充分冲洗至中性，制备得到部分脱乙酰甲壳素。使用 1 wt%的乙酸溶液将上述部分脱乙酰甲壳素稀释至 0.8%（pH=3～4），置于研磨机（MKCA6-2，日本 Masuko 公司）进行 1 次研磨处理，制备得到部分脱乙酰甲壳素纳米纤维（S-ChNF）悬浮液。研磨转速 1500 r/min、磨盘间隙 0.35 mm。将上述所得部分脱乙酰甲壳素纳米纤维悬浮液用蒸馏水稀释至 0.5%，超声处理 5 min，再将孔径为 0.1 μm 的聚四氟乙烯膜置于真空抽滤器的砂芯漏斗内，对悬浮液进行真空抽滤处理，得到部分脱乙酰甲壳素纳米纤维湿膜，并冲洗至中性。

2）部分脱乙酰甲壳素纳米纤维/明胶复合凝胶膜的制备

将上述部分脱乙酰甲壳素纳米纤维湿膜样品浸渍于 20 mL 10%的明胶溶液中，并置于 40℃静置 12 h，以促进明胶分子充分浸入纳米纤维膜内。12 h 后从明胶溶液中移出部分脱乙酰甲壳素纳米纤维膜样品，并用滤纸除去表面多余的明胶溶液，置于 4℃储存 2 h，即获得冷冻处理后的部分脱乙酰甲壳素纳米纤维/明胶复合凝胶膜（S-ChNF/G）。

3）部分脱乙酰甲壳素纳米纤维/明胶交联复合凝胶膜的制备

配制 30 mL、0.1 mol/L、pH=7.4 的磷酸二氢钾/氢氧化钠缓冲溶液，在缓冲溶液中分别加入对苯二酚（4 mg）和乙酸铜（含量分别为 3 mg/L、6 mg/L、9 mg/L），搅拌均匀后制得用于醌交联反应的溶液。将上述部分 S-ChNF/G 浸渍于醌交联反应溶液中，室温下静置 6 h 后，将样品充分冲洗，以去除未反应的化学残余物，最终得到部分脱乙酰甲壳素纳米纤维/明胶交联复合凝胶膜（S-ChNF/G-nCu，n=3，6，9）。

参 考 文 献

[1] 刘代城, 万毅, 张晓萌. "环保+能源"的生物天然气循环经济发展研究. 长江技术经济, 2019, 3(4): 97-102.

[2] 杨红男, 邓良伟. 不同温度和有机负荷下猪场粪污沼气发酵产气性能. 中国沼气, 2016, 34(3): 36-43.

[3] 孙泽锋, 张效顺, 王娟. 大棚式沼气工程在畜禽粪便污染治理中的应用. 四川环境, 2016, 35(5): 73-75.

[4] 赵玲, 王聪, 田萌萌, 等. 秸秆与畜禽粪便混合厌氧发酵产沼气特性研究. 中国沼气, 2015, 33(5): 32-37.

[5] Rastogi M, Nandal M, Khosla B. Microbes as vital additives for solid waste composting. Heliyon, 2020, 6(2): e03343.

[6] Partanen P, Hultman J, Paulin L, et al. Bacterial diversity at different stages of the composting process. BMC Microbiology, 2010, 10(1): 1-11.

[7] Bernal M P, Alburquerque J, Moral R. Composting of animal manures and chemical criteria for compost maturity assessment: A review. Bioresource Technology, 2009, 100(22): 5444-5453.

[8] 郑莉, 许燕滨, 宁寻安, 等. 一种畜禽粪便好氧堆肥的方法. CN110029073B, 2022-06-24.

[9] 廖劲松, 简贤平, 杜巨斌, 等. 无辅料的畜禽粪便发酵工艺. CN113307664A, 2021-08-27.

[10] 沈其荣, 孙冬丽, 黄启为, 等. 利用家禽羽毛生产微生物有机肥料的方法及其产品. CN102617203A, 2012-08-01.

[11] Brandelli A, Daroit D J, Riffel A. Biochemical features of microbial keratinases and their production and applications. Applied Microbiology and Biotechnology, 2010, 85(6): 1735-1750.

[12] Moritz J S, Latshaw J D. Indicators of nutritional value of hydrolyzed feather meal indicators of nutritional value of hydrolyzed feather meal. Poultry Science, 2001, 80(1): 79-86.

[13] Mazotto A M, Coelho R R R, Cedrola S M L, et al. Keratinase production by three *Bacillus* spp. using feather meal and whole feather as substrate in a submerged fermentation. Enzyme Research, 2011, 2011: 523780.

[14] 吴幸芳, 廖威, 毛露甜. 鸡粪饲料化在养殖中的应用. 广东饲料, 2013(1): 38-39.

[15] 喻东, 李先永, 梁丛丛, 等. 生物发酵雏鸡鸡粪生产饲料及其应用效果. 食品与生物技术学报, 2018, 37(6): 666-671.

[16] Soobhany N. Insight into the recovery of nutrients from organic solid waste through biochemical conversion processes for fertilizer production: A review. Journal of Cleaner Production, 2019, 241: 118413.

[17] Avnimelech Y. Feeding with microbial flocs by tilapia in minimal discharge bio-flocs technology ponds. Aquaculture, 2007, 264(1-4): 140-147.

[18] 唐华钟, 罗国芝, 谭洪新, 等. 生物絮凝对半咸水养殖水体中固体废弃物的处理效果. 江苏农业科学, 2013, 41(2): 5.

[19] 陈楚楚, 吴启静, 王怡仁, 等. 仿生高强度甲壳素纳米纤维/明胶水凝胶的制备与性能. 高分子材料科学与工程, 2020, 8: 152-157.

第五章 农业废弃物生物炭基材料研制技术

第一节 猪粪生物炭批量化制备装置

一、技 术 背 景

我国是农业大国，每年会产生大量的农业废弃物生物质。有些农户直接在田间将农业废弃物，如水稻秸秆等焚烧，这不仅浪费了生物质能，还会造成大气环境的污染。我国也是畜禽养殖大国，每年的猪粪产生量巨大，若不妥善处理、处置，会造成有机肥资源的浪费，同时也会引起生态环境的破坏。近年来，随着热解技术的发展，将猪粪生物质转化为猪粪生物炭技术已经得到了广泛的应用，废弃生物质回收和能源有效利用得以实现。猪粪生物炭本身含有大量的营养物质和巨大的比表面积，能为农作物生长提供养分并可以作为吸附剂吸附环境中的重金属和有机污染物等有害物质，近年来在农学和环境学中具有广泛的应用。制备猪粪生物炭的装置很多，但有些设备构造复杂，操作不易且价格昂贵。工业化干馏技术制备生物炭虽然发展迅猛，但是在制备过程中，需要额外消耗工业电能和化学能，造成了资源的浪费。如何充分利用生物能源生态环保地批量化生产粪源生物炭，使农业废弃物变废为宝，提高其环境附加值，这是目前人们亟待解决的问题。

二、技 术 工 艺

该技术涉及的装置如图 5-1 所示，装置本体中设有底部密封的填料仓 7，填料仓 7 周围环绕有 6 个供热仓（分别为第一供热仓 1、第二供热仓 2、第三供热仓 3、第四供热仓 4、第五供热仓 5 和第六供热仓 6，整体构成供热仓 11），填料仓 7 上部罩有用于控制填料仓 7 内部压力的控压排气罩 10，隔空盖 8 设置于装置本体顶部，隔空盖 8 上开有通孔，且通孔上设有中空的锥台形的通气罩 9。通气罩直径由上到下逐渐增大。

填料仓 7、供热仓 11 均呈直筒形设置于装置本体内，且 6 个供热仓的侧面顺次相连形成一个中心具有空腔的环形结构，而填料仓 7 则刚好设置于该空腔中。本实施方式中填料仓 7、供热仓 11 及所述的空腔的横截面均呈正六边形，且填料仓 7 的 6 个面分别与 6 个供热仓的侧面相连。但事实上，填料仓 7 和供热仓 11 横截面也可采用其他正多边形，最好具有双数条边。供热仓 11 的组成数量最好为双数个，便于均匀调节炭化温度。

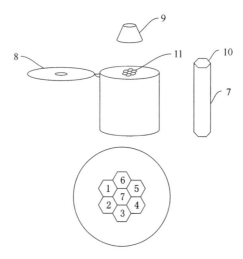

图 5-1 生物炭批量化制备装置示意图

1-第一供热仓；2-第二供热仓；3-第三供热仓；4-第四供热仓；5-第五供热仓；6-第六供热仓；7-填料仓；8-隔空盖；
9-通气罩；10-控压排气罩；11-供热仓

供热仓 11 的 6 个组成部分均为铁质直棱柱，柱高 80～100 cm，其横截面为正六边形，边长为 15～20 cm。供热仓上方进料口敞开，底部用孔径为 1～3 mm 的铁丝网焊接。

控压排气罩 10 可采用各种能实现压力控制的装置，使填料仓 7 在内部具有一定压力时能释放压力，其余时间均能保持密闭，为生物炭的形成提供缺氧环境。控压排气罩 10 结构为一边铰接于填料仓 7 顶部且具有一定质量可采用 400～500 g 的金属片。由于重力作用，金属片常规状态下压在填料仓 7 顶部，使其密封。在受到拉力或填料仓 7 内部压力达到一定程度时被掀开，排出气体。

隔空盖 8 呈圆环形，用铰链将隔空盖与反应箱体的侧面连接。隔空盖 8 的外圆直径，比装置本体的外直径宽 2～5 cm；隔空盖 8 的内圆空腔直径为 10～20 cm。锥台形的通气罩 9 用铁皮制成，底部圆直径为 15～25 cm。

基于上述装置，以燃烧农业废弃物为热源批量化生产猪粪生物炭的具体方法如下：向填料仓 7 中添加已风干的猪粪生物质，用木槌夯实，排出填料仓 7 中的空气，填充高度控制在距离填料仓 7 顶部 10～15 cm 处；盖上控压排气罩 10，使填料仓 7 内部保持密闭；向供热仓中添加经过预先截断的农业废弃物，如 5～10 cm 长的水稻秸秆、毛竹、林木等作为燃料，引燃，待燃烧稳定后，盖上隔空盖 8；在隔空盖 8 的通孔上方放置通气罩 9；待热解达到预设时间时，拿下锥台形通气罩 9，打开隔空盖 8，用水冲洗供热仓至完全冷却。打开控压排气罩 10，将填料仓 7 中的猪粪生物炭取出备用。供热仓 11 根据所需的热解温度，选择部分或全部添加燃料，但以填料仓 7 为中心对称的两个供热仓的添加状态保持一致。若所需要的燃烧过程较长，可待供热仓中的废弃物燃尽后打开隔空盖 8，重新装填继续热解猪粪生物炭，直至反应结束。

该装置能在每个六棱柱型供热仓中燃烧农业废弃物，利用产生的热量热解填料仓中已风干填装的猪粪，由此获得猪粪生物炭。每个供热仓可用金属铁制作分隔，可独立填充已粉碎的农业废弃物；制备猪粪生物炭时，为了使产品受热均匀、性质稳定，相对的两个供热仓为一组且须同时工作，可产生三种不同裂解温度（高、中、低温）。待引燃供热容器中的农业废弃物后，在整个装置顶部盖上隔空盖，防止燃烧速度过快；同时在隔空盖的中心上方加放一个锥台形通气罩，起到稳定控制燃烧速度的作用。这套装置充分利用了农业废弃物，制备的多种不同裂解程度的猪粪生物炭，可用于农田土壤养分供给或吸附环境中的重金属、有机污染物等用途。

第二节　羊粪生物炭土壤胶体磷调控剂制备

一、技　术　背　景

磷是自然界生物重要的宏量营养元素，同时由于其会导致水生生态系统的富营养化，也是一种环境限制性营养元素。磷可以和无机胶体，如铁铝氧化物，或有机液体、有机矿物胶体相结合，即胶体磷。胶体磷占土壤溶液中总磷的13%～95%，是磷流失的重要组成部分。胶体广泛存在于自然界的水环境中，无论淡水、海水还是土壤溶液中，都存在着大量的胶体物质。胶体具有分子小、比表面积大以及丰富的有机官能团等特征，因此易于吸收一些放射性同位素、微量元素和有机化合物。因此，它对于水土环境中元素的迁移转化有很大的作用。

粪源生物炭是指以动物粪便为原材料，在无氧或者缺氧的条件下，通过相对中低温（≤700℃）缓慢热解得到的材料。将畜禽粪便热解成粪源生物炭，有很多优点：①该过程减少了畜禽粪便原料体积，实现畜禽养殖废弃物的减量化；②高温条件杀灭了畜禽粪便中的病原菌，破坏了抗生素的结构等，实现了畜禽养殖废弃物的无害化；③热解过程产生了一系列高附加值的生物质能，如生物油、可燃性气体及粪源生物炭，实现了资源化。粪源生物炭施入土壤后为土壤提供了养分，同时提高了土壤 pH；其通过石灰效应有效地吸附了土壤重金属和有机农药，是一种优质廉价的土壤修复材料。但是，粪源生物炭由于其养分含量高，施加到土壤中可能会促进磷素的流失。该技术制备的粪源生物炭以期实现土壤胶体磷释放调控。

二、技　术　工　艺

以羊粪生物炭为例，其制备工艺如下：①将羊粪自然风干，粉碎研磨过筛后在无氧或缺氧的环境下热解制备生物炭；②将生物炭研磨过筛，得到80～100目的羊粪生物炭。羊粪生物炭的施加可以改善土壤 pH，增加土壤中有效磷的含量等；而与其他类型的粪源生物炭（如猪粪和牛粪）相比，羊粪生物炭的施加可以显著降低土壤中胶体磷的释放量。

下述实施案例均在400℃温度下制备羊粪生物炭，具体制备过程如下：称取40 g左右自然风干的羊粪，进行除杂后磨碎过2 mm筛，然后放置在50 mL瓷坩埚中，尽量压实填满，排除样品间隙的空气；盖上坩埚盖，将坩埚置于可控温的真空管式炉中，预通氮气10 min后以8℃/min速度升温至所需400℃温度，热解2 h；充分冷却至室温后取出，用玛瑙研钵研磨过100目筛，得到羊粪生物炭。

以与羊粪生物炭相同的方法，制备猪粪生物炭和牛粪生物炭，区别仅在于将羊粪替换为等量自然风干的猪粪和牛粪。制备得到的三种粪源生物炭分别命名为 PM（猪粪生物炭）、SM（羊粪生物炭）和 CM（牛粪生物炭），低温保存备用。

三、实 施 效 果

实施土壤样品 1：本实验所用供试土壤（记为供试土壤 1）取自浙江桐乡，土壤类型为砂土，基本理化性质是：pH 为 7.06，总磷 0.63 g/kg，总碳 7.09 g/kg，总氮 0.83 g/kg，有效磷 45.38 g/kg。

实施土壤样品 2：本实验所用供试土壤（记为供试土壤 2）取自浙江金华，土壤类型为黏壤土，基本理化性质是：pH 为 6.60，总磷 0.38 g/kg，总碳 18.34 g/kg，总氮 1.91 g/kg，有效磷 38.04 g/kg。

实验设计：利用制备好的三种粪源生物炭于 50 mL 锥形瓶中进行培养实验，在 6 个锥形瓶中分别加入 1 g PM、2 g PM、1 g SM、2 g SM、1 g CM、2 g CM，然后每个锥形瓶中分别加入 100 g 供试土壤 1，得到 6 种处理，分别记为 1%PM、2%PM、1%SM、2%SM、1%CM、2%CM。同时，取一个相同的锥形瓶，加入 100 g 供试土壤 1，不加入任何生物炭，作为对照组 CK，共设置 3 个平行，搅拌均匀后按 40%的土壤含水量加入去离子水，置于 25℃培养箱中预培养 10 d，使微生物复活并构成一稳定区系。置于 25℃培养箱中培养 30 d。在培养过程中，添加去离子水保持每种处理下均为 40%的含水量。30 d 后将锥形瓶中土样全部取出，自然风干磨细过筛备用。对供试土壤 2 的操作过程同上。

土壤胶体磷的测定方法如下：①称取未经研磨的 10 g 土样于 250 mL 锥形瓶中，加入 80 mL 离子水，移至摇床中，在 160 r/min 下振荡 24 h，取上清液备用；②上清液在 3000 × g 下离心 10 min 以去除粗颗粒；③将离心后的上清液过 1 μm 微孔滤膜，收集滤液（试样Ⅰ），该滤液被认为是胶体磷溶液；④试样Ⅰ在 300000 × g 下超速离心 2 h，取上清液（试样Ⅱ）。土壤胶体磷以试样Ⅰ与试样Ⅱ中总磷含量之差计算得到。试样Ⅰ和试样Ⅱ中总磷采用过硫酸钾消解后钼蓝比色的方法测定。

通过上述室内模拟实验得到：对于供试土壤 1，六种处理的胶体磷释放潜力如表 5-1 所示，与对照组相比，猪粪生物炭的添加促进了胶体磷的释放，1%PM 和 2%PM 的处理下，胶体磷释放分别增加了 11.40%和 18.42%，而羊粪生物炭和牛粪生物炭的添加则对胶体磷释放有抑制的作用，在 1%SM、2%SM、1%CM 和 2%CM 处理下，胶体磷的释放分别减少了 19.30%、26.32%、9.65%和 21.93%。

表 5-1　粪源生物炭对胶体磷释放潜力的影响

处理	CK	1% PM	2% PM	1% SM	2% SM	1% CM	2% CM
胶体磷含量 / （mg/kg）	1.14	1.27	1.35	0.92	0.84	1.03	0.89

对于供试土壤 2，六种处理的胶体磷释放潜力如表 5-2 所示，与对照组相比，猪粪

生物炭的添加增加了胶体磷的释放，1%PM 和 2%PM 的处理下，胶体磷释放分别增加了 1.24%和 2.48%，而羊粪生物炭和牛粪生物炭的添加则对胶体磷释放有抑制作用，在 1%SM、2%SM、1%CM 和 2%CM 处理下，胶体磷的释放分别减少了 32.09%、46.38%、14.91%和 21.74%。

表 5-2　不同种类粪源生物炭对胶体磷释放的影响

处理	CK	1% PM	2% PM	1% SM	2% SM	1% CM	2% CM
胶体磷含量 / (mg/kg)	4.83	4.89	4.95	3.28	2.59	4.11	3.78

从供试结果综合来看，相对于猪粪生物炭和牛粪生物炭，羊粪生物炭在为土壤提供养分的同时，可以抑制土壤中胶体磷的释放，从而可以减少磷的径流流失。上述羊粪生物炭在实际使用时，可以将其作为土壤改良剂与稻田表层土壤进行混合使用，例如，将其撒施在土壤表面，对 0~20 cm 的表层土壤进行翻耕，使生物炭与土壤混合均匀，然后正常进行浇水耕作。该操作方式可以显著抑制稻田土壤胶体磷释放。

第三节　氯化钙改性秸秆活性炭吸磷剂制备

一、技　术　背　景

我国稻草秸秆年产量约为 2 亿 t。除去将其用作燃料、建筑材料、饲料和肥料以及发电外，仍有 60%无法有效利用而随意废弃或就地焚烧，这一方面造成了大量的生物质能源浪费，另一方面给环境带来负面影响。稻草秸秆中所含的纤维素和半纤维素约有 60 wt%，其中碳元素更是达到了 38.5 wt%，是优良的活性炭制备原材料。

农业废弃物制备活性炭的过程一般经过原料粉碎、压棒、炭化、活化、漂洗、烘干和活性炭粉碎等几个步骤，同时根据不同的需求可以在不同的步骤中进行改性。表面物理结构或表面化学性能的改性指在活性炭材料的制备过程中通过物理或者化学的方法来增加活性炭材料的比表面积调节孔径及其分布，使活性炭材料的吸附表面结构发生改变，从而增加活性炭材料的物理吸附性能。目前常用的改性方法可以分为化学法、物理法、物理化学法，应用较多较成熟的化学改性剂有 KOH、$ZnCl_2$ 和 H_3PO_4 等。常用的物理法有 CO_2 活化法、水蒸气活化法和微波活化法。

磷的吸附主要依靠化学吸附，利用物理改性增加活性炭比表面积，磷吸附量变化不大；采用 H_3PO_4 法，制得的活性炭本身带有大量的磷素，不适用于吸附磷；用 $ZnCl_2$ 法，锌离子对磷酸根离子的吸附远不如钙离子，HCl 价格也远高于 $CaCl_2$，且此工艺污染严重；采用 KOH 或 NaOH 为改性剂，得到的活性炭吸磷效果也远不如 $CaCl_2$ 法制得的活性炭。该技术以 $CaCl_2$ 为改性剂制备稻草秸秆基活性炭，不仅吸磷效果优异，同时制备过程精简，操作简单易行，管理方便，而且改性剂 $CaCl_2$ 价格低廉，具有经济可行性。

二、技 术 工 艺

　　该技术工艺如下：①原料预处理。将切割好的每段 2～5 cm 的稻草秸秆置于 2 wt% 的 NaOH 中浸泡，然后取出用蒸馏水洗涤至中性，在烘箱中干燥。②在 10 wt% 的 $CaCl_2$ 溶液中浸泡，取出后置于烘箱中烘干。③放入马弗炉中，温度达到 700～800℃后，继续炭化 60 min。④用热水洗至中性，回收 $CaCl_2$，然后用 0.1 mol/L 的 HCl 反复清洗，再用热水反复清洗至中性，过滤，滤饼于 105℃下干燥至质量恒定，得到秸秆活性炭。该技术解决了稻草秸秆能源浪费的问题，整个制备过程操作相对简单、经济可行，得到的活性炭具有良好的吸磷功能。

三、实 施 效 果

实施例 1

　　（1）原料预处理：将切割好的每段 2 cm 的稻草秸秆置于 2 wt% 的 NaOH 中浸泡 48 h，然后取出用蒸馏水洗涤至中性，在烘箱中干燥。

　　（2）在 10 wt% 的 $CaCl_2$ 溶液中浸泡 18 h，取出后置于烘箱中 90℃烘干，秸秆与溶质 $CaCl_2$ 的质量比为 1 : 0.5。

　　（3）放入马弗炉中，加热速率控制在 20℃/min，达到 700℃后，继续炭化 60 min。

　　（4）用 80℃热水洗至中性，回收 $CaCl_2$，然后用 0.1 mol/L 的 HCl 反复清洗，再用 80℃热水反复清洗至中性，过滤，滤饼于 95℃下干燥至质量恒定，得到秸秆活性炭。

实施例 2

　　（1）原料预处理：将切割好的每段 5 cm 的稻草秸秆置于 2 wt% 的 NaOH 中浸泡 48 h，然后取出用蒸馏水洗涤至中性，在烘箱中干燥。

　　（2）在 10 wt% 的 $CaCl_2$ 溶液中浸泡 36 h，取出后置于烘箱中 110℃烘干，秸秆与溶质 $CaCl_2$ 的质量比为 1 : 1。

　　（3）放入马弗炉中，加热速率控制在 30℃/min，达到 700℃后，继续炭化 60 min。

　　（4）用 70℃的水洗至中性，回收 $CaCl_2$，然后用 0.1 mol/L 的 HCl 反复清洗，再用 70℃水反复清洗至中性，过滤，滤饼于 105℃下干燥至质量恒定，得到秸秆活性炭。

实施例 3

　　（1）原料预处理：将切割好的每段 4 cm 的稻草秸秆置于 2 wt% 的 NaOH 中浸泡 48 h，然后取出用蒸馏水洗涤至中性，在烘箱中干燥。

　　（2）在 10 wt% 的 $CaCl_2$ 溶液中浸泡 24 h，取出后置于烘箱中 105℃烘干，秸秆与溶质 $CaCl_2$ 的质量比为 1 : 0.5。

　　（3）放入马弗炉中，加热速率控制在 10℃/min，达到 700℃后，继续炭化 60 min。

　　（4）用 90℃的水洗至中性，回收 $CaCl_2$，然后用 0.1 mol/L 的 HCl 反复清洗，再用 90℃的水反复清洗至中性，过滤，滤饼于 105℃下干燥至质量恒定，得到秸秆活性炭。

图 5-2 是炭化温度对所制备秸秆活性炭除磷性能的影响，图 5-3 是浸渍比（稻草质量：溶质质量）对所制备秸秆活性炭除磷性能的影响。综合两者，下述实施例中的秸秆活性炭均在炭化温度为 700℃、浸渍比 1∶1 条件下制备。

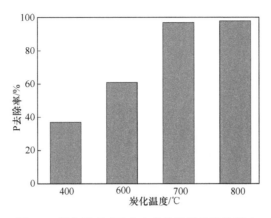

图 5-2　炭化温度对于本产品的除磷性能的影响

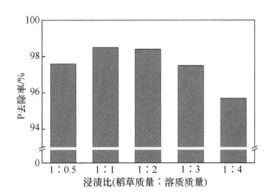

图 5-3　浸渍比对于本产品的除磷性能的影响

实施例 4

室温（约 20℃）条件下，将过筛后颗粒大小为 0.05～16 mm 的秸秆活性炭加入中等浓度含磷水样中，活性炭施加量为 0～12 g/L，持续振荡吸附 6 h，过滤。测定处理后水样磷去除率如图 5-4 所示。可以看到，秸秆活性炭对磷的吸附效果随施加量增加而提高，经 2.4 g/L 施加量吸附后水样磷浓度可以达到 1 mg/L 以下，去除率达到 90%以上。

实施例 5

室温（约 20℃）条件下，将过筛后颗粒大小为 0.05～16 mm 的秸秆活性炭加入模拟农田排水中，活性炭施加量为 0～4 g/L，持续振荡吸附 6 h，过滤。测定处理后水样中磷、铵态氮、硝态氮去除率如图 5-5 所示。可以看到，铵态氮和硝态氮去除率不到 10%，尤其硝态氮几乎没有去除，但磷去除率比铵态氮和硝态氮的去除率要高很多，随着活性炭施加量提高可以达到 80%以上，考虑成本，实际吸附农田排水时可以选用 3 g/L 的活性炭施加量。

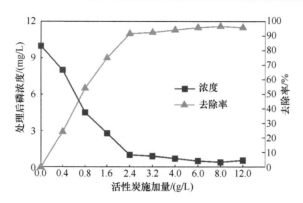

图 5-4　活性炭对中等浓度含磷原水的处理效果

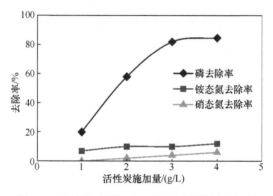

图 5-5　活性炭对模拟农田排水氮磷的处理效果

实施例 6

室温（约 20℃）条件下，将颗粒大小为 0.05～16 mm 的市售活性炭、未改性秸秆活性炭、KOH 改性的秸秆活性炭、$CaCl_2$ 改性的秸秆活性炭加入含磷量为 10.3 mg/L 的水样中，活性炭施用量为 4 g/L，持续振荡吸附 6 h，过滤。测定处理后水样中磷，结果如表 5-3 所示。以 $CaCl_2$ 改性的秸秆活性炭吸磷效果最佳，磷去除率可以达到 97.43%，远远优于其他几种活性炭。

表 5-3　该技术与不同活性炭吸磷效果的比较

改性剂	市售活性炭	未改性秸秆活性炭	KOH 改性秸秆活性炭	$CaCl_2$ 改性秸秆活性炭
处理后水样含磷/（mg/L）	10.24	9.91	8.56	0.26
去除率/%	0.55	3.79	16.87	97.43

第四节　磁性生物炭复合吸磷剂制备

一、技　术　背　景

从农业径流排放的过量磷会对水生生态系统产生负面影响，开发有效且可持续的方法来去除农业废水中的磷并将其作为肥料回收具有巨大的潜力。铁（氢）氧化物吸附容量高、比表面积大，是一种水污染物吸附处理常用的方法，具有成本低、选择性好、生态友好和易于操作的特点。特别是通过共沉淀方法将铁氧化物颗粒负载到生物炭表面，形成孔隙结构良好且比表面积较大的复合材料，可用于水溶液中磷酸盐的高效去除。然而，传统水热共沉淀法中所需的化学药剂用量较大，制备过程中会产生多余废液，形成环境污染副产物；且现有制备方法中存在操作复杂、成本高和颗粒团聚等缺点，会限制实际应用并导致材料性能的损失。因此，本节介绍一种磁性生物炭复合吸附剂及其制备技术。

二、技 术 工 艺

该技术以杏仁壳生物质和硝酸亚铁为原料，通过热降解工艺赋磁，机械球磨工艺降低吸附剂粒级，最后制得磁性生物炭复合吸附剂。将制得的磁性生物炭复合吸附剂应用于含磷水溶液中，在恒温下振摇至吸附平衡，反应完成后在外加磁场作用下，可将磁性生物炭吸附剂从溶液中分离，完成对水中磷的去除以及对吸附剂的分离回收（图5-6）。该技术具有成本低、材料易得、操作简便、处理效率高等优点，实现了生物质的资源化利用、磁快速分离回收和再利用，铁改性原材料环境友好，无二次污染，可应用于农业废水中过量磷的去除与回收。

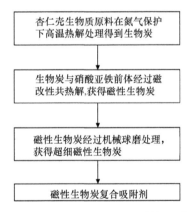

图 5-6 磁性生物炭复合吸附剂的制备方法流程图

下述实施例通用的具体制备过程如下。

（1）将采集的废弃杏仁壳洗净，并置于烘箱中，在 105℃ 下低温烘干过夜，得到完全干燥的杏仁壳后，将其粉碎成粉末状，之后将杏仁壳粉末过 100 目筛备用，得到杏仁壳粉末生物质。

（2）将获得的杏仁壳粉末生物质取 15.0 g 平铺于 100 mL 坩埚中，之后将坩埚置于管式炉中，在氮气保护下，以 10℃/min 的升温速率加热至恒定温度 T，维持该温度热解 30 min，在管式炉中过夜冷却后获得 10.0 g 杏仁壳生物炭。

（3）将制得的杏仁壳生物炭取 2.0 g 平铺于坩埚中，用 5.6 mL 不同浓度 C 的 $Fe(NO_3)_2$ 溶液润湿生物炭。在氮气保护下，$Fe(NO_3)_2$ 溶液浸渍的生物炭在 10℃/min 的加热速率下升温至 350℃并维持 120 min，在管式炉中过夜冷却后，完成热解步骤，得到磁性生物炭材料。

（4）收集上述得到的磁性生物炭材料，将其置于球磨机中进行球磨（球磨时间 t），即制得磁性生物炭复合吸附剂。

三、实 施 效 果

下述实施例按照控制变量法，分别改变步骤（2）中热解反应温度（T）、步骤（3）中 $Fe(NO_3)_2$ 溶液浓度（C）及步骤（4）中球磨时间（t），从而探究不同条件下制备的磁性生物炭复合吸附剂吸附性能。

实施例 1

本实施例中，分别设置了三组不同的热解温度 T，以展示不同热解温度下的效果。

A：步骤（2）中热解反应温度 T 为 450℃。

B：步骤（2）中热解反应温度 T 为 550℃。

C：步骤（2）中热解反应温度 T 为 650℃。

步骤（3）中 $Fe(NO_3)_2$ 溶液浓度 C 为 1 mol/L。

步骤（4）中球磨时间 t 为 30 min。

利用本实施例方法制备的三种不同热解温度的磁性生物炭复合吸附剂进行去除水中磷酸根的吸附实验，具体操作如下。

分别称取 100 mg 三种热解温度下制备的磁性生物炭复合吸附剂于 50 mL 离心管中，投加剂量为 2.0 g/L。在离心管中加入通过稀释配制好的 50 mL 含磷酸根浓度为 100 mg/L 的 KH_2PO_4 溶液，利用 0.1 mol/L 稀 HCl 和稀 NaOH 溶液调节溶液初始 pH 为 6.5。将三组装有固液混合物的离心管同时放入轨道振荡器中，在室温下 [（25±1）℃] 以 80 r/min 速度恒温振荡 3 h。抽取上清液过 0.45 μm 的滤膜进行过滤，利用紫外分光光度法测定上清液中磷酸根的浓度，并计算吸附量和去除率。

不同热解温度的磁性生物炭复合吸附剂的测定实验结果如图 5-7 所示。对于含磷酸根浓度为 100 mg/L 的水溶液，当投加 650℃热解温度下 1 mol/L 铁盐改性并球磨 30 min

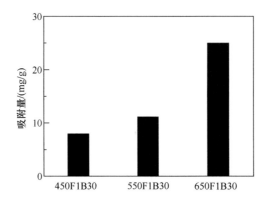

图 5-7　制备磁性生物炭热解温度对水中磷酸根去除的影响

（记为 650F1B30）的磁性生物炭复合吸附剂时，吸附量达到 25.0 mg/g，去除率为 50.0%。同时，450℃和 550℃热解温度下 1 mol/L 铁盐改性并球磨 30 min（分别记为 450F1B30 和 550F1B30）的磁性生物炭复合吸附剂吸附量分别为 7.9 mg/g 和 11.1 mg/g，去除率分别为 15.8%和 22.2%。因此，650℃热解温度有望作为最佳温度。

实施例 2
本实施例中，分别设置了两组不同的球磨时间，以展示不同球磨时间下的效果。
A：步骤（4）中球磨时间 t 为 30 min。
B：步骤（4）中球磨时间 t 为 120 min。
步骤（2）中热解反应温度 T 为 550℃。
步骤（3）中 $Fe(NO_3)_2$ 溶液浓度 C 为 1 mol/L。
利用本实施例制备的不同球磨时间的两种磁性生物炭复合吸附剂进行吸附等温线实验。

分别称取 100 mg 两种不同球磨时间制备得到的磁性生物炭复合吸附剂（分别记为 550F1B30 和 550F1B120）于两组（每组 8 个）50 mL 离心管中，即投加剂量为 2.0 g/L。分别在每组离心管中加入通过稀释配制好的含磷酸根浓度为 2 mg/L、5 mg/L、10 mg/L、20 mg/L、30 mg/L、50 mg/L、70 mg/L 和 100 mg/L 的 KH_2PO_4 溶液 50 mL，用 0.1 mol/L 稀 HCl 和稀 NaOH 溶液调节溶液初始 pH 为 6.5。将装有固液混合物的离心管同时放入轨道振荡器中，在室温[（25±1）℃]下以 80 r/min 速度恒温振荡 3 h。抽取上清液过 0.45 μm 的滤膜进行过滤，利用紫外分光光度法测定上清液中磷酸根的浓度，并计算吸附量和去除率。

朗格缪尔等温线方程：
$$Q_e = (K_1 Q_{cal,1} C_e)/(1+K_1 C_e) \tag{5-1}$$
弗伦德里希等温线方程：
$$Q_e = K_f C_e^{1/n} \tag{5-2}$$
朗格缪尔–弗伦德里希等温线方程：
$$Q_e = (K_s Q_{cal,s} C_e^1)/(1+K_s C_e^i) \tag{5-3}$$

式中，K_1、K_f 和 K_s 为在朗格缪尔等温线、弗伦德里希等温线和朗格缪尔–弗伦德里希等温线模型中的常数（mg/g）；$Q_{cal,1}$ 和 $Q_{cal,s}$ 为从朗格缪尔等温线和弗伦德里希等温线方程式推导出的理论最大摄取量（mg/g）；$1/n$ 为异质性指标；i 为朗格缪尔–弗伦德里希等温线指数；C_e 为吸附平衡时磷酸根的浓度（mg/L）。

不同机械球磨时间制备的磁性生物炭复合吸附剂的吸附等温线结果如图 5-8 所示。对于浓度范围为 2～100 mg/L 的磷酸根溶液，应用本实施例中不同球磨时间制备得到的两种磁性生物炭复合吸附剂时，550℃热解温度下 1 mol/L Fe(Ⅱ)改性并球磨 120 min（550F1B120）的磷去除量最大，最大吸附量达到 27.4 mg/g。计算朗格缪尔等温线、弗伦德里希等温线和朗格缪尔–弗伦德里希等温线方程［式（5-1）～式（5-3）］并拟合比较可得到，朗格缪尔等温线拟合程度最佳，拟合曲线的 R^2 为 0.999，说明该技术的磁性生物炭复合吸附剂的吸附过程适用于朗格缪尔等温线，所得朗格缪尔等温线理论最大吸附量为 50.7 mg/g。相比之下，550℃热解温度下 1 mol/L Fe(Ⅱ)改性并球磨 30 min（550F1B30）的磷去除量为 11.5 mg/g，朗格缪尔等温线理论最大吸附量为 14.7 mg/g。因此，适当延长机械球磨时间有助于提高磁性生物炭复合吸附剂的除磷效果，对于该技术的磁性生物炭复合吸附剂而言，最佳球磨时间为 120 min。

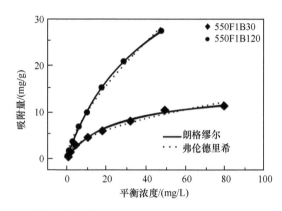

图 5-8　制备磁性生物炭球磨时间对磷酸根吸附等温线的影响

实施例 3

本实施例中，分别设置了两组不同的 Fe(NO₃)₂ 溶液浓度，以展示不同 Fe(NO₃)₂ 溶液浓度下的效果。

A：步骤（3）中 Fe(NO₃)₂ 溶液浓度 C 为 1 mol/L。

B：步骤（3）中 Fe(NO₃)₂ 溶液浓度 C 为 2 mol/L。

步骤（2）中热解反应温度 T 为 650℃。

步骤（4）中球磨时间 t 为 30 min。

利用本实施例中不同 Fe(Ⅱ)浓度制备的磁性生物炭复合吸附剂进行吸附等温线实验。

分别称取 100 mg 的 650℃热解后与 1 mol/L 和 2 mol/L Fe(NO₃)₂ 共热解并球磨 30 min 制备的磁性生物炭复合吸附剂（分别记为 650F1B30 和 650F2B30）于两组（每组 9 个）50 mL 离心管中，投加剂量为 2.0 g/L。分别在每组离心管中加入通过稀释配制好的含磷酸根浓度为 2 mg/L、5 mg/L、10 mg/L、15 mg/L、20 mg/L、30 mg/L、50 mg/L、70 mg/L 和 100 mg/L 的 KH₂PO₄ 溶液 50 mL，利用 0.1 mol/L 稀 HCl 和稀 NaOH 溶液调节溶液初始 pH 为 6.5。将两组装有固液混合物的离心管同时放入轨道振荡器中，在室温［(25±1)℃］下以 80 r/min 速度恒温振荡 3 h。抽取上清液过 0.45 μm 的滤膜进行过滤，利用紫外分光光度法测定上清液中磷酸根的浓度，并计算吸附量和去除率。

如图 5-9 所示，对于浓度范围为 2～100 mg/L 的磷酸根溶液，本实施例制备的磁性生物炭复合吸附剂中，650℃热解温度下 2 mol/L Fe(Ⅱ)改性并球磨 30 min（650F2B30）的磷去除量最大，最大吸附量达到 37.9 mg/g。由朗格缪尔等温线、弗伦德里希等温线和朗格缪尔–弗伦德里希等温线方程［式（5-1）～式（5-3）］拟合比较可得到，朗格缪尔等温线拟合程度最佳，拟合曲线的 R^2 为 0.999，说明该技术的磁性生物炭复合吸附剂的吸附过程适用于朗格缪尔等温线，所得朗格缪尔等温线理论最大吸附量为 115.2 mg/g。相比之下，650℃热解温度下 1 mol/L Fe(Ⅱ)改性并球磨 30 min（650F1B30）的磷去除量为 22.2 mg/g，朗格缪尔等温线理论最大吸附量为 37.7 mg/g。因此，磁改性强度增加显著提升了磁性生物炭复合吸附剂的除磷表现。

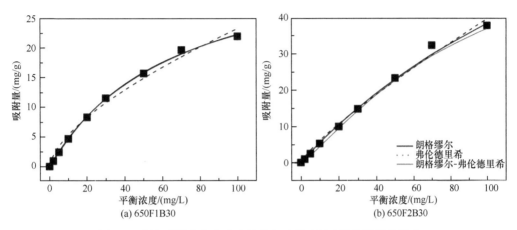

图 5-9　制备磁性生物炭磁改性强度对磷酸根吸附等温线的影响

对本实施例制备的 650F2B30 磁性生物炭复合吸附剂进行 X 射线衍射分析。图 5-10 为本实施例中磁性生物炭复合吸附剂 650F2B30 的 X 射线衍射分析（XRD）图。XRD 显示特征峰分别位于（111）、（220）、（311）、（400）、（511）和（440），属于典型 Fe_3O_4 相。同时还存在少量 Fe_2O_3 和 SiO_2 相（分别以圆形和菱形表示）。

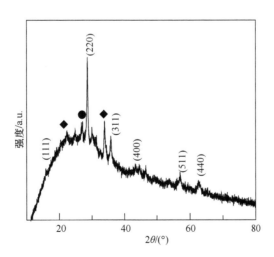

图 5-10　磁性生物炭复合吸附剂的 X 射线衍射分析图

本实施例中磁性生物炭复合吸附剂 650F2B30 在外加磁场作用下可在 15 s 内实现固液分离。该磁性生物炭复合吸附剂特征主要得益于生成的磁性 Fe_3O_4 相。

实施例 4

本实施例中，分别设置了三组不同的球磨时间，以展示不同球磨时间下的效果。

A：步骤（4）中球磨时间 t 为 0 min。

B：步骤（4）中球磨时间 t 为 30 min。

C：步骤（4）中球磨时间 t 为 120 min。

步骤（2）中热解反应温度 T 为 650℃。

步骤（3）中 $Fe(NO_3)_2$ 溶液浓度 C 为 2 mol/L。

分别称取 100 mg 的 650℃ 热解后与 2 mol/L $Fe(NO_3)_2$ 共热解进行球磨 0 min、30 min 和 120 min 制备的磁性生物炭复合吸附剂（分别记为 650F2、650F2B30 和 650F2B120）于两组 50 mL 离心管中，投加剂量为 2.0 g/L。分别在离心管中加入通过稀释配制好的 50 mL 含磷酸根浓度为 100 mg/L 的 KH_2PO_4 溶液，利用 0.1 mol/L 稀 HCl 和稀 NaOH 溶液调节溶液初始 pH 为 6.5。将三组装有固液混合物的离心管同时放入轨道振荡器中，在室温 [（25±1）℃] 下以 80 r/min 速度恒温振荡 3 h。抽取上清液过 0.45 μm 的滤膜进行过滤，利用紫外分光光度法测定上清液中磷酸根的浓度，并计算吸附量和去除率。

本实施例中磁性生物炭复合吸附剂 650F2B120 获得磷的吸附量为 49.5 mg/g，去除率为 99.0%。相比之下，650F2 和 650F2B30 所获得的吸附量分别为 27.9 mg/g 和 38.7 mg/g，去除率分别为 55.8%和 77.4%。因此本实施例筛选 650F2B120 作为除磷效果最佳的磁性生物炭复合吸附剂。

对本实施例制备的磁性生物炭复合吸附剂进行扫描电子显微镜分析。图 5-11 显示为原始杏仁壳生物炭、650F2、650F2B30 和 650F2B120 的扫描电子显微镜分析图（SEM）。图 5-11（a）显示原始杏仁壳生物炭较为光滑并存在大孔径形貌特征。图 5-11（b）显示经过 2 mol/L $Fe(NO_3)_2$ 共热解后的 650F2 表层呈现异质性并具有 Fe_3O_4 晶体包膜。图 5-11（c）和（d）显示 650F2B30 为微粒化的磁性生物炭复合吸附剂，Fe_3O_4 纳米颗粒负载于生物炭颗粒表面，且有较为密集的介孔结构。图 5-11（e）和（f）显示 650F2B120 为微粒化的磁性生物炭复合吸附剂，并具有更为致密的介孔表层和更为均匀的 Fe_3O_4 纳米颗粒分布。因此，650F2B120 表面丰富的铁氧官能团和巨大的比表面积有利于良好的磷吸附性能。

实施例 5

本实施例中，分别设置了三组不同的 $Fe(NO_3)_2$ 溶液浓度，以展示不同 $Fe(NO_3)_2$ 溶液浓度下的效果。

A：步骤（3）中 $Fe(NO_3)_2$ 溶液浓度 C 为 0 mol/L。

B：步骤（3）中 $Fe(NO_3)_2$ 溶液浓度 C 为 1 mol/L。

C：步骤（3）中 $Fe(NO_3)_2$ 溶液浓度 C 为 2 mol/L。

步骤（2）中热解反应温度 T 为 650℃。

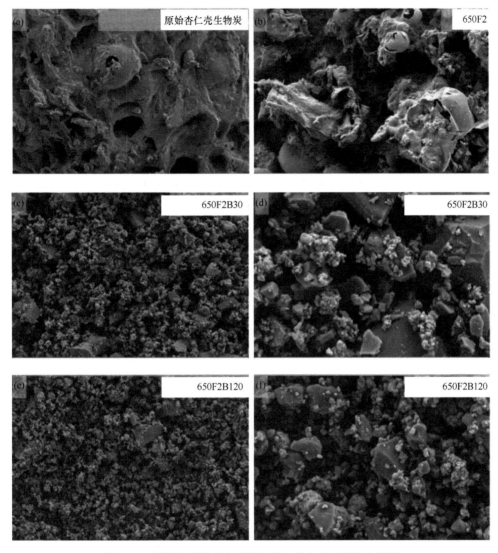

图 5-11　磁性生物炭复合吸附剂的扫描电子显微镜分析图

步骤（4）中球磨时间 t 为 120 min。

分别称取 100 mg 的 650℃热解后与 0 mol/L、1 mol/L、2 mol/L Fe(NO$_3$)$_2$ 共热解并球磨 120 min 制备的磁性生物炭复合吸附剂（分别记为 650B120、650F1B120 和 650F2B120）于三组 50 mL 离心管中，投加剂量为 2.0 g/L。分别在离心管中加入通过稀释配制好的 50 mL 含磷酸根浓度为 100 mg/L 的 KH$_2$PO$_4$ 溶液，利用 0.1 mol/L 稀 HCl 和稀 NaOH 溶液调节溶液初始 pH 为 6.5。将三组装有固液混合物的离心管同时放入轨道振荡器中，在室温［（25±1）℃］下以 80 r/min 速度恒温振荡 3 h。抽取上清液过 0.45 μm 的滤膜进行过滤，利用紫外分光光度法测定上清液中磷酸根的浓度，并计算吸附量和去除率。

本实施例中 650℃ 热解后与 2 mol/L Fe(NO₃)₂ 共热解并球磨 120 min 制备的磁性生物炭复合吸附剂（650F2B120）获得磷的吸附量为 49.5 mg/g，去除率为 99.0%。相比之下，650℃ 热解后无铁改性球磨 120 min（650B120）和 650℃ 热解后与 1 mol/L Fe(NO₃)₂ 共热解并球磨 120 min（650F1B120）所获得的吸附量分别为 28.7 mg/g 和 37.9 mg/g，去除率分别为 57.4% 和 77.4%。因此，该技术筛选 650F2B120 作为除磷效果最佳的磁性生物炭复合吸附剂。

实施例 6

本实施例与实施例 4 制备磁性生物炭复合吸附剂 650F2B120 的方法相同，探究 650℃ 热解后与 2 mol/L Fe(NO₃)₂ 共热解并球磨 120 min 的磁性生物炭复合吸附剂（记为 650F2B120）在不同振摇时间下的吸附效果。称取 100 mg 的 650F2B120 于五组 50 mL 离心管中，投加剂量为 2.0 g/L。在五组离心管中加入通过稀释配制好的 50 mL 含磷酸根浓度为 100 mg/L 的 KH₂PO₄ 溶液，利用 0.1 mol/L 稀 HCl 和稀 NaOH 溶液调节溶液初始 pH 为 6.5。将五组装有固液混合物的离心管放入轨道振荡器中，在室温 [（25±1）℃] 下以 80 r/min 速度分别恒温振荡 0.5 h、1 h、1.5 h、2 h、3 h。抽取上清液过 0.45 μm 的滤膜进行过滤，利用紫外分光光度法测定上清液中磷酸根的浓度，并计算吸附量和去除率。

本实施例中 650F2B120 在 2 h 和 3 h 获得的磷吸附量均为 49.5 mg/g，去除率为 99.0%。相比之下，650F2B120 在 0.5 h、1 h、1.5 h 所获得的吸附量分别为 25.8 mg/g、38.3 mg/g 和 44.2 mg/g，去除率分别为 51.6%、76.6% 和 88.4%。因此该技术中的 650F2B120 对初始浓度为 100 mg/L 磷溶液的吸附在 2 h 起达到平衡，在此之后磷浓度无明显降低。

实施例 7

本实施例与实施例 4 制备磁性生物炭复合吸附剂 650F2B120 的方法相同，探究 650℃ 热解后与 2 mol/L Fe(NO₃)₂ 共热解并球磨 120 min 的磁性生物炭复合吸附剂（记为 650F2B120）在 3 h 振荡时间下的吸附效果。称取 100 mg 的 650F2B120 于 50 mL 离心管中，投加剂量为 2.0 g/L。在离心管中加入通过稀释配制好的 50 mL 含磷酸根浓度为 100 mg/L 的 KH₂PO₄ 溶液，利用 0.1 mol/L 稀 HCl 和稀 NaOH 溶液调节溶液初始 pH 为 6.5。将装有固液混合物的离心管放入轨道振荡器中，在室温 [（25±1）℃] 下以 80 r/min 速度恒温振荡 3 h。抽取上清液过 0.45 μm 的滤膜进行过滤，利用紫外分光光度法测定上清液中磷酸根的浓度，并计算吸附量和去除率。

本实施例中 650F2B120 在 3 h 获得的磷吸附量为 49.5 mg/g，去除率为 99.0%。因此，该技术中的 650F2B120 几乎实现了对高浓度磷溶液中磷的完全去除。

以上所述的所有磁性生物炭复合吸附剂命名方式按照不同热解温度、不同磁改性强度 [以 Fe(NO₃)₂ 浓度代表] 和不同球磨时间如表 5-4 所示。

表 5-4　磁性生物炭复合吸附剂命名及处理方式

命名	热解温度/℃	磁改性强度/[mol Fe(NO₃)₂/L]	球磨时间/min
650F2	650	2	0
650B120	650	0	120
450F1B30	450	1	30
450F1B120	450	1	120
550F1B30	550	1	30
550F1B120	550	1	120
650F1B30	650	1	30
650F1B120	650	1	120
650F2B30	650	2	30
650F2B120	650	2	120

第五节　植酸修饰复合生物炭土壤调理剂制备

一、技术背景

镉（Cd）是一种污染大、毒性强的重金属，在环境中迁移性强，可通过食物链积累，对动植物和人均有不同程度的危害。水稻和玉米是我国主要粮食作物，在我国诸多地区均存在玉米和大米 Cd 超标问题，而人体摄入的 Cd 很大一部分来自于谷物，且很难随着人体代谢排出体外，若 Cd 在人体持续积累会严重损害人体健康。因此，Cd 污染问题受到人们的广泛关注。

生物炭因其来源广泛、价格低廉、有一定吸附效果被广泛应用于土壤重金属污染修复中。然而，生物炭本身表面活性较低，单独使用生物炭对污染农田土壤重金属的吸附效果有限。另外，相较于单一修复材料，配合使用多种修复材料能够显著提升土壤重金属的钝化效果，且能够适用于更多土壤环境。此外，已有生物炭大多使用聚丙烯酰胺或其衍生品等高分子无机材料作为黏结剂，其具有生物毒性，施入土壤后会对土壤微生物和作物等产生一定影响。

二、技术工艺

该技术制备工艺如下：①将农林废弃生物质与植酸溶液混合，通过共沉淀法制得植酸修饰生物质；②将植酸修饰生物质分别进行热解、清洗、烘干和粉碎过筛，制得植酸修饰生物炭；③将植酸修饰生物炭、石灰和壳聚糖混匀过筛后，制得植酸修饰复合生物炭。该技术充分利用植酸和石灰对重金属镉的强吸附作用，通过生物炭大比表面积和发达的孔隙结构为重金属镉的吸附固持提供活性点位，通过壳聚糖将生物炭和石灰颗粒很好地黏结起来，能够对酸性或碱性土壤条件下镉污染进行钝化。该技术可以用于镉污染农田土壤的防控治理。

下述实施例的通用制备过程如下。

如图 5-12 所示，将水稻秸秆预先清洗，切碎过小于 2 mm 筛，60℃下烘干备用。通过共沉淀法，将以上水稻秸秆以质量分数比 $a:b$ 加入植酸（70 wt%）溶液中，在常温下 150 r/min 持续搅拌 t_1 h，静置室温老化时间 t_2 h，然后 60℃下烘干过夜制得植酸修饰生物质。使用管式炉对上述植酸修饰生物质进行热解，制备植酸修饰生物炭，热解温度为 T℃，热解时间为 2 h，升温速率为 5℃/min，通氮速率为 25 mL/min。将上述所得植酸修饰生物炭用去离子水反复洗涤，直至流出液 pH 为 5.5～6，以去除植酸。在 60℃下烘干 24 h，磨碎过小于 0.2 mm 筛。将植酸修饰生物炭和石灰按质量分数比为 $m:n$ 混匀，然后将其与壳聚糖按质量分数比为 $x:y$ 混匀过筛，制得植酸修饰复合生物炭成品。

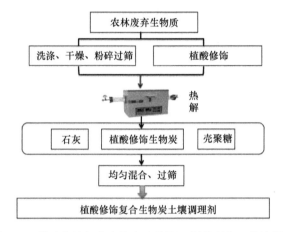

图 5-12　植酸修饰复合生物炭土壤调理剂的制备工艺流程图

三、实　施　效　果

下述实施例通过改变上述步骤中的水稻秸秆与植酸质量分数比（$a:b$）、常温搅拌时间（t_1）、静置室温老化时间（t_2）、热解温度（T），植酸修饰生物炭和石灰质量分数比（$m:n$）及其混合物与壳聚糖的质量分数比（$x:y$），探究不同条件下制备的植酸修饰复合生物炭成品性能。

实施例 1

本实施例中，分别设置水稻秸秆与植酸质量分数比 $a:b=1:2$；常温搅拌时间 $t_1=2$ h，静置室温老化时间 $t_2=22$ h；热解温度 $T=500$℃；植酸修饰生物炭和石灰质量分数比 $m:n=2:1$；其混合物与壳聚糖质量分数比 $x:y=100:1$，最终制得植酸修饰复合生物炭成品 1。

实施例 2

本实施例中，分别设置水稻秸秆与植酸质量分数比 $a:b=1:1$；常温搅拌时间 $t_1=4$ h，静置室温老化时间 $t_2=24$ h；热解温度 $T=300$℃；植酸修饰生物炭和石灰质量分数

比 $m：n=5：1$；其混合物与壳聚糖质量分数比 $x：y=100：5$，最终制得植酸修饰复合生物炭成品2。

实施例3

本实施例中，分别设置水稻秸秆与植酸质量分数比 $a：b=1：5$；常温搅拌时间 $t_1=4$ h，静置室温老化时间 $t_2=24$ h；热解温度 $T=300℃$；植酸修饰生物炭和石灰质量分数比 $m：n=1：1$；其混合物与壳聚糖质量分数比 $x：y=100：1$，最终制得植酸修饰复合生物炭成品3。

通过实施例4和实施例5探究实施例1~3中制备得到的植酸修饰复合生物炭对稻田土壤镉复合污染的钝化效果，具体如下。

实施例4

土壤采集自浙江省嘉兴市桐乡市某稻油轮作农田0~20 cm表层土，土壤经自然风干后过2 mm筛，土壤基本理化性质如表5-5所示。过筛的土壤施加以 $CdSO_4$ 配制的Cd溶液，使外源Cd的含量超过《土壤环境质量 农用地土壤污染风险管控标准（试行）》（GB 15618—2018）Ⅲ级标准（1.5 mg/kg），本实验中外源Cd的含量为1.5 mg/kg。保持田间持水量的80%，培养90 d后，风干、磨碎过2 mm筛，得到供试土壤。

表5-5 供试土壤基本理化性质

测试指标		数值
pH		7.59
有机质/（g/kg）		11.8
CEC/（cmol/kg）		26.36
TP/（g/kg）		0.72
速效磷/（mg/kg）		19.1
Cd/（mg/kg）		0.24
机械组成	砂粒（0.02 mm<d<2 mm）	25.3%
	粉粒（0.002 mm<d<0.02 mm）	53.8%
	黏粒（d<0.002 mm）	20.9%

将植酸修饰复合生物炭与供试土壤充分混匀得到混合土壤，称取5 kg混合土壤放入圆柱形塑料桶内（直径20 cm，高30 cm），该过程的具体处理配制如下：T1，10 kg土+100 g实施例1制备的生物炭；T2，10 kg土+100 g实施例2制备的生物炭；T3，10 kg土+100 g实施例3制备的生物炭；T4，10 kg土+50 g植酸修饰生物炭；T5，10 kg土+50 g普通生物炭；T6，10 kg土+50 g石灰；以不添加任何生物炭为对照（CK）。每个处理3个重复。

培养前设定标准试样，每周向土壤中添加两次去离子水，施加量为所定标准试样达到田间持水量的80%。培养结束后，测定土壤有效态Cd的含量。

如表5-6所示，不同生物炭处理后水稻土有效态Cd均出现不同程度的降低。其中以实施例1制备的植酸修饰复合生物炭对土壤有效态Cd降低的幅度最大，达到60.3%。

通过实施例1～3制备的3种植酸修饰复合生物炭均可以有效地钝化土壤重金属Cd。单独施用植酸修饰生物炭、普通生物炭和石灰能够降低土壤有效态Cd的含量，但处理效果都显著低于植酸修饰复合生物炭，且普通生物炭对土壤有效态Cd的处理效果最差，以上材料处理降低的幅度分别为46.0%、9.5%和34.9%。

表5-6　不同植酸修饰复合生物炭处理对土壤有效态镉含量的影响

处理	有效态Cd含量/（mg/kg）	下降比例/%
CK	0.189	—
T1	0.075	60.3
T2	0.082	56.6
T3	0.091	51.9
T4	0.102	46.0
T5	0.171	9.5
T6	0.123	34.9

实施例5

土壤采集自浙江省丽水市龙泉市某稻油轮作农田0～20 cm表层土；土壤经自然风干后过2 mm筛，土壤基本理化性质如表5-7所示。过筛的土壤施加以$CdSO_4$配制的Cd溶液，使外源Cd的含量超过《土壤环境质量　农用地土壤污染风险管控标准（试行）》（GB 15618—2018）Ⅲ级标准（1.5 mg/kg），本实验中外源Cd的含量为1.5 mg/kg。保持田间持水量的80%，培养90 d后，风干、磨碎过2 mm筛，得到供试土壤。

表5-7　供试土壤基本理化性质

测试指标		数值
pH		5.12
有机质/（g/kg）		22.3
CEC/（cmol/kg）		94.66
TP/（g/kg）		1.06
速效磷/（mg/kg）		53.8
Cd/（mg/kg）		0.304
机械组成	砂粒（0.02 mm<d<2 mm）	71.8%
	粉粒（0.002 mm<d<0.02 mm）	14.9%
	黏粒（d<0.002 mm）	13.3%

将植酸修饰复合生物炭与供试土壤充分混匀得到混合土壤，称取5 kg混合土壤放入圆柱形塑料桶内（直径20 cm，高30 cm），该过程的具体处理配制如下：T1，10 kg土+100 g实施例1制备的生物炭；T2，10 kg土+100 g实施例2制备的生物炭；T3，10 kg土+100 g实施例3制备的生物炭；T4，10 kg土+50 g植酸修饰生物炭；T5，10 kg土+50 g普通生物炭；T6，10 kg土+50 g石灰；以不添加任何生物炭为对照（CK）。每个处理3个重复。

培养前设定标准试样，每周向土壤中添加两次去离子水，施加量为所定标准试样达到田间持水量的 80%。培养结束后，测定土壤有效态 Cd 的含量。

　　如表 5-8 所示，不同生物炭处理后水稻土有效态 Cd 均出现不同程度的降低。其中，以实施例 1 制备的植酸修饰复合生物炭对土壤有效态 Cd 降低的幅度最大，达到 69.3%。通过实施例 1～3 制备的 3 种植酸修饰复合生物炭均可以有效地钝化土壤重金属 Cd。单独施用植酸修饰生物炭、普通生物炭和石灰能够降低土壤有效态 Cd 的含量，但处理效果都明显低于植酸修饰复合生物炭，且普通生物炭对土壤有效态 Cd 的处理效果最差，以上材料处理降低的幅度分别为 51.1%、38.5% 和 57.1%。

表 5-8　不同植酸修饰复合生物炭处理对土壤有效态镉含量的影响

处理	有效态 Cd 含量/（mg/kg）	下降比例/%
CK	0.468	—
T1	0.144	69.3
T2	0.160	65.8
T3	0.172	63.2
T4	0.229	51.1
T5	0.288	38.5
T6	0.201	57.1

　　综合实施例 4 与实施例 5 的研究结果，证明该技术制备的植酸修饰复合生物炭与普通生物炭相比，可以高效地钝化土壤 Cd 污染。

第六章 生态沟渠氮磷高效拦截吸附材料及装置

第一节 高效去除水中氨氮的改性火山岩制备

一、技术背景

水中过量氨氮的存在会引起藻类植物过量生长，进而造成水体富营养化。目前，去除水中氨氮的技术方法有很多，包括化学沉淀法、生物法和吸附法等。化学沉淀法可有效去除含有高浓度氨氮的废水，但其价格较高且会增加污泥含量。生物法的优点是快捷高效、廉价、无副产物，这是其他处理方法所不可比拟的，但其需要培养特定菌种来完成相应工作，且对于高浓度污水处理效果不明显。然而，吸附法可以克服以上缺点，而且具有成本低廉、操作简单、处理效率高、无二次污染等优点，因此被认为是最有前途的去除方法。

近年来，使用复合金属氧化物作为吸附剂（双金属或三金属氧化物）吸附氨氮受到了越来越多的关注。其中，铁锰复合氧化物由于高比表面积及其有能够与特异性吸附离子反应的羟基官能团，因而具有良好的氧化和吸附氨氮的能力。此外，复合物中的氧化铁具有化学稳定性，可通过游离的羟基与氨氮进行配位发生专性吸附。但由于制备所得的铁锰复合氧化物往往呈粉末状，在工程应用中易流失且难实现固液分离，影响出水水质。因此，为了便于实际工程应用，充分发挥铁锰复合氧化物氨氮吸附特性，实现铁锰复合氧化物固定化是其迈向实际工程应用必须克服的难题。

二、技术工艺

该技术将负载有铁锰复合氧化物的改性火山岩投加于待处理的目标水体中，利用火山岩表面的铁锰复合氧化物充分吸附目标水体中的氨氮；吸附完成后，将改性火山岩从目标水体中分离。该技术通过火山岩实现了粉末状铁锰复合氧化物的固定化，使得此类改性吸附材料在实际的工程应用中不易流失，且能够直接应用于地表水的氨氮去除处理。

三、实施效果

实施例 1：改性火山岩的制备

本实施例中，改性火山岩的制备过程如下。

（1）将火山岩过筛成粒径 3～5 mm 的颗粒，用毛刷清洗火山岩颗粒，将残留脏物去除，并用清水反复洗涤至溶液澄清，烘干备用。

（2）配制浓度为 0.075 mol/L 的高锰酸钾（$KMnO_4$）溶液、浓度为 0.225 mol/L 的硫酸亚铁（$FeSO_4 \cdot 7H_2O$）溶液以及浓度为 5 mol/L 的氢氧化钠（NaOH）溶液，存瓶备用。

（3）将火山岩颗粒以 40 g/L 的投加量加入上述高锰酸钾溶液中，对高锰酸钾溶液进行剧烈搅拌，同时加热并维持在 60℃，然后向其中缓慢滴加上述硫酸亚铁溶液以得到混合溶液。最终混合溶液中 Fe 与 Mn 的摩尔比保持在 3∶1。同时两种溶液混合时，需通过加入上述配制好的 NaOH 溶液使得混合溶液始终处于碱性条件，其 pH 维持在 7～8。

（4）两种溶液完全混合后，对形成的悬浮液继续搅拌 2 h，在室温下老化 12 h。

（5）老化完毕后，固液分离倒出上清液得到沉淀的火山岩，但此时负载材料上已经负载有铁锰复合氧化物（FMBO）。然后用去离子水反复洗涤负载材料直至洗涤液 pH 呈中性。再将所得改性的负载材料置于 105℃烘干 4 h，即得到改性火山岩（FMVR）。

实施例 2：改性火山岩去除水中氨氮实验

下面基于实施例 1 制备的 FMVR 材料对目标水体进行氨氮去除。

准确配制 50 mL 氨氮浓度为 10 mg/L、pH 为 7 的 NH_4Cl 溶液于 50 mL 离心管，该溶液作为模拟的目标水体。向离心管中投加 40 g/L 的 FMVR 材料，将离心管置于恒温振荡器中连续振荡 24 h（25℃，120 r/min），利用火山岩表面的铁锰复合氧化物充分吸附目标水体中的氨氮。吸附完成后，固液分离，上清液中的氨氮被去除。

为了测定 FMVR 材料对水中氨氮的去除率和解吸率，取出上清液，经 0.45 μm 滤膜过滤后，测定溶液中剩余氨氮平衡浓度。另外，取吸附饱和后的 FMVR，加入 50 mL 去离子水继续振荡 24 h 测定溶液中氨氮浓度，由此计算解吸率。同时以对应的未改性负载材料作为对照实验。

结果表明，对于未改性的原始火山岩（VR）材料而言，对氨氮的去除率为 20.1%，而经铁锰复合氧化物改性后的火山岩氨氮去除能力得到显著提升，可达 78.5%以上，相比改性之前提高了近 60%，且经过 24 h 的振荡实验溶液仍澄清，可见 FMVR 性质稳定、不易脱附且具有较高的氨氮去除效能。

水处理中，很多材料吸附能力强，但解吸率较大，易造成二次污染。为获得最大氨氮吸附效率和最低的解吸量，选择负载材料时，还应考虑负载材料对氨氮的解吸情况。火山岩的解吸率虽为 18.2%左右，但由于其优良的氨氮吸附能力，解吸后的负载火山岩去除氨氮量仍能达到 70%以上。因此，选取的火山岩是一种优良的 FMBO 负载材料。

对 FMVR 进行表征：取改性前后的火山岩材料，通过氮吸附比表面测量仪测定其布鲁纳–埃默特–特勒法（BET）比表面积、孔体积及平均孔径。选取 FMBO［根据步骤（1）～（4）制备，但不加火山岩负载］、原材料 VR 及 FMVR，干燥后表面喷涂一层金属箔膜，置于 Gemini SEM 300 高分辨率扫描电镜下进行表面形貌观测和能量色散 X 射线（EDAX）能谱分析。

利用扫描电镜观测 FMBO、VR 和 FMVR 放大 10000 倍的图像，分别如图 6-1（a）、

（b）、（c）所示。FMBO 的 SEM 成像结果［图 6-1（a）］显示 FMBO 表面粗糙，呈颗粒状不规则排列，具有丰富的孔隙结构，这些特征使得 FMBO 具有较大的比表面积，可提供大量的吸附位点，保证了其较强的吸附能力；VR［图 6-1（b）］的表面较为光洁，均匀平滑，孔径较大，而经铁锰复合氧化物改性后所得的 FMVR［图 6-1（c）］的表面凹凸不平，大小不均，是由纳米级的球状或片状颗粒紧密且杂乱无序地团聚在一起组成的，并形成了大量的微孔结构。通过 BET 分析得到的火山岩改性前后的相关数据也可以证实这一结论，如表 6-1 所示。

(a)FMBO

(b)VR   (c)FMVR

图 6-1 FMBO、VR 及 FMVR（×10000）扫描电镜图

表 6-1 火山岩改性前后的比表面积、孔体积和平均孔径

材料类型	比表面积/（m²/g）	孔体积/（cm³/g）	平均孔径/nm
VR	6.81	0.016	9.36
FMVR	8.73	0.029	9.84

FMBO、VR 及 FMVR 的 EDAX 图谱如图 6-2 所示。FMBO 主要由 O、Mn、Fe 等元素组成，其中铁锰比符合制备过程中铁锰的投加摩尔比 3∶1；VR 以氧元素与硅元素为主要成分，经铁锰复合氧化物改性负载后，出现了明显的铁元素与锰元素的特征峰，且铁锰比符合 3∶1，表明 FMVR 中铁锰复合氧化物负载于 VR 表面。

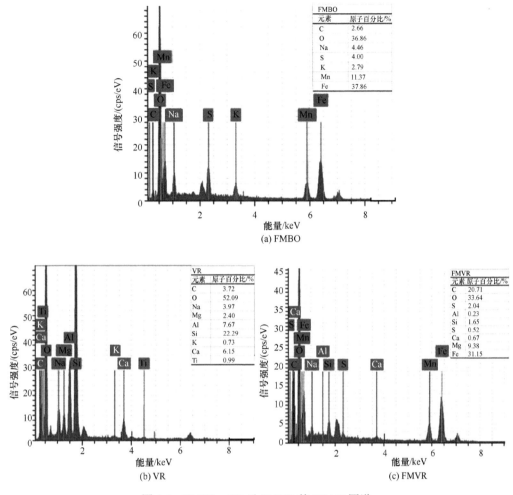

图 6-2 FMBO、VR 及 FMVR 的 EDAX 图谱

实施例 3：静态吸附实验

利用实施例 1 制备的 FMVR 进行静态吸附实验。

1）实验过程

（1）吸附动力学。

准确配制 500 mL 浓度分别为 3 mg/L、5 mg/L 和 10 mg/L 的 NH_4Cl 溶液（pH 为 7）于不同的 500 mL 磨口锥形瓶中，加入 FMVR 改性材料，投加量为 40 g/L，将锥形瓶置于恒温振荡器中连续振荡一定时间（25℃，120 r/min），定时取出上清液，经 0.45 μm 滤膜过滤后，测定溶液中剩余氨氮浓度，进而得到其吸附量。

（2）吸附等温线。

准确配制 40 mL 浓度分别为 0.5 mg/L、1 mg/L、2 mg/L、3 mg/L、5 mg/L、10 mg/L、15 mg/L、20 mg/L、25 mg/L 的 NH_4Cl 溶液于 50 mL 离心管中，加入 FMVR 改性材料 40 g/L 并将离心管置于恒温振荡器中，在不同温度（15℃、25℃、35℃）下以 120 r/min 振荡 24 h 后，取出上清液，经 0.45 μm 滤膜过滤后，测定溶液中剩余氨氮浓度。

（3）初始溶液 pH 的影响。

准确配制一系列浓度为 10 mg/L、pH 为 7 的 NH_4Cl 溶液 40 mL 于不同的 50 mL 离心管中，用 HCl 溶液和 NaOH 溶液调节 pH 为 1～10，分别加入 FMVR 改性材料 40 g/L，将离心管置于恒温振荡器中连续振荡 24 h（25℃，120 r/min），取出上清液，经 0.45 μm 滤膜过滤后，测定溶液中剩余氨氮浓度及此时溶液 pH。

（4）改性材料投加量的影响。

准确配制浓度分别为 10 mg/L、pH 为 7 的 NH_4Cl 溶液 40 mL 于 50 mL 离心管中，FMVR 改性材料投加量分别为 10 g/L、20 g/L、40 g/L、60 g/L、80 g/L、100 g/L，将离心管置于恒温振荡器中，连续振荡 24 h（25℃，120 r/min），取出上清液，经 0.45 μm 滤膜过滤后，测定溶液中剩余氨氮浓度。

（5）粒径大小的影响。

选取粒径分别为 1～3 mm、3～5 mm、5～8 mm、8～12 mm、1～2 cm 的 VR 原材料进行与实施例 1 相同的改性，分别加入多支含有 40 mL 浓度为 10 g/L、pH 为 7 的 NH_4Cl 溶液的 50 mL 离心管中，FMVR 改性材料的投加量均为 40 g/L，将离心管置于恒温振荡器中，连续振荡 24 h（25℃，120 r/min），取出上清液，经 0.45 μm 滤膜过滤后，测定溶液中剩余氨氮浓度。

2）实验结果

（1）吸附动力学结果。

吸附实验中，随吸附时间的增加，吸附量逐渐增大，并逐渐达到吸附平衡。而吸附平衡是动态平衡，是指吸附过程中的吸附量和释放量相等，表现为吸附量不再增加，本实验吸附平衡时间确定为吸附速率在连续的两个时间段相差小于 5%。为获得 FMVR 对氨氮的吸附平衡时间及吸附量，考察了 3 种初始氨氮浓度条件下（3 mg/L、5 mg/L、10 mg/L）吸附时间对吸附过程的影响，结果如图 6-3 所示，FMVR 对氨氮的吸附量随时间变化趋势符合"快速吸附，缓慢平衡"的特点，且溶液中初始氨氮浓度越高，其平衡吸附量越大。但除了平衡吸附量不同之外，初始浓度不同的三种氨氮吸附过程变化趋势相似，因此，氨氮浓度的高低不会显著影响平衡。在吸附过程的前 60 min 内，FMVR 对氨氮的吸附速率较大、吸附量迅速增加；60 min 时，其吸附量达到最大吸附量的 80%左右；60 min 后 FMVR 对氨氮的吸附速率逐渐降低，在 3 h 后吸附基本达到平衡。这将吸附过程分为两个阶段，快速吸附阶段和慢速吸附阶段。快速吸附阶段是由于在吸附初期，FMVR 表面有大量的活性吸附位点，且溶液中氨氮浓度越高，氨氮向 FMVR 内部迁移并进行交换反应的动力越大，使大量氨氮被迅速吸附；慢速吸附阶段是因为随着反应的进行，FMVR 表面的活性吸附位点逐渐减少，同时溶液中可被吸附的氨氮也逐渐减少，从而导致氨氮的吸附速率逐渐降低，最终达到吸附平衡。

为进一步探究 FMVR 对氨氮的吸附行为和可能的动力学机制，采用准一级动力学方程和准二级动力学方程对吸附动力学数据进行拟合，拟合所得的相关参数见表 6-2。

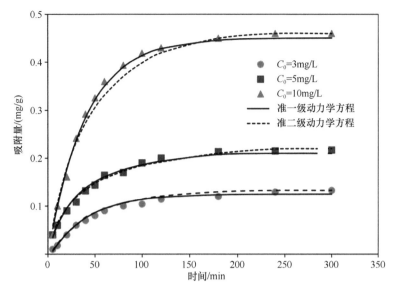

图 6-3　FMVR 对氨氮的吸附动力学

表 6-2　准一级动力学方程和准二级动力学方程的拟合参数

氨氮初始浓度/（mg/L）	准一级动力学方程			准二级动力学方程		
	R^2	q_e/（mg/g）	k_1/min^{-1}	R^2	q_e/（mg/g）	k_2/［g/（mg·min）］
3	0.9629	0.13	0.0132	0.9758	0.17	0.0882
5	0.9296	0.16	0.0113	0.9978	0.24	0.0631
10	0.9879	0.39	0.0157	0.9902	0.57	0.0403

准一级动力学方程：

$$\ln\left(q_e - q_t\right) = \ln q_e - k_1 t$$

准二级动力学方程：

$$\frac{t}{q_t} = \frac{t}{q_e} + \frac{1}{k_2 q_e^2}$$

式中，k_1 为准一级吸附速率常数（min^{-1}）；k_2 为准二级吸附速率常数 ［g/（mg·min）］；q_e 为理论平衡吸附量（mg/g）；t 为吸附时间（min）；q_t 为在时间 t 时吸附剂上的吸附量（mg/g）。

表 6-2 中列出了准一级动力学方程和准二级动力学方程对吸附动力学数据的拟合参数，可以看出，在三种初始氨氮浓度条件下，准二级动力学方程可以更好地描述 FMVR 对氨氮的吸附动力学过程（C_0=3 mg/L，R^2=0.9758；C_0=5 mg/L，R^2=0.9978；C_0=10 mg/L，R^2=0.9902），说明 FMVR 对氨氮的吸附过程受化学吸附控制，吸附剂与吸附质之间存在电子共用或电子转移。此外，随着溶液中初始氨氮浓度的增加，准二级吸附速率常数（k_2）逐渐减小，说明当溶液中初始氨氮浓度较低时，FMVR 对氨氮的吸附速率较快。

（2）吸附等温线结果。

为获得 FMVR 对氨氮的最大吸附量，考察了 3 种温度条件下（288 K、298 K、308 K）不同初始氨氮浓度（0.5～25 mg/L）对 FMVR 吸附去除氨氮过程的影响，结果如图 6-4

所示。在 3 种温度条件下（288 K、298 K、308 K），FMVR 吸附氨氮的含量随着初始氨氮浓度的增加而增加，且平衡浓度越高，增加趋势越慢。这是因为随着初始氨氮浓度的增加，吸附过程溶液中的氨氮浓度梯度增大，故吸附量增大；但平衡浓度越高，FMVR 对氨氮的吸附量也越接近其饱和吸附量，故吸附量的增加趋势变缓。温度增高，FMVR 对氨氮的吸附量呈上升趋势，说明 FMVR 对氨氮的吸附过程属于放热反应。

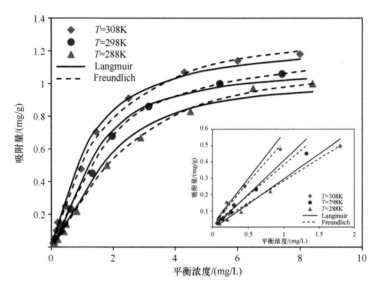

图 6-4　FMVR 对氨氮的等温吸附过程

为考察 FMVR 对氨氮的吸附机理及饱和吸附量，分别采用 Langmuir 吸附等温方程和 Freundlich 吸附等温方程对吸附等温线数据进行拟合，拟合结果见表 6-3。

Langmuir 吸附等温方程：

$$\frac{c_e}{q_e} = \frac{1}{k_L} \times \frac{1}{q_m} + \frac{c_e}{q_m}$$

Freundlich 吸附等温方程：

$$\ln q_e = \frac{1}{n} \ln c_e + \ln k_F$$

式中，c_e 为溶液平衡浓度（mg/L）；k_F 为与吸附亲和力相关的 Freundlich 吸附等温方程常数（L/mg）；k_L 为与吸附能力相关的 Langmuir 吸附等温方程常数（L/mg）；n 为受温度影响的反映吸附强度的常数，其大小与吸附强度和吸附剂表面不均一性有关；q_m 为 Langmuir 单分子层饱和吸附量（mg/g）。

表 6-3　Langmuir 和 Freundlich 吸附等温方程的拟合参数

温度/K	Langmuir 吸附等温方程			Freundlich 吸附等温方程		
	R^2	q_m/（mg/g）	k_L/（L/mg）	R^2	k_F/（L/mg）	n
288	0.8950	1.7622	0.1230	0.9509	0.3209	1.2258
298	0.8753	1.9521	0.2065	0.9666	0.2379	1.1644
308	0.8344	2.1930	0.3534	0.9755	0.2545	1.1267

　　表 6-3 列出了 Langmuir 吸附等温方程和 Freundlich 吸附等温方程对 FMVR 吸附去除氨氮过程的拟合参数。从表中可知，在 3 种温度条件下，Freundlich 吸附等温方程可以更好地描述 FMVR 对氨氮的等温吸附过程（T=288 K，R^2=0.9509；T=298 K，R^2=0.9666；T=308 K，R^2=0.9755）。通常，Langmuir 吸附等温方程描述的是均质表面的单层吸附，Freundlich 吸附等温方程描述的是非均质表面的多层吸附。Freundlich 吸附等温方程比 Langmuir 吸附等温方程更好地拟合了 FMVR 对氨氮的吸附，说明 FMVR 对氨氮的吸附更倾向于多分子层吸附，吸附过程较为复杂，其拟合得到的氨氮最大吸附量随温度的升高而升高（T=288 K，q_m=1.7622 mg/g；T=298 K，q_m=1.9521 mg/g；T=308 K，q_m=2.1930 mg/g），拟合结果与实际实验结果相符。

　　因此，研究了 FMVR 吸附氨氮的吸附热力学，同时应用下列方程计算温度对平衡吸附的影响：

$$\Delta G^0 = -RT \ln K$$

$$\Delta G^0 = \Delta H^0 - T\Delta S^0$$

$$\ln K_d = \frac{\Delta S^0}{R} - \frac{\Delta H^0}{RT}$$

式中，K 为吸附平衡常数，这里使用活度；ΔG^0 为吸附的标准自由能变（kJ/mol）；ΔH^0 为标准吸附热（kJ/mol）；ΔS^0 为吸附的标准熵变值 [J/（mol·K）]；R 为理想的气体常数 [8.314 J/（mol·K）]；T 为绝对温度（K）；K_d 为平衡吸附系数，并且通过氨氮吸附量 q_e 与平衡时相应氨氮浓度 c_e 的比率计算得出；ΔH^0 和 ΔS^0 通过 $\ln K_d$ 对 $1/T$ 作图的斜率和截距计算得出。热力学计算结果如表 6-4 所示。

表 6-4　FMVR 吸附氨氮的热力学参数

温度/K	K_d	ΔG^0/（kJ/mol）	ΔH^0/（kJ/mol）	ΔS^0/ [J/（mol·K）]
288	0.15	4.57	15.73	38.74
298	0.18	4.25		
308	0.23	3.66		

　　ΔG^0 的物理学意义为：摩尔氨氮从单位水中分配到单位基质中的标准自由能变化量，吸附体系 ΔG^0（T=288 K，ΔG^0=4.57 kJ/mol；T=298 K，ΔG^0=4.25 kJ/mol；T=308 K，ΔG^0=3.66 kJ/mol）的正值表明 FMVR 对氨氮的吸附过程不是自发的。随着温度的升高，ΔG^0 逐渐减小，表明温度升高，吸附速度加快，有利于 FMVR 对氨氮的吸附。ΔH^0 的物理学意义为：摩尔氨氮从单位水中分配到单位基质中的标准吸附热，吸附体系 ΔH^0（15.73 kJ/mol）的正值进一步说明 FMVR 吸附氨氮是一个吸热过程。温度升高，使氨氮分子克服 FMVR 表面界膜阻力的能力增加，也促使 FMVR 表面吸附的氨氮分子沿着微孔向其内部迁移，所以聚集在 FMVR 内部及外表面的氨氮分子增多，吸附量增加。此外，ΔS^0 [38.74 J/（mol·K）] 的正值说明在氨氮吸附过程中固液界面的无序增加。

（3）pH 对 FMVR 去除氨氮的影响。

图 6-5 显示了 pH 对 FMVR 吸附氨氮的影响以及吸附后溶液 pH 的变化情况。从图中可以看出，pH 对 FMVR 吸附氨氮的影响较大，在 pH 为 1～7 时，FMVR 对氨氮的吸附能力随着 pH 的增加而增强。当 pH 为 7 时，FMVR 对氨氮的吸附效果最好，去除率最高；继续增加 pH，FMVR 对氨氮的吸附能力呈下降趋势；但在 pH 达到 10 以上时去除率再次提高。吸附后溶液的 pH 与初始溶液 pH 相比，在酸性条件下增加，在碱性条件下降低。总体而言，pH 介于 6～8 时总体吸附效果均较好，该 pH 范围与地表水的 pH 范围基本一致，因此能够直接应用于地表水体的氨氮去除。

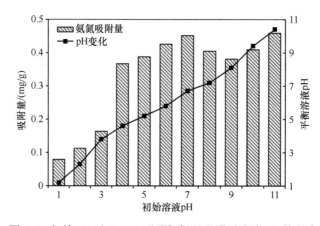

图 6-5 初始 pH 对 FMVR 吸附氨氮及吸附后溶液 pH 的影响

分析原因可能为，pH 较低时，溶液中 H^+ 浓度较高，H^+ 对氨氮的吸附存在竞争效应，且高浓度的 H^+ 会破坏 FMVR 表面结构，从而影响去除率；随着 pH 的增加，FMVR 表面的带正电位点将逐渐被负值取代，使 FMVR 表面与氨氮的亲和力增强，吸附量增加；进一步增加 pH，溶液呈现弱碱性或碱性状态，此时氨氮开始发生部分水解，对 FMVR 吸附氨氮有较大影响。在 pH 为 10 以上时，可在瓶口闻到明显的氨味，离子氨转化为分子态的氨，此时较高的氨氮去除率多半是由于氨气的溢出。吸附后溶液的 pH 呈现相反趋势的现象，这可能是氨氮水解导致的，其在酸性条件下被抑制，而在碱性条件下被强化。

（4）投加量对 FMVR 去除氨氮的影响。

在不同初始氨氮浓度下，FMVR 的投加量对氨氮去除率的影响实验是在 pH 为 7 左右的条件下进行。由图 6-6 可知，在不同浓度下，FMVR 对氨氮的去除率均随着其投加量的增加而增大，达到一定投加量时则趋于平缓。这是由于去除率达到一定程度后，溶液中的氨氮已基本被吸附，剩余氨氮浓度很小，故产生的浓度梯度也很低，很难再被 FMVR 吸附。这也是当溶液氨氮浓度较低时（$C_0=0.5$ mg/L），去除率只能达到 60% 左右的原因。而随着初始氨氮浓度升高（$C_0=2$ mg/L；$C_0=5$ mg/L），氨氮的去除难度加大，因此为达最佳去除率，FMVR 投加量也明显增加。

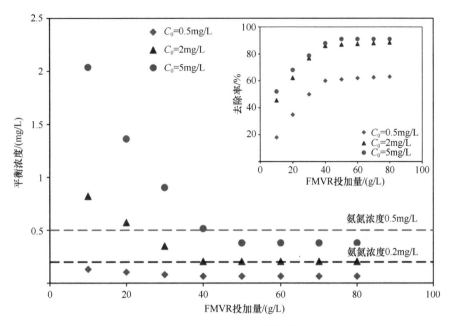

图 6-6 FMVR 投加量对氨氮吸附的影响

FMVR 的投加量与待处理的污水量和污水中氨氮浓度等有关，一般而言，FMVR 投加量越多，净化效果越好，但成本也越高。由于本实验出发点主要为农田沟渠退水等地表径流，所含氨氮浓度较低（Ⅰ～Ⅴ类水氨氮≤ 0.5 mg/L；劣Ⅴ类水氨氮＞2 mg/L），因此，选取 40 g/L 为 FMVR 的最佳处理投加量。

（5）粒径大小对 FMVR 去除氨氮的影响。

用不同目的筛子对 FMVR 进行过筛，选出不同粒径的 FMVR 进行吸附解吸实验，不同粒径的 FMVR 对水中氨氮的吸附效能及其对应解吸率如图 6-7 所示。从图中可知，在本实验研究的粒径范围内，FMVR 对氨氮的去除效能随着粒径的增大逐渐降低，且氨氮去除效能在粒径 1～8 mm 变化不大，粒径为 1～2 cm 的 FMVR 去除氨氮能力最差；而 FMVR 对氨氮的解吸率随着粒径的增大而增大。这可能与其比表面积及孔径大小有关，颗粒越小，比表面积越大，其上负载的 FMBO 越多，越有利于氨氮的吸附，因而

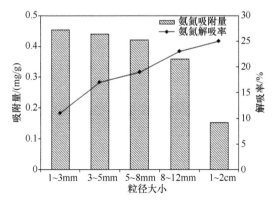

图 6-7 FMVR 粒径大小对氨氮吸附的影响

去除率越高；颗粒越大，其上孔径较大，负载的 FMBO 及氨氮在振荡吸附过程中易剥离进入水体，因而吸附效能差且解吸率高。但颗粒太小，水力阻力加大，易随水流流失，影响出水水质，增加额外成本。综合出水水质和经济成本等多方面考虑，选取 3～5 mm 粒径的 FMVR 为佳。

3）案例

以农田退水处理为例，利用实施例 1 的改性火山岩去除水中氨氮，做法如下。

（1）将负载有铁锰复合氧化物的改性火山岩装于网袋中，然后将网袋投加于沟渠的水面以下位置，利用网袋装的 FMVR 充分吸附目标水体中的氨氮。

（2）吸附完成后，将网袋提出，使得 FMVR 从沟渠水体中分离。

网袋在水中的处理时间大致控制在 5～24 h，过短无法充分吸附，过长容易导致解吸。目标水体中改性火山岩的投加量至少为 40 g/L，考虑成本优选为 40 g/L。

以上实施例只是其中一种较佳的方案，还可以做出各种变化和变型。例如，实施例 1 中的 FMVR 制备过程的参数可以根据需要进行调整，但火山岩是最佳的负载材料，蛭石、沸石、陶粒、麦饭石等负载材料的效果不如火山岩。FMVR 在高锰酸钾溶液中的投加量可以调整，总体而言随着 VR 投加量的增多，FMVR 对氨氮去除效果逐渐降低。当 VR 投加量为 40 g/L 时，FMVR 对氨氮去除效果最好，可达 90%以上；而当 VR 投加量为 160 g/L 时，FMVR 对氨氮去除率不到 50%。但过少的 VR 投加量会导致反应中形成的 FMBO 无法负载到 VR 表面而导致浪费，且达不到经济效用及实际应用工程需要的要求。因此，在制备 FMVR 时 VR 的投加量选择 40 g/L 最佳。

当然，必要时 FMVR 的制备过程也可以不一定要按照实施例 1 的做法制备，只要使 FMBO 稳定负载于 VR 上实现类似吸附效果即可。

第二节　锌/铁层状双金属氢氧化物改性陶粒制备

一、技　术　背　景

水体除磷技术主要包括物理技术、化学技术和生物技术，其在水处理工程应用方面都有较为成熟的发展。其中，化学吸附法在低浓度磷去除中表现出较好的除磷效果，是最简单、最具成本效益的除磷方法，具备地表水磷污染治理的应用潜力。

锌/铁层状双金属氢氧化物具有二维层状结构、相对较弱的层间键合力和巨大的比表面积（20～135 m^2/g），在较宽的 pH 范围内可获得高阴离子交换容量和高 zeta 电势，因此表现出优异的有机和无机磷捕获能力。然而，锌/铁层状双金属氢氧化物存在粉末形态、纳米颗粒团聚和纳米毒性等现象，在直接用于地表水处理时可能产生二次污染。因此，为推广锌/铁层状双金属氢氧化物在工程应用中对地表水磷酸盐污染物的有效处理，亟须提供一种新型的吸附材料制备及应用方法。

二、技 术 工 艺

该技术制备工艺如下：将清洁陶粒加入 $ZnCl_2$ 和 $FeCl_3 \cdot 6H_2O$ 的混合溶液中，在加热条件下搅拌 3~5 h，搅拌过程中维持溶液 pH 为碱性；之后室温静置，固液分离，冲洗固体直至流出液的 pH 呈中性，烘干后得到改性陶粒。该技术制备得到的改性陶粒具有有利于磷酸盐离子交换的特殊金属板层结构，且表面含有大量羟基自由基，可为磷酸盐提供多通道吸附位点；采用的轻质陶粒具有较大的机械强度和表面介孔结构，来源广泛、成本低廉；制备得到的改性陶粒对地表水中磷酸盐的去除能力较好，且具有较强的稳定性及可回收再利用性。

下述实施例通用的制备过程如下。

（1）首先将陶粒用自来水反复洗涤，浸入 1 mol/L HCl 溶液中 24 h，以去除表面杂质；然后用去离子水反复漂洗陶粒直至流出液 pH 达到 7；最后在烘箱中 65℃干燥，得到清洁陶粒。

（2）称取质量 m g 清洁陶粒，与 500 mL 浓度为 C mol/L $ZnCl_2$ 和 0.375 mol/L $FeCl_3 \cdot 6H_2O$ 的混合金属盐溶液在 1000 mL 烧杯中均匀混合。使用磁力搅拌器将清洁陶粒与混合金属盐溶液的固液混合物加热至 80℃，以 300 r/min 转速剧烈搅拌 4 h，并缓慢滴加 5 mol/L NaOH 溶液以调节固液混合物的 pH，使 pH 稳定在 11.0~12.0。之后室温静置，使混合溶液中的固体在重力作用下完全沉淀。

（3）用超纯水冲洗沉淀的固体至流出液 pH 为中性，之后在 65℃鼓风干燥箱烘干 24 h，即得到改性陶粒 An（n 指下述实施例中不同的改性陶粒），将改性陶粒 An 置于常温干燥机中以备使用。

室温下，将 10.0 g 改性陶粒 An 加入 500 mL 浓度为 0.50 mg/L 的 KH_2PO_4 溶液中，振荡 12 h，测定该改性陶粒 An 对磷酸盐的吸附率。

三、实 施 效 果

下述实施例按照控制变量法，分别改变步骤（2）中清洁陶粒质量（m）及 $ZnCl_2$ 溶液浓度（C），从而探究不同条件下制备的改性陶粒对磷酸盐的吸附性能。

实施例 1

本实施例中，分别设置清洁陶粒质量 m = 100 g；$ZnCl_2$ 溶液浓度 C = 0.375 mol/L（即锌和铁的摩尔比为 1∶1），经制备得到改性陶粒 A1。

室温下，将 10.0 g 改性陶粒 A1 加入 500 mL 浓度为 0.50 mg/L 的 KH_2PO_4 溶液中，振荡 12 h，该改性陶粒 A1 对磷酸盐的吸附率达到 79.0%。

实施例 2

本实施例中，分别设置清洁陶粒质量 m = 100 g；$ZnCl_2$ 溶液浓度 C = 0.75 mol/L（即锌和铁的摩尔比为 2∶1），经制备得到改性陶粒 A2。

室温下，将 10.0 g 改性陶粒 A2 加入 500 mL 浓度为 0.50 mg/L 的 KH_2PO_4 溶液中，

振荡 12 h，该改性陶粒 A2 对磷酸盐的吸附率达到 92.0%。

实施例 3

本实施例中，分别设置清洁陶粒质量 $m = 100$ g；$ZnCl_2$ 溶液浓度 $C = 1.125$ mol/L（即锌和铁的摩尔比为 3∶1），经制备得到改性陶粒 A3。

室温下，将 10.0 g 改性陶粒 A3 加入 500 mL 浓度为 0.50 mg/L 的 KH_2PO_4 溶液中，振荡 12 h，该改性陶粒 A3 对磷酸盐的吸附率达到 78.0%。

实施例 4

本实施例中，分别设置清洁陶粒质量 $m = 100$ g；$ZnCl_2$ 溶液浓度 $C = 1.5$ mol/L（即锌和铁的摩尔比为 4∶1），经制备得到改性陶粒 A4。

室温下，将 10.0 g 改性陶粒 A4 加入 500 mL 浓度为 0.50 mg/L 的 KH_2PO_4 溶液中，振荡 12 h，该改性陶粒 A4 对磷酸盐的吸附率达到 75.0%。

实施例 5

本实施例中，分别设置清洁陶粒质量 $m = 150$ g；$ZnCl_2$ 溶液浓度 $C = 0.375$ mol/L（即锌和铁的摩尔比为 1∶1），经制备得到改性陶粒 A5。

室温下，将 10.0 g 改性陶粒 A5 加入 500 mL 浓度为 0.50 mg/L 的 KH_2PO_4 溶液中，振荡 12 h，该改性陶粒 A5 对磷酸盐的吸附率达到 77.0%。

实施例 6

本实施例中，分别设置清洁陶粒质量 $m = 150$ g；$ZnCl_2$ 溶液浓度 $C = 0.75$ mol/L（即锌和铁的摩尔比为 2∶1），经制备得到改性陶粒 A6。

室温下，将 10.0 g 改性陶粒 A6 加入 500 mL 浓度为 0.50 mg/L 的 KH_2PO_4 溶液中，振荡 12 h，该改性陶粒 A6 对磷酸盐的吸附率达到 87.2%。

实施例 7

本实施例中，分别设置清洁陶粒质量 $m = 150$ g；$ZnCl_2$ 溶液浓度 $C = 1.125$ mol/L（即锌和铁的摩尔比为 3∶1），经制备得到改性陶粒 A7。

室温下，将 10.0 g 改性陶粒 A7 加入 500 mL 浓度为 0.50 mg/L 的 KH_2PO_4 溶液中，振荡 12 h，该改性陶粒 A7 对磷酸盐的吸附率达到 77.0%。

实施例 8

本实施例中，分别设置清洁陶粒质量 $m = 150$ g；$ZnCl_2$ 溶液浓度 $C = 1.5$ mol/L（即锌和铁的摩尔比为 4∶1），经制备得到改性陶粒 A8。

室温下，将 10.0 g 改性陶粒 A8 加入 500 mL 浓度为 0.50 mg/L 的 KH_2PO_4 溶液中，振荡 12 h，该改性陶粒 A8 对磷酸盐的吸附率达到 73.0%。

实施例 9

本实施例中，分别设置清洁陶粒质量 $m = 200$ g；$ZnCl_2$ 溶液浓度 $C = 0.375$ mol/L（即锌和铁的摩尔比为 1∶1），经制备得到改性陶粒 A9。

室温下，将 10.0 g 改性陶粒 A9 加入 500 mL 浓度为 0.50 mg/L 的 KH_2PO_4 溶液中，振荡 12 h，该改性陶粒 A9 对磷酸盐的吸附率达到 75.0%。

实施例 10

本实施例中，分别设置清洁陶粒质量 $m = 200$ g；$ZnCl_2$ 溶液浓度 $C = 0.75$ mol/L（即锌和铁的摩尔比为 2∶1），经制备得到改性陶粒 A10。

室温下，将 10.0 g 改性陶粒 A10 加入 500 mL 浓度为 0.50 mg/L 的 KH_2PO_4 溶液中，振荡 12 h，该改性陶粒 A10 对磷酸盐的吸附率达到 83.0%。

实施例 11

本实施例中，分别设置清洁陶粒质量 $m = 200$ g；$ZnCl_2$ 溶液浓度 $C = 1.125$ mol/L（即锌和铁的摩尔比为 3∶1），经制备得到改性陶粒 A11。

室温下，将 10.0 g 改性陶粒 A11 加入 500 mL 浓度为 0.50 mg/L 的 KH_2PO_4 溶液中，振荡 12 h，该改性陶粒 A11 对磷酸盐的吸附率达到 75.5%。

实施例 12

本实施例中，分别设置清洁陶粒质量 $m = 200$ g；$ZnCl_2$ 溶液浓度 $C = 1.5$ mol/L（即锌和铁的摩尔比为 4∶1），经制备得到改性陶粒 A12。

室温下，将 10.0 g 改性陶粒 A12 加入 500 mL 浓度为 0.50 mg/L 的 KH_2PO_4 溶液中，振荡 12 h，该改性陶粒 A12 对磷酸盐的吸附率达到 71.8%。

通过实施例 1～12 制备得到的不同改性陶粒对磷酸盐的吸附效果对比如表 6-5 所示，经分析，通过实施例 2 制备方法得到的改性陶粒 A2 对磷酸盐的去除效果最好。因此，下述实施例均采用实施例 2 中的材料制备方式制备得到锌/铁层状双金属氢氧化物改性陶粒。

表 6-5　实施例 1～12 的磷吸附效果对比

序号	陶粒质量/g	$ZnCl_2$ 浓度 / (mol/L)	$FeCl_3·6H_2O$ 浓度 / (mol/L)	磷酸盐吸附率/%
实施例 1	100	0.375	0.375	79.0
实施例 2	100	0.75	0.375	92.0
实施例 3	100	1.125	0.375	78.0
实施例 4	100	1.5	0.375	75.0
实施例 5	150	0.375	0.375	77.0
实施例 6	150	0.75	0.375	87.2
实施例 7	150	1.125	0.375	77.0
实施例 8	150	1.5	0.375	73.0
实施例 9	200	0.375	0.375	75.0
实施例 10	200	0.75	0.375	83.0
实施例 11	200	1.125	0.375	75.5
实施例 12	200	1.5	0.375	71.8

实施例 13 和实施例 14 分析改性前后陶粒对磷酸盐吸附效果的影响,具体如下。

实施例 13

取 500 mL 浓度为 0.50 mg/L 的 KH_2PO_4 溶液于 1000 mL 烧杯中,加入 10.0 g 未改性陶粒,室温下振荡 12 h 使未改性陶粒与目标水体充分接触,将未改性陶粒从目标水体中分离,然后取水体的上清液检测磷酸盐的浓度,依据 KH_2PO_4 溶液的初始磷酸盐浓度和吸附后剩余磷酸盐浓度,计算得到未改性陶粒对磷酸盐的吸附率为 8.7%。

实施例 14

取 500 mL 浓度为 0.50 mg/L 的 KH_2PO_4 溶液于 1000 mL 烧杯中,加入 10.0 g 改性陶粒,室温下振荡 12 h 使改性陶粒与目标水体充分接触,将改性陶粒从目标水体中分离,然后取水体的上清液检测磷酸盐的浓度,依据 KH_2PO_4 溶液的初始磷酸盐浓度和吸附后剩余磷酸盐浓度,计算得到改性陶粒对磷酸盐的吸附率为 92.0%。

如表 6-6 和图 6-8 所示,与未改性陶粒(比表面积为 15.5 m^2/g)相比,具有巨大比表面积的锌/铁层状双金属氢氧化物纳米片层使改性陶粒的比表面积 S_{BET} 显著增加(比表面积为 52.5 m^2/g)并获得更大孔径(孔径为 7.36 nm),属于介孔范围(2 nm<d<50 nm)。而介孔表面结构有利于吸附过程,可以使改性陶粒的异质性提高,从而为磷酸盐的吸附提供更多的吸附位点。

表 6-6 实施例 13 和实施例 14 中改性前后陶粒的性质对比

序号	样品	性质指标					
		比表面积 / (m²/g)	孔体积 / (cm³/g)	孔径/nm	pH$_{zpc}$	CEC / (mmol/g)	实际堆积密度 / (g/cm³)
实施例 13	未改性陶粒	15.5	0.06	6.45	6.77	6.9±0.1	1.1
实施例 14	改性陶粒	52.5	0.36	7.36	9.10	4.7±0.1	1.0

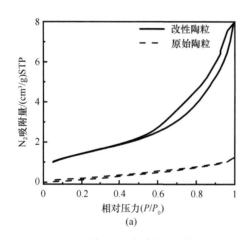
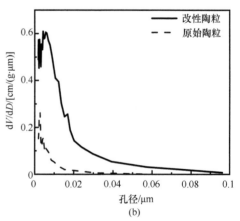

图 6-8 实施例 14 中改性陶粒的比表面积(a)和孔结构(b)图

　　比较未改性陶粒与改性陶粒对磷酸盐的吸附能力，发现改性陶粒具有明显优势，表明锌/铁层状双金属氢氧化物改性显著改善了陶粒对磷酸盐去除的效果，结果如表 6-7 所示。

表 6-7　实施例 13 和实施例 14 中改性前后的陶粒对磷酸盐吸附效果对比

序号	吸附剂	磷酸盐吸附率/%
实施例 13	未改性陶粒	8.7
实施例 14	改性陶粒	92.0

　　如图 6-9 所示，为实施例 14 中的改性陶粒在改性前、改性后和吸附磷酸盐后的扫描电子显微镜图（SEM），从图中可以看出，改性前陶粒表面相对平整，具有网孔通道；改性后陶粒表面密集附着多边叠层板形的 Zn/Fe-LDH 纳米片层，使改性陶粒的表面变得更为粗糙，并出现丰富细孔，表明其异质性的提升，使改性陶粒获得更丰富的离子扩散通道；吸附磷酸盐后，改性陶粒表面出现了花瓣状层状结构的含氧阴离子与双金属组合的 Zn/Fe-P（PO_4）。

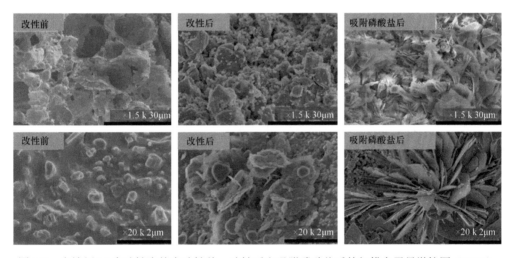

图 6-9　实施例 14 中改性陶粒在改性前、改性后和吸附磷酸盐后的扫描电子显微镜图（SEM）

　　图 6-10 为实施例 14 中的改性陶粒在吸附磷酸盐前后的 X 射线光电子能谱分析（XPS）[（a）～（d）] 和 X 射线能谱分析（EDS）[（e）和（f）]，从图中可以看出，磷酸盐吸附作用包括层间 Cl^- 离子交换、配体交换和静电吸引，进一步说明对磷酸盐的吸附为化学吸附。

　　通过实施例 15 探究不同吸附时间对改性陶粒吸附磷酸盐效果的影响，具体如下。

实施例 15

　　取 500 mL 浓度为 0.50 mg/L 的 KH_2PO_4 溶液于 1000 mL 烧杯中，加入 10.0 g 改性陶粒，室温下振荡 12 h 使改性陶粒与目标水体充分接触，将改性陶粒从目标水体中分离，然后取水体的上清液检测磷酸盐的浓度，依据 KH_2PO_4 溶液的初始磷酸盐浓度和吸附后剩余磷酸盐浓度，计算磷酸盐的吸附率。

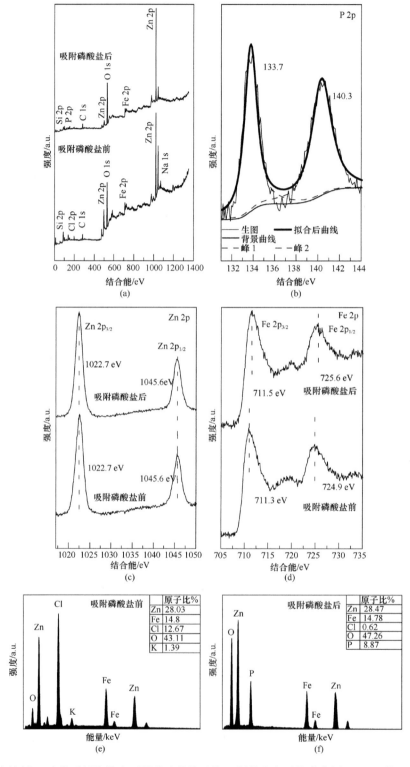

图 6-10　实施例 14 中的改性陶粒在吸附磷酸盐前后的 X 射线光电子能谱分析（XPS）[（a）～（d）] 和 X 射线能谱分析（EDS）[（e）和（f）]

由表 6-8 可知，改性陶粒在加入目标水体并振荡 4 h 后，能够使得目标水体中磷酸盐的浓度低于国家地表水 II 类总磷浓度限值（0.1 mg/L），可满足较高处理需求。

表 6-8　改性陶粒对磷酸盐的吸附时间研究

吸附时间/h	剩余磷酸盐浓度/（mg/L）	磷酸盐吸附率/%	吸附量/（mg/kg）
0.5	0.352	29.7	7.43
1	0.217	56.6	14.2
2	0.148	70.5	17.6
3	0.105	79.0	19.7
4	0.062	87.7	21.9
5	0.048	90.5	22.6
6	0.039	92.3	23.1
7	0.022	95.7	23.9
8	0.021	95.9	24.0
9	0.021	95.7	23.9
10	0.018	96.4	24.1
11	0.017	96.6	24.2
12	0.017	96.6	24.2

为了进一步验证该去除过程的去除机理，采用准一级动力学方程、准二级动力学方程、Elovich 模型和颗粒内扩散模型对去除过程中的吸附动力学实验数据进行拟合。

准一级动力学方程：$Q_t = Q_{\mathrm{cal},1}\left(1 - e^{-k_1 t}\right)$

准二级动力学方程：$Q_t = Q_{\mathrm{cal},2}^2 k_2 t / (1 + Q_{\mathrm{cal},2} k_2 t)$

Elovich 模型：$Q_t = (1/b)\ln(ab) + (1/b)\ln(t)$

颗粒内扩散模型：$Q_t = C + \mathrm{kd}_i t^{1/2}$

式中，t 为吸附时间（h）；Q_t 为在时间 t 时的磷吸附量（mg/kg）；a 为初始吸附量 [mg/（kg·h）]；b 为解吸常数（mg/kg）；C 为截距（mg/kg）；$Q_{\mathrm{cal},1}$ 和 $Q_{\mathrm{cal},2}$ 为准一级动力学方程和准二级动力学方程的理论平衡磷吸附量（mg/kg）；k_1、k_2 和 kd_i 分别为准一级动力学方程（h^{-1}）、准二级动力学方程 [kg /（mg·h）] 和颗粒内扩散模型 [kg /（mg·h$^{0.5}$）] 中的速率常数。

表6-9是吸附动力学模型研究，结合图6-11可以发现，改性陶粒对磷酸盐的去除符合准二级动力学方程（$R^2 = 0.987$），说明改性陶粒对磷酸盐的吸附为化学吸附。

表 6-9　改性陶粒对磷酸盐的吸附动力学研究

模型	参数	单位	数值
准一级动力学方程	$Q_{\mathrm{cal},1}$	mg/kg	23.7
	k_1	h^{-1}	0.73
	R^2	—	0.978
准二级动力学方程	$Q_{\mathrm{cal},2}$	mg/kg	26.9
	k_2	kg/（mg·h）	0.04
	R^2	—	0.987

续表

模型	参数	单位	数值
Elovich 模型	a	mg/（kg·h）	71.7
	b	mg/kg	0.199
	R^2	—	0.941
颗粒内扩散模型	kd_1	kg/（mg·h^{0.5}）	10.4
	C_1	mg/kg	1.95
	R^2	—	0.910
	kd_2	kg/（mg·h^{0.5}）	15.8
	C_2	mg/kg	3.01
	R^2	—	0.983

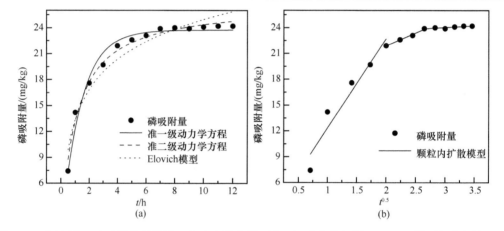

图 6-11　实施例 15 中改性陶粒的准一级动力学方程、准二级动力学方程、Elovich 模型拟合比较（a）和颗粒内扩散模型拟合（b）

图 6-11（b）是颗粒内扩散模型对改性陶粒吸附磷酸盐的拟合，结果表明改性陶粒吸附磷酸盐是一个分步骤的过程，包括表面扩散和颗粒扩散两个连续行为组成，具体过程如下：磷酸盐首先被静电库仑力吸引到改性陶粒的层状双金属氢氧化物金属板层上和层间离子交换区，因此在初始时吸附速率较快。当改性陶粒的外表面达到饱和时，吸附过程转变为扩散阻力较大的内扩散以及结合能较高的配体交换过程，从而导致颗粒扩散速率降低。

通过实施例 16 探究不同浓度磷酸盐对改性陶粒吸附磷酸盐效果的影响，具体如下。

实施例 16

取 500 mL 浓度为 0.1～10.0 mg/L 范围的 KH_2PO_4 溶液于 1000 mL 烧杯中，加入 10.0 g 改性陶粒，室温下振荡 4 h 使改性陶粒与目标水体充分接触，将改性陶粒从目标水体中分离，然后取水体的上清液检测磷酸盐的浓度，依据 KH_2PO_4 溶液的初始磷酸盐浓度和吸附后剩余磷酸盐浓度，计算磷酸盐的吸附率，结果如表 6-10 所示。

对比改性陶粒对不同浓度磷酸盐的吸附效果可知，当目标水体中磷酸盐浓度为 0.1～5.0 mg/L 时，磷酸盐吸附率均高于 90%。

表 6-10　改性陶粒对不同浓度磷酸盐的吸附效果

初始磷酸盐浓度/（mg/L）	磷酸盐吸附率/%	吸附量/（mg/kg）
0.1	92.9	4.65
0.5	92.8	23.2
1.0	92.6	46.3
3.0	91.0	136.5
5.0	90.2	225.6
8.0	86.8	347.4
10.0	83.5	417.4

在吸附平衡研究中，通常采用Langmuir模型、Freundlich模型和Sips模型来描述吸附等温线，具体公式如下。

Langmuir模型：$Q_e = (K_L Q_{cal,\,L} C_e) / (1 + L_L C_e)$

Freundlich模型：$Q_e = K_F C_e^{1/n}$

Sips模型：$Q_e = (K_S Q_{cal,\,S} C_e^i) / (1 + K_S C_e^i)$

式中，Sips 等温线是 Langmuir 和 Freundlich 等温线组合的耦合模型。C_e 为平衡磷浓度（mg/L）；K_L、K_F 和 K_S 为 Langmuir、Freundlich 和 Sips 模型中分别代表的常数（mg/kg）；$Q_{cal,\,L}$ 和 $Q_{cal,\,S}$ 分别为从 Langmuir 和 Sips 方程式推导出的理论最大磷吸附量（mg/kg）；$1/n$ 为异质性指标；i 为 Sips 等温线指数。根据公式评估等温线模型拟合程度。

Langmuir、Freundlich 和 Sips 模型的等温线拟合常数和回归系数列于表 6-11 中，拟合曲线绘于图 6-12 中。拟合结果发现 Sips 模型最能描述等温线数据（$R^2 = 1.000$），表示发生在异质表面的多层吸附主导了吸附过程。从 Freundlich 模型推导的 n 值（为 1.61）大于 1，表明改性陶粒具有良好的磷亲和力。

表 6-11　改性陶粒对磷酸盐的吸附等温线研究

实验吸附量	模型名称	参数 1	参数 2	参数 3	R^2
	Langmuir 模型	$Q_{cal,\,L}=672.6$	$K_L=1.00$	—	0.989
417.4 mg/kg	Freundlich 模型	$n=1.61$	$K_F=318.6$	—	0.999
	Sips 模型	$Q_{cal,\,S}=631.6$	$K_S=1.15$	$i=1.05$	1.000

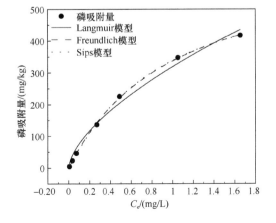

图 6-12　实施例 16 中改性陶粒的 Langmuir 模型、Freundlich 模型和 Sips 模型拟合比较

通过实施例 17 探究不同改性陶粒用量对改性陶粒吸附磷酸盐效果的影响,具体如下。

实施例 17

取 500 mL 浓度为 0.50 mg/L 的 KH_2PO_4 溶液于 1000 mL 烧杯中,加入不同用量的改性陶粒,室温下振荡 4 h 使改性陶粒与目标水体充分接触,将改性陶粒从目标水体中分离,然后取水体的上清液检测磷酸盐的浓度,依据 KH_2PO_4 溶液的初始磷酸盐浓度和吸附后剩余磷酸盐浓度,计算磷酸盐的吸附率,结果如表 6-12 所示。

表 6-12　不同用量改性陶粒对磷酸盐的吸附效果

用量/g	剩余磷酸盐浓度/(mg/L)	磷酸盐吸附率/%
3.0	0.309	38.2
4.0	0.306	38.8
5.0	0.274	45.2
6.0	0.215	57.0
7.0	0.182	63.6
8.0	0.149	70.2
9.0	0.105	79.0
10.0	0.037	92.6
15.0	0.020	96.0
20.0	0.011	97.8

结合图 6-13 和表 6-12 可知,可选择 10.0 g 改性陶粒作为用量,在振荡 4 h 后使处理水磷酸盐浓度低于国家地表水 II 类总磷浓度限值（0.1 mg/L）。

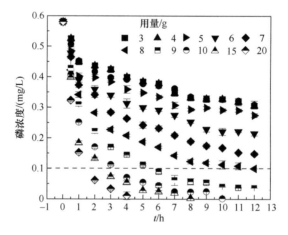

图 6-13　实施例 17 中改性陶粒在不同用量时的磷酸盐吸附率

通过实施例 18 探究不同 pH 对改性陶粒吸附磷酸盐效果的影响,具体如下。

实施例 18

取 500 mL 浓度为 0.50 mg/L 的 KH_2PO_4 溶液于 1000 mL 烧杯中,加入 10.0 g 改性

陶粒，调节 pH 为 2.0～11.0，室温下振荡 4 h 使改性陶粒与目标水体充分接触，将改性陶粒从目标水体中分离，然后取水体的上清液检测磷酸盐的浓度，依据 KH₂PO₄ 溶液的初始磷酸盐浓度和吸附后剩余磷酸盐浓度，计算磷酸盐的吸附率，结果如表 6-13 所示。

表6-13　不同 pH 对改性陶粒吸附磷酸盐效果的影响

pH	磷酸盐吸附率/%
2.0	100
3.0	100
4.0	99.6
5.0	96.8
6.0	95.7
7.0	92.3
8.0	84.9
9.0	79.7
10.0	66.8
11.0	59.8

通过表 6-13 和图 6-14 可知，改性陶粒在 pH 为 2.0～7.0 范围内，磷酸盐吸附率达到90%以上，结果表明改性陶粒对磷酸盐的吸附过程受到 pH 影响，且酸性至中性条件有利于改性陶粒对磷酸盐的吸附。

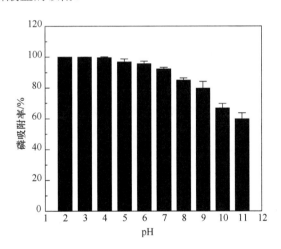

图 6-14　实施例 18 中改性陶粒在不同 pH 时的磷酸盐吸附率

通过实施例 19～22 探究不同共存阳离子对改性陶粒吸附磷酸盐效果的影响，具体如下。

实施例 19

取 500 mL 浓度为 0.50 mg/L 的 KH₂PO₄ 溶液于 1000 mL 烧杯中，加入 10.0 g 改性陶粒，设置共存钙离子（Ca^{2+}）浓度为 10～40 mg/L，室温下振荡 4 h 使改性陶粒与目标水体充分接触，将改性陶粒从目标水体中分离，然后取水体的上清液检测磷酸盐的浓度，

依据 KH_2PO_4 溶液的初始磷酸盐浓度和吸附后剩余磷酸盐浓度，计算磷酸盐的吸附率，结果如表 6-14 所示。

表 6-14　不同共存阳离子对磷酸盐吸附效果的影响

序号	共存离子类型	共存离子浓度/（mg/L）	磷酸盐吸附率/%
实施例 19	Ca^{2+}	10	97.2
		20	99.3
		30	100.0
		40	100.0
实施例 20	Mg^{2+}	10	99.5
		20	100.0
		30	100.0
		40	100.0
实施例 21	Na^+	10	92.9
		20	94.2
		30	91.1
		40	91.2
实施例 22	NH_4^+	10	93.1
		20	93.0
		30	93.9
		40	93.8

实施例 20

取 500 mL 浓度为 0.50 mg/L 的 KH_2PO_4 溶液于 1000 mL 烧杯中，加入 10.0 g 改性陶粒，设置共存镁离子（Mg^{2+}）浓度为 10～40 mg/L，室温下振荡 4 h 使改性陶粒与目标水体充分接触，将改性陶粒从目标水体中分离，然后取水体的上清液检测磷酸盐的浓度，依据 KH_2PO_4 溶液的初始磷酸盐浓度和吸附后剩余磷酸盐浓度，计算磷酸盐的吸附率，结果如表 6-14 所示。

实施例 21

取 500 mL 浓度为 0.50 mg/L 的 KH_2PO_4 溶液于 1000 mL 烧杯中，加入 10.0 g 改性陶粒，设置共存钠离子（Na^+）浓度为 10～40 mg/L，室温下振荡 4 h 使改性陶粒与目标水体充分接触，将改性陶粒从目标水体中分离，然后取水体的上清液检测磷酸盐的浓度，依据 KH_2PO_4 溶液的初始磷酸盐浓度和吸附后剩余磷酸盐浓度，计算磷酸盐的吸附率，结果如表 6-14 所示。

实施例 22

取 500 mL 浓度为 0.50 mg/L 的 KH_2PO_4 溶液于 1000 mL 烧杯中，加入 10.0 g 改性陶粒，设置共存铵根离子（NH_4^+）浓度为 10～40 mg/L，室温下振荡 4 h 使改性陶粒与目标水体充分接触，将改性陶粒从目标水体中分离，然后取水体的上清液检测磷酸盐的浓度，依据 KH_2PO_4 溶液的初始磷酸盐浓度和吸附后剩余磷酸盐浓度，计算磷酸盐的吸附率，结果如表 6-14 所示。

由表 6-14 可知，当 Ca^{2+}、Mg^{2+}、Na^+ 和 NH_4^+ 共存时，改性陶粒对磷酸盐的吸附率均达到 90.0%以上。结果表明，改性陶粒对磷酸盐的吸附受到 Ca^{2+} 和 Mg^{2+} 的促进作用影响，受到 Na^+、NH_4^+ 的影响不明显。

通过实施例 23 和实施例 24 验证改性陶粒的吸附/再生效果，具体如下。

实施例 23

（1）取 500 mL 浓度为 0.50 mg/L 的 KH_2PO_4 溶液于 1000 mL 烧杯中，加入 10.0 g 改性陶粒，室温下振荡 12 h 使改性陶粒与目标水体充分接触，将吸附后的改性陶粒从目标水体中分离。

（2）分离后的改性陶粒用一定量去离子水洗涤 3 次，再加入 150 mL 再生剂进行脱附再生，振荡 1 h 后，测定再生剂溶液中从改性陶粒中洗脱的磷酸盐浓度，计算再生率。

再生剂分别为 5 mol/L NaCl、5 mol/L NaCl+0.1 mol/L NaOH（1∶1 v/v）、0.1 mol/L NaOH 和 0.5 mol/L NaOH。

再生率（Des%）计算方程为

$$Des\% = C_{Des}/(C_0 - C_e) \times 100\%$$

式中，C_{Des} 为再生剂中洗脱的磷酸盐浓度（mg/L）；C_0 和 C_e 分别为初始和平衡磷浓度（mg/L）。

结果如图 6-15（a）所示，5 mol/L NaCl 溶液几乎没有再生的能力（再生率为 0.14%），5 mol/L NaCl+0.1 mol/L NaOH（1∶1 v/v）二元溶液的再生率为 17.03%，效果略微提高，0.1 mol/L NaOH 溶液再生率可达到 96.08%，0.5 mol/L NaOH 溶液再生率可达到 100.0%。由于过高碱浓度可能溶解金属氢氧化物且会造成较高费效比，因此选用 0.1 mol/L NaOH（pH=13.0）作为有效再生剂。

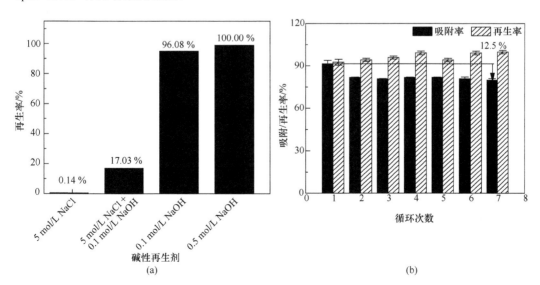

图 6-15 实施例 23 和实施例 24 中对再生剂的预选（a）及改性陶粒吸附/再生循环次数图（b）

实施例 24

（1）取 500 mL 浓度为 0.50 mg/L 的 KH_2PO_4 溶液于 1000 mL 烧杯中，加入 10.0 g 改性陶粒，室温下振荡 12 h 使改性陶粒与目标水体充分接触，将吸附后的改性陶粒从目标水体中分离，然后取 KH_2PO_4 溶液上清液检测磷酸盐的浓度，依据 KH_2PO_4 溶液的初始磷酸盐浓度和吸附后剩余磷酸盐浓度，计算磷酸盐的吸附率。

（2）分离后的改性陶粒用一定量去离子水洗涤 3 次，再加入 150 mL 浓度为 0.1 mol/L 的氢氧化钠溶液（pH=13.0）脱附，振荡 1 h 后，将分离的改性陶粒用水洗涤至中性 pH 后，再次重复上述步骤（1）的吸附过程，并计算再生率。

结果如图 6-15（b）所示，改性陶粒在该吸附/再生操作模式下的重复使用效果较好，重复利用次数大于等于 7 次，磷酸盐吸附率保持在 81.3%以上，再生率保持在 95.0%以上。

通过实施例 25～29 验证改性陶粒对实际地表水的吸附效果，具体如下。

实施例 25

取 500 mL 磷酸盐浓度为 0.50 mg/L 的去离子水配制的 KH_2PO_4 溶液于 1000 mL 烧杯中，加入 10.0 g 改性陶粒，室温下振荡 12 h 使改性陶粒与目标水体充分接触，将吸附后的改性陶粒从目标水体中分离，然后取 KH_2PO_4 溶液上清液检测磷酸盐的浓度，依据 KH_2PO_4 溶液的初始磷酸盐浓度和吸附后剩余磷酸盐浓度，计算得到改性陶粒对磷酸盐的吸附率为 92.5%。

实施例 26

取 500 mL 磷酸盐浓度为 0.50 mg/L 的模拟地表水于 1000 mL 烧杯中，加入 10.0 g 改性陶粒，室温下振荡 12 h 使改性陶粒与目标水体充分接触，将吸附后的改性陶粒从目标水体中分离，然后取 KH_2PO_4 溶液上清液检测磷酸盐的浓度，依据 KH_2PO_4 溶液的初始磷酸盐浓度和吸附后剩余磷酸盐浓度，计算得到改性陶粒对磷酸盐的吸附率为 90.7%。

实施例 27

取 500 mL 磷酸盐浓度为 0.50 mg/L 的实际农业径流水于 1000 mL 烧杯中，加入 10.0 g 改性陶粒，室温下振荡 12 h 使改性陶粒与目标水体充分接触，将吸附后的改性陶粒从目标水体中分离，然后取 KH_2PO_4 溶液上清液检测磷酸盐的浓度，依据 KH_2PO_4 溶液的初始磷酸盐浓度和吸附后剩余磷酸盐浓度，计算得到改性陶粒对磷酸盐的吸附率为 84.5%。

实施例 28

取 500 mL 磷酸盐浓度为 0.50 mg/L 的实际河道水于 1000 mL 烧杯中，加入 10.0 g 改性陶粒，室温下振荡 12 h 使改性陶粒与目标水体充分接触，将吸附后的改性陶粒从目标水体中分离，然后取 KH_2PO_4 溶液上清液检测磷酸盐的浓度，依据 KH_2PO_4 溶液的初始磷酸盐浓度和吸附后剩余磷酸盐浓度，计算得到改性陶粒对磷酸盐的吸附率为 89.2%。

实施例 29

取 500 mL 磷酸盐浓度为 0.50 mg/L 的实际湖泊水于 1000 mL 烧杯中，加入 10.0 g

改性陶粒，室温下振荡 12 h 使改性陶粒与目标水体充分接触，将吸附后的改性陶粒从目标水体中分离，然后取 KH_2PO_4 溶液上清液检测磷酸盐的浓度，依据 KH_2PO_4 溶液的初始磷酸盐浓度和吸附后剩余磷酸盐浓度，计算得到改性陶粒对磷酸盐的吸附率为 89.8%。

实施例 25～29 实验结果如表 6-15 所示。

表 6-15　实施例 25～29 对实际地表水的磷酸盐吸附效果

序号	水样种类	剩余磷酸盐浓度/（mg/L）	磷酸盐吸附率/%
实施例 25	KH_2PO_4 溶液	0.038	92.5
实施例 26	模拟地表水	0.047	90.7
实施例 27	实际农业径流水	0.078	84.5
实施例 28	实际河道水	0.054	89.2
实施例 29	实际湖泊水	0.051	89.8

第三节　同步实现脱氮除磷的拦截转化池构建

一、技　术　背　景

农田沟渠是农业退水汇入河流、湖泊等天然水体的必经通道，因而对农业面源污染的削减起着极为重要的作用。但是由于沟渠截留净化氮磷能力有限，尤其在较大流速条件下沟渠截留净化的效果更差，所以在沟渠适当位置建设拦截转化池是十分必要的。

二、技　术　工　艺

该技术工艺中，同步实现脱氮除磷的拦截转化池与沟渠相连，包括汇水区、吸附拦截区和储水区。其中，汇水区由缓冲调流墙和生态隔离带组成，不仅能减缓水流速度、截留农田退水污泥，减少养分流失，还具有良好的景观效果。吸附拦截区设置炭基填料墙，通过吸附作用、氮磷转化作用来吸附消纳农田退水中的氮磷。该技术可根据需要在沟渠中间隔设置，也可用于退水沟渠末端作为退水调节池，技术装置结构简单、投资省、设置灵活，实现了无动力、无能耗、方便管理的目的，是一种符合我国农村沟渠同步脱氮除磷处理的新工艺。

三、实　施　效　果

同步实现脱氮除磷的拦截转化池如图 6-16 和图 6-17 所示，其呈长方体形状。该拦截转化池的池体设置于常规的农田退水沟渠中部位置，作为水流过程中的消纳池。拦截转化池上设有高于池体底部的进水口和出水口，在本实施例中，拦截转化池的进水口和出水口分别连接外部退水沟渠，退水沟渠的渠底 7 高于池体底部，池内的蓄积容量使得水流在池内有一定的停留时间。池体内部沿水流方向顺次划分为汇水区 1、吸附拦截区 2 和储水区 3，不同的功能区承担不同的作用。其中，吸附拦截区 2 中设有横跨池体断面的炭基填料墙 6，炭基填料墙 6 的底部与池体底部相接，墙体两端连接池体的两个侧壁，使得池体以炭基填料墙 6 为界被划分为两个池体，分别为汇水区 1 和储水区 3。汇水区 1 和储水区 3 之间由于存在炭基填料墙 6，因此被阻隔不直接连通，从汇水区 1 过来的水流需要经过炭基填料墙 6 后方能进入储水区 3。汇水区 1 中设有缓冲调流墙 4 和生态隔离带 5，缓冲调流墙 4、生态隔离带 5 的底部均支撑于池体底部。炭基填料墙 6 承担了主要的脱氮除磷任务，储水区 3 用于调节沟渠水量，可暂时储存少部分沟渠退水。根据沟渠实际情况设置拦截转化池池容大小为 1.5～3 m^3，池底部和边缘用水泥固化。

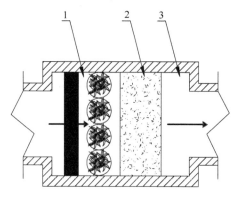

图 6-16　拦截转化池俯视图

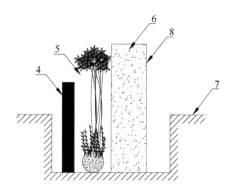

图 6-17　拦截转化池纵剖图

由于农田沟渠中的水流具有一定的流速，特别是在降水产生较大径流时其初始速度较快，直接进入池中一方面容易因为停留时间过短导致处理效率低下，另一方面也会因为流速过大导致池内原本吸附、沉降的污染物被重新冲出。因此，本技术中在进水口后方的池中设置一堵缓冲调流墙 4。缓冲调流墙 4 与水流方向垂直设置并横跨池体断面，正面迎向水流方向。如图 6-18 所示，墙体上开设有若干个过流孔 12。缓冲调流墙厚度为 20～30 cm，顶部位于外部沟渠高度的 2/3 位置，宽度与实际沟渠同宽。缓冲调流墙上均匀布置的过流孔，起到消能作用，减缓水流速度，降低对后续处理单元的冲刷，既能充分利用生态隔离带的拦截去污作用，又能防止底部死水。本实施例中过流孔孔径大小均为 5 cm，过流孔 12 在墙上的分布密度从上到下逐渐减小，使得沉入下方的泥沙不容易重新进入后续环境，以期达到更好的阻隔泥沙以保证尾水清洁度的效果。

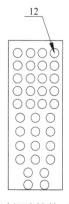

图 6-18　缓冲调流墙的正视图示意图

生态隔离带 5 设置于缓冲调流墙 4 与吸附拦截区 2 之间，包括多个用于种植沉水植物 14 和挺水植物 15 的植生袋 13（图 6-19）。由农田水带来的泥沙和养分通过生态隔离带的阻截，将大部分泥沙留在生态隔离带内，而生态隔离带种植的植物同时可吸收水流中的养分，达到控制农田退水，减少水中养分排放的目的。

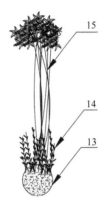

图 6-19　生态隔离带的局部放大示意图

本实施例中，植生袋 13 是以聚丙烯 PP 或聚酯纤维 PET 为原材料，双面熨烫针刺无纺布加工而成的袋子，植生袋 13 内部可以填装植物生长基质，如生态混凝土、卵砾石、砂土等。将植物用植生袋 13 固定，可以保持植物原位生长，避免植物向周围扩散生长堵塞沟渠水道。植生袋 13 单个体积为 0.003～0.005 m³，高度不超过渠底 7。

植生袋 13 中种植的植物可以根据当地条件需要进行选择，尽量增加土著植物比例，并且避免引入湿地植物导致当地现有生态平衡遭到破坏。其中，沉水植物包括但不限于苦草、金鱼藻、狐尾藻、小茨藻；挺水植物包括但不限于芦苇、香蒲、菖蒲、美人蕉。不同植物对养分吸收能力的互补性和对农业面源污染的截留、过滤能力，其功效主要表现在两个方面：一是植物覆盖增加了生态隔离带底部粗糙度，对农田退水起到滞缓作用，调节进入吸附拦截区的水流量；二是有效减少了农田退水中固体颗粒和养分含量，从而成为养分过滤器，改善退水水质。

农田退水中的污染物在生态隔离带 5 中可以被阻截消纳，但是沉淀、植物吸收的过程相对较慢，当处理流量较大的时候无法满足出水要求，因此需要其他的处理工序进行辅助，以保证出水效果。

本实施例中通过在吸附拦截区 2 设置炭基填料墙 6 来实现。炭基填料墙厚度为 40～60 cm、与沟渠同宽，略高于沟渠顶部，使农田水充分接触炭基填料墙，对水中污染物进行吸附沉降。炭基填料墙 6 的外壳采用硬度较大的塑料制成的可移动式多孔框架 8，以便定期取出更换。多孔框架 8 内部中空，且外壁上通过开孔形成透水结构。

框架内部结构如图 6-20 所示，其内腔中在迎水面、出水面和底部分别铺设 2～3 cm 的海绵层 9，必要时可在内腔的各个面上都覆盖海绵层，以防止较小填充颗粒的流失。海绵层 9 之间的空腔中填充有两层不同的填料，其中下部为渗滤层 11，上部为炭基吸附填料层 10。渗滤层 11 可以由不透水的粒装滤料堆叠而成，用于对退水进行渗滤。而炭基吸附填料层 10 则采用炭基的吸附材料，如常规的活性炭等。

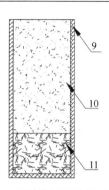

图 6-20　炭基填料墙的剖面示意图

在本实施例中，渗滤层 11 由粒径 3～5 mm 的级配砾石填充，填充高度为炭基填料墙高度的 1/4。级配砾石可优选填充体积比例为 1∶1∶1 的陶粒、砂石和鹅卵石混合组成，具有较好的渗滤除污效果。炭基吸附填料层 10 采用粒径 3～5 mm 的稻壳炭或粒径 5～10 mm 的竹炭，填充高度为炭基填料墙高度的 3/4。两种炭可以单独使用，也可以组合使用，优选为稻壳炭和竹炭混合，且填充的体积比例为 1∶2。当然，两层填料层中具体的填料也可以根据需要进行调整。渗滤层能使水体中的悬浮污染物得到沉降和吸附，炭基吸附填料层可以有效吸收水体中氮磷等富营养化污染物，且停留在炭基填料墙上的氮磷在微生物作用下发生转化，从而提高了农田退水处理效果。

由于在炭基填料墙 6 中，渗滤层 11 位于底部，因此农田退水在吸附拦截区中将呈现水平、垂直复合潜流态。炭基填料墙 6 上部的水流会沿墙体向下流动，污染物在流动过程中被炭基吸附填料吸附，进入渗滤层 11 后开始以水平流形式通过进入后续的储水区 3。农田退水中的污染物首先通过滤料的阻截和筛除作用（分别拦截不同粒径的有机污染物颗粒），再由滤料和滤料中附生的微生物吸附并通过微生物新陈代谢被转化去除。饱和后的炭基材料中吸附了氮磷等营养元素，肥力增强，可以继续农用，作为非食用植物的肥料或土壤改良剂使用，达到资源化利用的目的。

基于上述拦截转化池，可以对农田退水进行拦截转化，而且该拦截转化池可以在农田退水沟渠的不同位置沿程安置多个，作为过程消纳；也可以设置在沟渠的末端，作为尾水调节池。下面详述基于上述拦截转化池对农田退水进行拦截转化的方法，其步骤如下。

（1）在农田退水沟渠的中间或者末端位置开挖拦截转化池，并将沉水植物 14 和挺水植物 15 种植于植生袋 13 上。

（2）将农田退水通过沟渠汇流收集后，从进水口输入拦截转化池中。

（3）利用缓冲调流墙 4 对水流进行消能降速，并使水流沿着过流孔 12，以潜流态形式进入后续的生态隔离带 5 中。

（4）利用生态隔离带 5 中植生袋 13 上种植的沉水植物 14 和挺水植物 15，对农田退水带来的泥沙和养分进行阻截，泥沙沉积于生态隔离带 5 内，而退水中的养分则通过植物进行吸收。

（5）经过生态隔离带 5 初步阻截后的农田退水，进一步通过炭基填料墙 6 进行吸附沉降；农田退水在流动过程中接触炭基吸附填料层 10，使得水体中氮、磷及有机物被炭基吸附填料吸附，再由填料中附生的微生物通过新陈代谢将其转化去除；炭基吸附填料层 10 处的农田退水随着炭基填料墙 6 向下流动，形成垂直流，并经过渗滤层 11 进入储水区 3 中；农田退水在经过渗滤层 11 过程中，污染物被再次过滤和吸收。

（6）储水区 3 中的农田退水通过出口排入后方的农田退水沟渠或其他水体中。

（7）定期取出炭基填料墙 6，并更换其中的炭基吸附填料后重新放入池中，更换出的旧填料，特别是炭基吸附填料可以作为肥料还田。

第四节　嵌入式硝化-反硝化-除磷成套化装置

一、技 术 背 景

目前针对 N、P、COD 去除的单个技术已经较为成熟，但主要应用在饮用水或点源污染处理上，关于农田沟渠退水污染物的去除技术较少，且现有农田退水处理设备存在安装不便、处理污染物单一的缺点。因此，通过一套完整装置实现对 N、P、COD 等多种面源常见污染物质的去除有待发掘。本技术在确保不影响沟渠灌排水功能的前提下，将硝化-反硝化-除磷作为一个整体成套化装置，结构简单，拆装方便，可根据实际情况间隔放置，灵活高效，节省投资，较为实用。

二、技 术 工 艺

该技术装置包括：生物转盘、氮磷快速耦合植生袋、铁锰复合氧化膜、反硝化模块、吸磷介质和折流板。成套化装置呈凹字形跌水结构并安装于沟渠底部。农田退水经过成套化装置时将在折流板的引导下依次通过生物转盘、氮磷快速耦合植生袋、铁锰复合氧化膜、反硝化模块和吸磷介质。该处理装置可大幅削减农田退水中的有机物、沉积物、TN、TP、氨氮、硝态氮和磷酸盐等主要污染物质，优化农田出水水质。将硝化-反硝化-除磷工艺构成一个整体成套化装置，结构简单，拆装方便，可根据实际情况间隔放置，灵活高效，节省投资。

三、实 施 效 果

嵌入式硝化-反硝化-除磷成套化装置如图 6-21 所示。该处理装置的功能核心模块包括生物转盘 1、氮磷快速耦合植生袋模块 2、铁锰复合氧化膜模块 3、反硝化模块 4 和吸磷介质模块 5。农田退水通过生物转盘减缓流速、跌水曝气后依次通过氮磷快速耦合植生袋、铁锰复合氧化膜、反硝化模块、吸磷介质四重协调反应后，进一步去除退水中 COD、氮、磷等污染物。

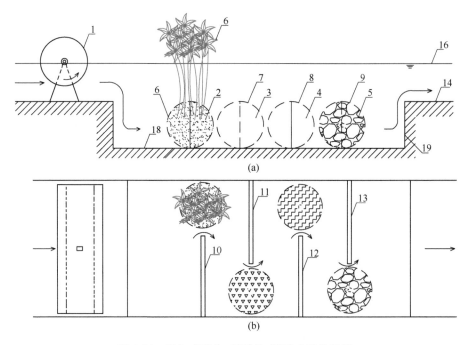

图 6-21　嵌入式硝化−反硝化−除磷成套化装置

1-生物转盘；2-氮磷快速耦合植生袋模块；3-铁锰复合氧化膜模块；4-反硝化模块；5-吸磷介质模块；6-生态袋 A；7-生态袋 B；8-生态袋 C；9-生态袋 D；10-折流板 A；11-折流板 B；12-折流板 C；13-折流板 D；14-渠底；16-水平面；18-装置底部；19-装置凹槽壁

本实施例中，装置整体长 1.5～2.5 m，宽 0.6～1.2 m，高 0.6～1.0 m。该处理装置的横向宽度一般设置为与沟渠宽度接近，通过在沟渠中选择一段进行开挖施工，使得装置能够被嵌入式安装于农田沟渠中。沟渠中的水流从装置入口进入，然后从装置出口排出。处理装置沿水流方向呈三段式设计，其中首尾两段的底部与所安装的沟渠渠底 14 平齐，中间段的高度低于首尾两段，形成凹字形跌水结构。处理装置的中间段与两侧的首段和尾段以垂直式下跌，以尽量增大垂直落差，提高跌水时的增氧量和消能量。本实施例中，装置的中间段与两侧形成了一个长方形的凹槽，装置凹槽壁 19 高为 0.3～0.5 m，装置底部 18 沿水流方向的坡度，也就是倾斜度为 0.3%～0.5%，长度为 0.9～1.2 m。装置底部的坡度能够促使水流在重力作用下自流，无须另外耗能。当然，装置的首段和尾段底部也可以设置相同的坡度。

如图 6-21 所示，生物转盘 1 设于装置的首段，用于对退水进行第一道处理。如图 6-22 所示，生物转盘 1 由多片中心带有转轴 15 的盘片 17 组成，盘片 17 围绕转轴 15 转动，如图 6-23 所示，盘片 17 表面粗糙，使得微生物容易挂膜。生物转盘 1 底座固定于渠底 14，转轴 15 位于水平面 16 附近，生物转盘 1 的盘片 17 以水平面 16 为界上下对半分布。生物转盘 1 的所有盘片 17 形成的宽度与处理装置首段所在流道的宽度一致，即生物转盘 1 基本上覆盖整个流道横截面，保证沟渠退水能完全流经生物转盘 1 后才能进入该处理装置的中间段。由于一般沟渠都具有一定坡度，农田退水流经生物转盘时将带动转盘以一定的线速度不停转动。转盘交替与农田退水和空气不断接触，盘片负载的面源污染拦截基质涂料层经过一段时间会形成生物膜，该生物膜吸附农田退水中的污染物并进

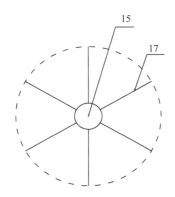

图 6-22　生物转盘局部放大示意图

15-转轴；17-盘片

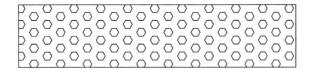

图 6-23　生物转盘盘片放大示意图

行分解。在这一过程中，农田退水不仅可有效降低水流流速并截留泥沙，有利于后续反应进行，而且形成了完整连续的吸附、氧化分解、吸氧循环，有利于污染物的去除。

该处理装置的中间段为一个立方体的凹槽，在凹槽中设有折流板 A10、折流板 B11、折流板 C12、折流板 D13，四块折流板的板面均与水流方向垂直。每块折流板的长度小于凹槽的横截面宽度，使得每块折流板与装置侧壁之间均留有流通通道。相邻的折流板设置于凹槽的不同侧壁上，相邻两块折流板与装置侧壁的流通通道分别位于装置的两侧。因此，从图中可以看出该处理装置的中间段凹槽在四块折流板的导流下形成弓形的水流流道。折流板 A10、折流板 B11、折流板 C12、折流板 D13 侧部的流通通道处分别设有氮磷快速耦合植生袋模块 2、铁锰复合氧化膜模块 3、反硝化模块 4、吸磷介质模块5。每个模块都是用生态袋进行包裹的，以免被水流冲刷散失。生态袋是采用麻袋、土工布等带有网眼的透水材料制成的袋子，不同的功能模块材料装载于袋子中执行不同的功能。下面逐个详述不同模块的具体设置。

氮磷快速耦合植生袋模块 2 由内置于生态袋 A6 中的生态混凝土、碎石和挺水植物组成，碎石具有一定的种类，装在生态袋 A6 中能够起到稳定袋体位置的作用，防止随着水流发生位移，下述的其他袋子中的碎石也起到类似作用。挺水植物栽于生态混凝土上，其顶部伸出生态袋 A6，并高于水平面 16，能够照射到阳光。挺水植物建议采用黄花鸢或美人蕉等，可以利用植物根系对水中污染物进行吸附和吸收，同时这些植物也具有良好的观赏性能。农田退水裹挟着泥沙首先经过盛放挺水植物的氮磷快速耦合植生袋模块 2，水中有机物及 N、P 等元素可首先被植物作为营养基质拦截利用，减少后续处理模块的负荷。植物根系对氧的传递释放，使其周围微环境依次呈现好氧—缺氧—厌氧，通过硝化–反硝化作用及微生物对磷的过量积累作用，达到截留去除部分污染物的目的和效果。铁锰复合氧化膜模块 3 由内置于生态袋 B7 中的多面空心球和碎石组成，其中多面空心球上附着或填充有铁锰复合氧化膜。铁锰复合氧化膜可采用现有技术中的任何方法制备，或采用市售材料复合多面空心球表面。铁锰复合氧化膜为非晶态结构，主要组成元素为铁、锰、钙、氧等，由于其具有较大的比表面积和羟基官能团，因此具有良好的氧化性能和吸附能力，可有效对水中氨氮进行催化氧化作用进而达到去除效果。但由于铁锰复合氧化膜氧化吸附能力有限，未被吸附的氨氮易氧化成硝酸盐和亚硝酸盐进入水中，进而转化为"致癌致畸致突变"的三致物质危害人体健康，因此还要后续进一步处理。反硝化模块 4 由内置于生态袋 C8 中的多面空心球和碎石组成，其中多面空心球上附着有反硝化基质。反硝化基质是一层具有反硝化菌的生物膜或者污泥，可以将多面空心球在经过驯化的具有反硝化菌的污泥中放置一段时间，待其挂膜后取出装于生态袋 C8 中。本实施例中，直接取部分反硝化污泥与多面空心球混合装填于袋内，污泥即可附着、填充在球体的空隙中，在处理过程中多面空心球表面会逐渐挂膜。在其他实施例中，也可以直接取反应器反硝化区内已挂膜的多面空心球填装于袋内。吸磷介质模块 5 由内置于生态袋 D9 中的多面空心球和碎石组成，其中多面空心球上附着或填充有吸磷介质。吸磷介质主要由方解石及其磷酸盐改性产物组成，通过吸附作用去除磷酸盐。方解石是晶体属三方晶系的碳酸盐矿物，成本低廉且易获取，且其吸附磷酸盐后的产物可再次用于水中磷酸盐的去除。方解石磨成粉末后，揉成球形装填于多面空心球内腔，或者磨成粉末后喷涂至多面空心球表面。

　　在本实施例的装置中，生态袋 A6、生态袋 B7、生态袋 C8、生态袋 D9 的体积为 0.003～0.005 m^3，高度不超过渠底 14。折流板 A10、折流板 B11、折流板 C12、折流板 D13 的顶部高度均与渠底 14 平齐，板厚 1～2 cm。处理装置中间段的装置底部 18 及装置凹槽壁 19 均表面粗糙，以便于挂膜，强化对退水的处理。

　　另外，装置的首段和尾段高度与沟渠平齐，因此当沟渠底部具有硬化条件时，可以直接采用沟渠作为装置的首段和尾段，生物转盘等设施可以直接设置在沟渠底部。该成套化装置可根据实际情况在退水沟渠沿线间隔设置多个。

　　上述装置中，生物转盘 1、氮磷快速耦合植生袋模块 2、铁锰复合氧化膜模块 3、反硝化模块 4 和吸磷介质模块 5 应当具有特定的设置顺序，使得农田退水能够被高效净化。生物转盘 1 应当作为第一道处理工序，这是考虑农田退水的特点而优化设计的。由于生物转盘 1 后方的处理工序是以生态袋形式填装的，其抗冲击能力较弱，且处理效率不高，因此需要较低的水流流速和较长的水力停留时间，生物转盘作为第一道处理工序能够对沟渠的水流进行消能，在去除部分污染物、沉降部分泥沙的同时，能够提高水体中的氧含量，减缓水流流速，为后续各模块的处理创造条件。氮磷快速耦合植生袋模块 2 作为第二道处理工序，能够通过根系的吸收和微环境，促使氮磷发生吸收转化，将部分有机物进一步降解为无机物；而退水中原本存在的氨氮以及降解过程中产生的氨氮则被铁锰复合氧化膜氧化去除，并将其余的氨氮氧化为硝态氮，反硝化模块 4 即可利用这些硝态氮进行反硝化脱氮；最终吸磷介质模块 5 对退水中的磷进行去除后，退水中的主要污染物就被基本净化完毕。因此，农田退水经过上述嵌入式硝化-反硝化-除磷成套化装置的协同联合处理，可有效去除水中 COD、N、P 等主要污染物，进而达到调节水质净化效果的目的。

基于上述处理装置的农田退水截留净化技术实施过程如下。

（1）在需要处理农田退水的沟渠中选取一段进行施工开挖，然后将所述处理装置嵌入式安装于沟渠中，装置首尾两段的底部与所安装的沟渠渠底 14 平齐，保持沟渠中的水流完全从装置首段的入口进入，然后从装置尾段的出口排出。

（2）农田退水流经嵌入式硝化-反硝化-除磷成套化装置时，首先流经生物转盘 1，并带动盘片 17 不停转动，盘片 17 交替地与农田退水和空气不断接触，使盘片 17 表面逐渐形成生物膜，通过生物膜吸附农田退水中的污染物并进行分解。同时，经过生物转盘 1 后的农田退水流速降低，沉淀水中的部分悬浮泥沙。

（3）经过生物转盘 1 后的农田退水从所述处理装置的首段进入中间段，利用高低程落差跌水曝气，增加水流中氧含量并起到消能作用，减少对各级处理单元内植物和基质的冲刷。

（4）农田退水通过跌水曝气后经过氮磷快速耦合植生袋模块 2，利用挺水植物吸收水中有机物及营养盐作为养分；同时利用植物根系对氧的传递释放，使其周围微环境依次呈现好氧—缺氧—厌氧，通过硝化-反硝化作用及微生物对磷的过量积累作用，截留去除部分氮磷污染物。

（5）经过氮磷快速耦合植生袋模块 2 的处理后，农田退水进入铁锰复合氧化膜模块 3，利用铁锰复合氧化膜的氧化性能和吸附能力，对水中氨氮进行催化氧化作用进而达到去除效果；未被吸附的氨氮后续被氧化成硝酸盐和亚硝酸盐进入水中。

（6）经过铁锰复合氧化膜模块 3 处理后，农田退水进入反硝化模块 4，并利用反硝化模块中富集的反硝化菌群利用前期产生的硝酸盐和亚硝酸盐作为电子供体进行反硝化作用，把硝态氮还原成氮气。

（7）农田退水通过反硝化模块 4 后经过吸磷介质模块 5，继续对水体中的磷酸盐进行吸附去除。

（8）经过吸磷介质模块 5 处理后的农田退水从所述处理装置的出口排出，继续沿农田沟渠流动。

第五节　田园景观型生态沟渠氮磷拦截系统

一、技　术　背　景

目前，我国已经有大量新建和改造而成的生态沟渠，这些生态沟渠在农田退水拦截处理中起到巨大的作用，但是也存在不容忽视的问题。

（1）普通生态沟渠对氮磷污染物去除效率不高，其主要依靠渠内挺水植物和底泥微生物圈对氮磷污染物进行吸附和吸收，生物多样性单一，生态系统稳定性不足，易受外界环境影响，且由于植物量、接触面积、反应效率和停留时间的限制，氮磷去除率一般维持在30%左右，而且在系统吸附饱和后处理效率还会降低。

（2）普通生态沟渠中吸附、吸收的污染物未能得到有效处置，在暴雨、洪水来临时会将污染物以淋溶或异化的形式反释进入水体和农田，造成二次污染。

（3）普通生态沟渠未能将"田-埂-沟-池-路"作为统一整体，农田的生态功能未能得到有效发挥，且不符合美丽田园和绿色生态廊道的建设需求。

因此，亟须设计一种既能在一定程度上减少农业面源污染对周边水体影响，同时又能提升治理范围内水体环境的景观效果的生态沟渠，从而促进美丽乡村建设和农业绿色发展。

二、技 术 工 艺

该技术是一种田园景观型生态沟渠氮磷拦截系统（图 6-24），包括泥沙缓冲带、生态沟渠单元、拦截转化池和田埂植物栅篱。

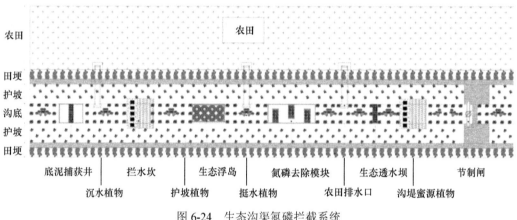

图 6-24　生态沟渠氮磷拦截系统

泥沙缓冲带、生态沟渠单元、拦截转化池沿水流方向顺次设置于连续的沟渠中，而田埂植物栅篱设置于沟渠一侧或两侧的田埂上（图 6-25）。各功能单元可以在现有的农田退水沟渠基础上进行开挖构建，也可以完全重新开挖形成相应的结构，但其本质均是一条具有氮磷拦截功能的生态沟渠。系统中各功能单元具有不同的功能，下面分别对每个功能单元的结构和作用进行详述。

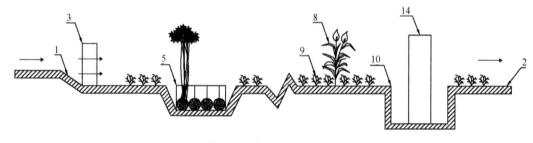

图 6-25　生态沟渠剖面图

泥沙缓冲带布置于沟渠上游，用于对进入系统的水流进行降速，使得泥沙得到沉积，防止堵塞后方的功能单元。泥沙缓冲带的前端沿进水方向设置一个向下的斜坡构成跌水区 1，跌水区斜坡根据实际沟渠尺寸及水流状况设置坡度 1∶1～1∶2，跌水区 1 后方末端连接沟渠的渠底 2，与沟渠底部处于同一平面。跌水区 1 下游垂直水流方向设置缓冲调流墙 3，缓冲调流墙 3 横跨整个沟渠的横截面。水流经过跌水区后，由于水深加大流速放缓，实现了缓冲从而更利于泥沙沉降；跌水区 1 后方垂直水流方向设置缓冲调流墙 3，厚度为 20～30 cm，高为实际沟渠高度的 2/3，宽度与实际沟渠同宽。如图 6-26 所示，缓冲调流墙 3 上均匀布置过流孔 4，过流孔 4 设置为分布密度从上到下逐渐减小的结构，以期达到更好的阻隔泥沙以保证尾水清洁度的效果。缓冲调流墙用于和跌水区跌流形成短暂加速的水流相撞，以消耗掉因跌流产生的动能，使得经过缓冲调流墙的水流速度放缓，均匀流速，这样在跌水区 1 和缓冲调流墙 3 的综合作用下，水流具有深而缓的特点，极大地提高了泥沙的沉降效果；沉降堆积的泥沙可根据实际情况定期清淤去除，防止阻塞沟渠水流流通性。

图 6-26　缓冲调流墙局部放大示意图

　　生态沟渠单元包括嵌入式硝化–反硝化–除磷成套化装置 5 和水生植物群落单元，且嵌入式硝化–反硝化–除磷成套化装置 5 位于上游，水生植物群落单元位于下游。

　　嵌入式硝化–反硝化–除磷成套化装置 5 嵌入沟渠中，用于对农田退水进行脱氮除磷。嵌入式硝化–反硝化–除磷成套化装置 5 是以沟渠为基础继续向下开挖形成的立方体凹槽，因此其装置的底部低于沟渠渠底 2，装置的进水口和出水口与渠底 2 平齐，在进水口位置形成凹字形跌水结构。跌水结构位置可以是垂直跌水也可以是带有一定倾角的斜坡跌水。整个装置底部沿水流方向的坡度，也就是倾斜度为 0.3%～0.5%，该坡度能够促使水流在重力作用下自流，无须另外耗能。

　　成套化装置的池体中设有 4 块折流板，每块折流板的长度小于凹槽的横截面宽度，使得每块折流板与装置侧壁之间均留有流通通道。相邻的折流板设置于凹槽的不同侧侧壁上，相邻两块折流板与装置侧壁的流通通道分别位于装置的两侧。该成套化装置结构组成及不同模块的具体设置已在本章第四节进行了详细描述。

　　在本实施例的成套化装置中，各模块采用的生态袋体积为 0.003～0.005 m³，高度不超过渠底 2。4 块折流板的顶部高度均与渠底 2 平齐，板厚 1～2 cm。成套化装置中间段的装置底部及装置凹槽壁均表面粗糙，以便于挂膜，强化对退水的处理。

　　水生植物群落单元设置于嵌入式硝化–反硝化–除磷成套化装置 5 下游的沟渠中，该单元是基于沟渠本身进行改建的。水生植物群落单元所在的沟渠段边壁上固定有护坡支架 6，护坡支架 6 上密布支架网格 7（图 6-27 和图 6-28）。在支架网格和沟底中可以种植挺水植物 8 和沉水植物 9，增加沟渠动植物多样性，以使该单元形成"水生植物–微型水栖动物–微生物群落"的完善生态圈。当农田退水流经水生植物群落单元时，由于渠底挺水植物和沉水植物的拦挡黏滞作用，水流缓慢而均匀。通过沉淀作用，农田水中的悬浮颗粒物 SS 进一步挟带颗粒有机污染物沉淀、凝聚在渠底和侧壁的水生植物群落和底泥上。底泥中和水中的活性菌胶团、水栖微生物通过较大的比表面积吸附有机污染物并在好氧环境下通过新陈代谢将有机污染物吸收、转化、同化为生物质完成对生化需氧量 BOD 的去除；而水生植物和依附其生长的根际生物圈则通过根系吸附、协同作用吸附水中的含氮污染物和部分含磷污染物，并分别通过硝化反应、反硝化反应、吸磷释磷反应转化为氮气和有机磷完成去除。

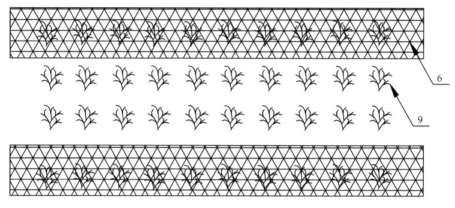

图 6-27　护坡支架示意图

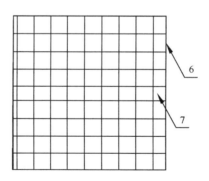

图 6-28　护坡支架局部放大示意图

本实施例中，护坡支架是由柳条或农作物秸秆编制而成的，其支架网格边长为 20～30 cm。

由于农田退水中的污染物通过沉淀、植物吸收进行阻截消纳，过程相对较慢，为了满足其处理流量较大时的出水要求，本实施例中通过在沟渠末端设置拦截转化池 10 进行辅助，从而保证出水效果。拦截转化池 10 设置于嵌入沟渠中，拦截转化池与沟渠相连，拦截转化池 10 底部低于渠底 2，且进水口和出水口与渠底 2 平齐。根据沟渠实际情况设置拦截转化池池容大小为 1.5～3 m³，池底部低于沟渠底部，且池边缘及底部用水泥固化。如图 6-29 和图 6-30 所示，池中分为三个系统，即沿水流方向顺次划分为汇水区 11、吸附拦截区 12 和储水区 13。其中，吸附拦截区 12 中设有横跨池体断面的炭基填料墙 14，汇水区 11 和储水区 13 之间通过炭基填料墙 14 阻隔不直接连通。拦截转化池 10 中通过吸附作用、氮磷转化作用来吸附消纳农田水径流中的氮磷，达到过程拦截、减少氮磷流失的目的。

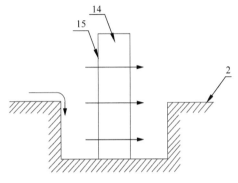

图 6-29　拦截转化池剖面图

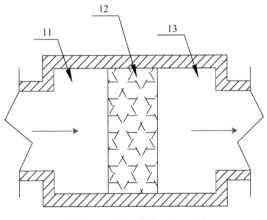

图 6-30　拦截转化池俯视图

炭基填料墙尺寸为长 50 cm、与沟渠同宽、略高于沟渠顶部，以使农田退水充分接触炭基填料墙，对水中污染物进行吸附沉降。炭基填料墙选用硬度较大的塑料制成的可移动式多孔框架作为外壳，以便定期取出更换，其内部结构及炭基填料的具体作用已在本章第三节中进行了详细描述（炭基填料墙的剖面示意图如图 6-20 所示）。

田埂植物栅篱设置于氮磷拦截系统所在沟渠一侧或两侧的田埂上，其底部为铺设于田埂表面的卵石带 19，卵石带 19 上种植有挺水植物 8 和湿地乔灌木 20（图 6-31）。田埂植物栅篱根据沟渠情况设置，建议在较大规模沟渠一侧或两侧的田埂上设置卵石带、挺水植物和湿地乔灌木；在较小规模沟渠一侧或两侧的田埂上仅铺设卵石带和挺水植物。卵石带宽度根据实际沟渠田埂宽度设置 0.3～0.5 m，使用粒径 3～10 cm 卵石铺设，并保持 3%～10% 的坡度，坡度向沟渠一侧倾斜，植物栅篱中的卵石带向外根据需要密植植物。田埂植物栅篱可以作为生态护坡保护沟渠，同时当沟渠水量满溢或洪水到来时，田埂植物栅篱可以与沟渠形成湿地缓冲带，固土防洪并阻止污水外流造成二次污染；在暴雨时，田埂植物栅篱不仅可以通过卵石带和植物根系茎叶的阻拦作用避免暴雨夹带异物进入沟渠造成阻塞或污染，也可以均匀缓冲暴雨水量，保护沟渠系统。田埂植物栅篱和生态沟渠单元组成的伴生系统可以形成较为高等的生态群落，强化农田水处理的同时，还可以形成良好的沿岸生态景观，符合美丽田园和农田绿色生态廊道的建设需求。

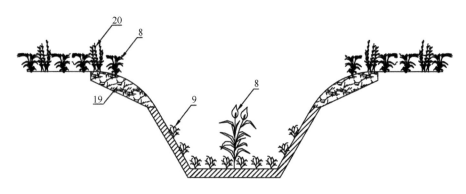

图 6-31　田埂植物栅篱剖面图

　　农田退水经过上述各单元后，其中的泥沙得到有效沉降，而氮磷及有机物等容易导致富营养化的物质也被高效去除，退水可以继续沿沟渠进入其他的水环境中。

　　同时，还可以在生态沟渠两侧修建作为道路的机耕路。机耕路的两旁或一旁构建生态廊道，根据不同的地域确定生态廊道的植物类型、种群结构、株距、带宽、带间距参数：乔木间距一般为 1.5～2 m，两乔木间搭配灌木，在灌木下种植草带，草带宽度为 0.5～1 m，具体根据机耕路的宽度确定；将乔木、灌木、草本植物结合种植，实现生物多样性、兼顾氮磷富集和植物景观经济效果。

　　在整个系统中种植的植物可以根据需要确定。挺水植物包括但不限于芦苇、香蒲、菖蒲、美人蕉；沉水植物包括但不限于苦草、金鱼藻、狐尾藻、小茨藻；草本植物包括但不限于芦苇、香蒲、菖蒲、美人蕉；湿地乔灌木包括但不限于蒲棒、木槿、凤尾兰、紫藤。选种尽量增加土著植物比例并避免引入湿地植物破坏当地现有生态平衡，种植比例根据当地条件确定。

　　生态沟渠单元和田埂中的植物需要在每年秋季进行收割，并通过厌氧堆肥、禽畜喂养、经济植物深加工等将植物进行处置，以防止氮磷污染物释放造成二次污染，同时实现环境经济效益回馈于民。

　　基于上述氮磷拦截系统，可以对农田退水进行拦截净化。而且该氮磷拦截系统中，不同的单元可以如图 6-25 所示设置 1 个，也可以在农田退水沟渠的不同位置沿程设置多个。

　　基于上述氮磷拦截系统对农田退水进行拦截净化的实施步骤如下。

　　（1）将农田通过退水沟渠进行汇流收集后，从泥沙缓冲带输入氮磷拦截系统中。

（2）使水流经过跌水区，利用水深深度的加大和缓冲调流墙 3 的阻隔，消耗农田退水因跌流产生的动能，减缓水流流速，使得泥沙逐渐沉降。

（3）使水流继续流动，进入嵌入式硝化-反硝化-除磷成套化装置 5 中，并在其进水口处利用高低程落差跌水曝气，同时进一步消能；农田退水通过跌水曝气后经过植生袋模块，利用挺水植物吸收水中有机物及营养盐作为养分；同时利用植物根系对氧的传递释放，使其周围微环境依次呈现好氧—缺氧—厌氧，通过硝化-反硝化作用及微生物对磷的过量积累作用，截留去除部分氮磷污染物；经过植生袋模块的处理后，农田水进入铁锰复合氧化膜模块，利用铁锰复合氧化膜的氧化性能和吸附能力，对水中氨氮进行催化氧化作用进而达到去除效果；未被吸附的氨氮后续被氧化成硝酸盐和亚硝酸盐进入水中；经过铁锰复合氧化膜模块处理后，农田退水进入反硝化模块，并利用反硝化模块中富集的反硝化菌群利用前期产生的硝酸盐和亚硝酸盐作为电子供体进行反硝化作用，把硝态氮还原成氮气；农田退水通过反硝化模块后将经过吸磷介质模块，继续对水体中的磷酸盐进行吸附去除；经过吸磷介质模块处理后的农田退水从所述处理装置的出口排出，继续沿沟渠流动进入水生植物群落单元中。

（4）农田退水流经水生植物群落单元时，通过种植于渠底和渠壁上的挺水植物和沉水植物的拦挡黏滞作用，延缓水流流动，使得水中的悬浮颗粒物进一步挟带颗粒有机污染物沉淀、凝聚在渠底和侧壁的水生植物群落和底泥上；利用底泥中和水中的微生物、水生植物吸附、降解氮、磷、有机污染物。

（5）经过水生植物群落单元后的农田退水，继续进入拦截转化池 10 的汇水区 11 中，通过炭基填料墙 14 进行吸附沉降；农田退水在流动过程中接触炭基吸附填料层，使得水体中氮、磷及有机物被炭基吸附填料吸附，再由填料中附生的微生物通过新陈代谢将其转化去除；炭基吸附填料层处的农田退水随着炭基填料墙 14 向下流动，形成垂直流，并经过渗滤层进入储水区 13 中；农田退水在经过渗滤层的过程中，污染物被再次过滤和吸收。

（6）经过拦截转化池 10 处理后的废水，继续沿沟渠流动，进入其他水环境中，用于灌溉或者排入河流湖泊中。

第七章　水体氮磷绿色净化技术

第一节　曝气微循环阶梯式生态微岛构建技术

一、技术背景

近年来，利用水生植物、陆生植物进行水体修复的浮床系统得到广泛关注。生态浮床系统是运用无土栽培技术，以高分子材料为载体和基质，采用现代农艺和生态工程措施综合集成的水面无土种植植物技术。通过植物在生长过程中对水体中氮磷等植物必需元素的吸收利用及植物根系和浮床基质等对水体中悬浮物的吸附作用，富集水体中的有害物质，与此同时，植物根系释放出大量能降解有机物的分泌物，加速有机污染物的分解，使水质得到改善。目前，生态浮床技术虽然经过长期发展得到了极大完善，但事实上生态浮床仍处于试验和示范阶段，在使用中仍然存在景观效果差、服务寿命短、单位造价高等问题和不足。

二、技术工艺

该生态微岛包括生态浮床和供电装置。生态浮床上架有固定支架，供电装置位于固定支架上，供电装置通过底部固定支架的支撑抬高作用完全露出水面；生态浮床包括漂浮区和浸没区，漂浮区包括挺水植物和浮床床体，浸没区包括容器框以及设于容器框内的过滤网、植物屉笼和曝气装置。该技术可实现多阶梯、多层次地处理净化水质，可根据需要增加净化区域，通过抽水泵和出水管将净化后的水流排至河道远处，未处理的水体通过进水管进入净化区，实现了生态浮床利用的最大化。该技术既可用于河道湖泊，又可用于人工湿地，具有良好的推广使用价值。

三、实施效果

如图 7-1（a）所示，供电装置 5 通过底部固定支架的支撑抬高作用完全露出水面；固定支架与生态浮床和供电装置 5 之间都设有固定连接装置，固定连接方式包括铰接、铆接、螺钉连接等。供电装置 5 可采用风力发电机、太阳能发电机、水力发电机中的一种或多种组合。生态浮床包括漂浮区 1 和浸没区 17，漂浮区 1 包括挺水植物 4 和浮床床体，浮床床体上设有若干植物筐 3，植物筐 3 内种植有挺水植物 4，植物筐 3 的一部分位于水下，使其内种植挺水植物 4 的植物根系能接触到水又不至于被水淹没。浮床床体上还设有若干浮子 2，可提升浮床整体浮力，避免沉没。挺水植物 4 可以采用鸢尾、美人蕉等植物量大、根系发达、根茎繁殖能力强、植株优美的植物。

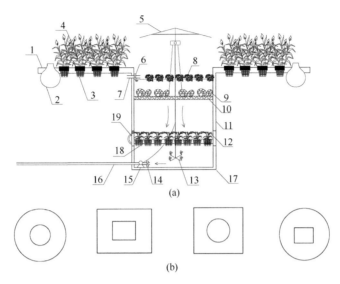

图 7-1　曝气微循环阶梯式生态微岛示意图

1-漂浮区；2-浮子；3-植物筐；4-挺水植物；5-供电装置；6-进水阀；7-进水管道；8-漂浮植物；9-吸附填料；10-过滤网；11-容器框；12-沉水植物；13-曝气装置；14-出水阀；15-抽水泵；16-出水管道；17-浸没区；18-植物屉笼；19-更换口

　　曝气微循环阶梯式生态微岛的浸没区 17 包括容器框 11 以及设于容器框 11 内的过滤网 10、植物屉笼 18 和曝气装置 13。其中，容器框 11 为去顶的中空容器，在侧壁上部设有进水口，下部侧壁或底部设有出水口；容器框 11 可根据需要设置多种形状，如其横截面可为圆形、方形、半圆形等。容器框 11 上部侧壁与漂浮区 1 的浮床床体相连，形成一个剖面形状类似 U 形的整体。容器框 11 上的进水口设有进水管道 7，进水管道 7 上装有控制管路通断和流量大小的进水阀 6。出水口设有出水管道 16，出水管道 16 上设有出水阀 14 和抽水泵 15，出水管道 16 延伸至水体中。出水管道 16 尾部出水口可延伸至距离生态微岛较远处的河体，以便将处理净化的水流排走至远处，未处理的水流通过进水口进入，避免了同样水体重复处理的情况，提高了处理效率和净化效果。出水管道 16 尾部出水口还可连接有曝气喷射装置或跌水造浪装置，进一步对水体进行充氧处理。过滤网 10 固定于容器框 11 内的上部，高度低于进水口，过滤网 10 将其所在高度容器框 11 的横截面积完全覆盖，使得水流必须经过过滤网 10 才能进入下游。在过滤网 10 上固定有若干吸附填料 9，吸附填料 9 包括火山岩、蛭石、沸石、生物炭、活性炭。吸附填料 9 可以装于小孔生态袋中，避免随水流冲刷流失。植物屉笼 18 位于过滤网 10 下方，带有若干种植孔，种植孔中种植有若干沉水植物 12，沉水植物 12 包括苦草、金鱼藻、狐尾藻、黑藻等。植物屉笼 18 将其所在高度容器框 11 的横截面积完全覆盖，使得水流经过植物屉笼 18 才能进入下游。植物屉笼 18 可以固定于容器框 11 内部，但为了便于更换维护沉水植物 12，植物屉笼 18 还可以设置为一种类似抽屉的活动容器。在植物屉笼 18 所在高度的容器框 11 侧壁上开设有更换口 19，植物屉笼 18 可通过更换口 19 在容器框 11 内进出。植物屉笼 18 下方还设有固定于容器框 11 内部的多孔平板或滑道，以便植物屉笼 18 的移动。为了便于植物屉笼 18 移动，在更换口 19 处的植物屉笼 18 侧壁上还可设置有拉手、L 形凹陷等便于取出屉笼的部件。在使用时，植物屉笼 18 边缘与更换口 19 完全契合，为了使容器框 11 在使用时呈密封状态，更换口 19 边缘可设置密封装置，如橡胶圈等。曝气装置 13 位于植物屉笼 18 下方，曝气装置 13 通过固定装置与容器框 11 内部侧壁或过滤网 10 连接固定。供电装置 5 通过防水电线与耗电装置连接供电。浸没区 17 的水平面上种植有漂浮植物 8，漂浮植物 8 包括浮萍、凤眼莲等。

漂浮区 1 与浸没区 17 可采用不同形状的组合连接方式，如图 7-1（b）所示，漂浮区 1 俯视图的外周形状可为圆形、方形等，浸没区 17 俯视图的外周形状可为圆形、方形等。

该曝气微循环阶梯式生态微岛可漂浮在待净化的水体中，如河流、湖泊、池塘、湿地等，基于该阶梯式生态微岛的水体净化方法，包括如下步骤。

（1）水流首先经过漂浮区 1 挺水植物 4 的植物根系净化作用，去除水中部分有机物及营养盐作为养分，同时截留去除部分污染物。

（2）经过漂浮区 1 初步净化作用的水流通过容器框 11 的进水口进入浸没区 17，通过进水阀 6 及出水阀 14 和抽水泵 15 调节进水流量和出水流量，进而控制浸没区 17 水面高度低于进水口。由此，当水流从进水口进入浸没区 17 时，可以实现跌水曝气，增加水流中氧含量并起到消能作用，减少对浸没区 17 内各装置及植物的冲刷扰动。

（3）浸没区 17 水面上种植漂浮植物 8，可利用植物根系作用进一步去除拦截水中污染物。

（4）水流在抽水泵 15 的作用下向下流动，过滤网 10 及其上固定的吸附填料 9 对水流具有拦截吸附作用；过滤网 10 可对水流中垃圾、植物叶片、昆虫残骸等杂物进行截留，同时进一步降低水流速度，增加水力停留时间，使得水中污染物更多地被吸附填料 9 吸附拦截。

（5）水流经过过滤网 10 进入沉水植物区，植物屉笼 18 可根据水质及需要设置多个；由于沉水植物 12 根系主要是厌氧环境，微生物种类较为单一，因此在植物屉笼 18 下方设置曝气装置 13，补充水中溶解氧含量，使沉水植物 12 根系周围微环境呈现好氧—缺氧—厌氧区域，增加根系微生物多样性，通过硝化-反硝化作用及微生物对氮磷的积累作用有效提高水体中氮磷的去除效率，减少富营养化风险。

（6）经过浸没区 17 阶梯式处理的水体通过抽水泵 15 从出水管道 16 排出，出水管道 16 尾部出水口可延伸至距离生态微岛较远处的河体，以便将处理净化的水流排走至远处，未处理的水流通过进水口进入，避免了同样水体重复处理的情况，提高了处理效率和净化效果；出水管道 16 尾部出水口还可连接有曝气喷射装置或跌水造浪装置，进一步对水体进行充氧处理。

第二节　太阳能活水增氧氮磷同步去除技术及装置

一、技术背景

现有的生态塘中的氮磷拦截净化装置生态系统一般较为单一，植物配置种类有限，装置无法根据不同季节实际水位高度进行灵活调整；而且生态塘水循环速度较慢，在非降雨天气基本呈静止状态，水体中氧气含量较少，无法满足水生植物及微生物去除污染物的需求。因此，需要寻求生态净化塘新型原位净化处理装置。

二、技术工艺

该技术工艺如下：沿水流方向，在生态净化塘中依次设置格栅和至少两个氮磷同步去除模块，格栅内部填充有吸附材料，每个氮磷同步去除模块均包括上层脱氮除磷植物笼、下层脱氮除磷植物笼、升降装置、配重底座、第一拦截板、第二拦截板、曝气装置和太阳能供电装置；曝气装置包括曝气机和曝气管线，太阳能供电装置固定于脱氮除磷植物笼上部，通过防水电线与耗电装置连接供电。该技术的装置可以根据实际情况进行植物种类配置，还可以根据不同季节实际沟渠液面高度进行灵活调整，该装置通过太阳能供能储能带动曝气机发电运作，无须外加电源即可增加水体溶解氧含量。

三、实施效果

如图 7-2 所示，格栅 1 为多孔箱形结构，其内部填充有粒径为 2～5 cm 的吸附材料，火山岩、沸石、麦饭石、砾石和活性炭等均可作为吸附材料使用。格栅 1 底部固定于生

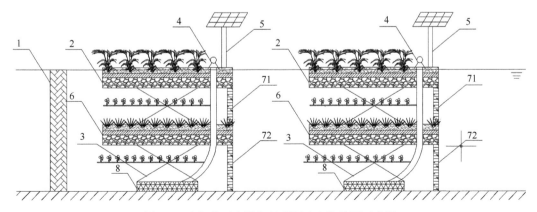

图 7-2　太阳能活水增氧氮磷同步去除装置示意图

1-格栅；2-上层脱氮除磷植物笼；3-升降装置；4-曝气装置；5-太阳能供电装置；6-下层脱氮除磷植物笼；71-第一拦截板；
72-第二拦截板；8-配重底座

态塘底部，其顶部与生态塘上部平齐。每个氮磷同步去除模块均包括上层脱氮除磷植物笼2、下层脱氮除磷植物笼6、升降装置3、配重底座8、第一拦截板71、第二拦截板72、曝气装置4和太阳能供电装置5。其中，上层脱氮除磷植物笼2顶部的高度与水面平齐，并且通过升降装置3与下层脱氮除磷植物笼6固定连接，下层脱氮除磷植物笼6通过升降装置3与配重底座8固定连接，配重底座8固定于生态塘底部。上层脱氮除磷植物笼2和下层脱氮除磷植物笼6均可以通过升降装置3上下移动进行高度调节，上层脱氮除磷植物笼2和下层脱氮除磷植物笼6与升降装置3的固定方式优选采用可拆卸式连接，以便根据需要更换上层脱氮除磷植物笼2和下层脱氮除磷植物笼6。升降装置3可以采用直臂式、曲臂式或者剪叉式，为了提高使用寿命，升降装置3表面可以喷涂防水材料，以延缓水流的侵蚀作用。

上层脱氮除磷植物笼2和下层脱氮除磷植物笼6均为无盖箱体结构，箱体下方的箱面开设若干孔洞，其余箱面封闭不开设孔洞，因此水流仅能从箱体下方的孔洞中流入。箱体内的上部填充有大颗粒植物生长营养基质，下部填充有细颗粒填料和粗颗粒填料的混合填料，该混合填料中细颗粒填料和粗颗粒填料混合均匀。其中，细颗粒填料可以采用粒径为2~4 mm的生物炭、活性炭、钢渣、树脂和海绵铁；粗颗粒填料可以采用粒径为6~8 mm的火山岩、蛭石、沸石、麦饭石和砾石。上层脱氮除磷植物笼2箱体上的孔隙直径应小于其内部填充营养基质、细颗粒填料和粗颗粒填料的粒径。上层脱氮除磷植物笼2的箱体顶部种植挺水植物，如美人蕉和香蒲等，挺水植物的根部延伸至箱体内填充的植物生长营养基质及混合填料中。下层脱氮除磷植物笼6的箱体顶部种植沉水植物，如苦草和黑藻等。沉水植物的根部延伸至箱体内填充的植物生长营养基质及混合填料中，以便汲取养分并帮助混合填料形成生物膜。

沿水流方向，第一拦截板71的上端与上层脱氮除磷植物笼2的尾部下方固定连接，第一拦截板71的下端与下层脱氮除磷植物笼6的尾部上方固定连接，第一拦截板71将上层脱氮除磷植物笼2箱体下部和下层脱氮除磷植物笼6箱体上部之间的水流完全拦截。第二拦截板72的上端与下层脱氮除磷植物笼6的尾部下方固定连接，第二拦截板72的下端与生态塘底部固定连接。也就是说，水流只能通过上层脱氮除磷植物笼2和下层脱氮除磷植物笼6流经该处理装置。而且，第一拦截板71和第二拦截板72在垂直水流方向上的板面高度均可调节。当调节上层脱氮除磷植物笼2和下层脱氮除磷植物笼6的高度时，第一拦截板71和第二拦截板72同样可以起到完全阻挡作用，使水流只能通过上层脱氮除磷植物笼2和下层脱氮除磷植物笼6流经该处理装置。

曝气装置4包括曝气机和曝气管线，曝气装置固定于上层脱氮除磷植物笼2箱体上方，为了避免进水损坏机器可以使用防水外壳固定密封。曝气管线的一端从曝气机中伸出，另一端固定于配重底座8，而且曝气管线的长度应不小于氮磷同步去除装置所处生态塘的深度，以保证上下调整上层脱氮除磷植物笼2高度时，水流仍旧能够在竖直方向上充分曝气。太阳能供电装置5固定于上层脱氮除磷植物笼2箱体上部，通过防水电线与耗电装置连接供电。

在实际应用时，该处理装置在雨水丰沛期时可以沿水流方向在生态塘中设置多个，并且通过调节升降装置的高度，使不同高度的水流得到充分处理。在雨水枯竭期时，也可以仅保留一组氮磷同步去除模块甚至仅保留一层脱氮除磷植物笼，拆除多余脱氮除磷植物笼以节约成本。也就是说，该技术的处理装置可以根据需要灵活组配。

基于上述处理装置的氮磷截留净化步骤如下。

水流首先流经格栅1，通过其中填充的吸附材料，不仅对生态塘中的垃圾、植物叶片和昆虫残骸等大颗粒污染物进行拦截，还通过吸附材料的吸附性能对水中氮磷等污染物进行初步吸附处理，同时降低了水流速度，增加了水力停留时间，减少了水流对后续装置内植物和基质的冲刷。各用电装置通过防水线路与太阳能供电装置5连接，利用太阳能供电装置5进行供电。

格栅1拦截缓冲后的生态塘水流由于第一拦截板71和第二拦截板72的阻隔作用，进入上层脱氮除磷植物笼2和下层脱氮除磷植物笼6处理区域，通过调节升降装置3，使上层脱氮除磷植物笼2和下层脱氮除磷植物笼6分别对不同深度的水流进行脱氮除磷处理，具体过程如下。

（1）由于上层脱氮除磷植物笼2和下层脱氮除磷植物笼6中填充了粒径大小不同的混合填料，填料之间形成的孔隙通道有所延长，因此，可以增加水流在填料间的水力停留时间，增强填料对水流中氮磷等污染物的去除作用。

（2）上层脱氮除磷植物笼2和下层脱氮除磷植物笼6内种植的植物在光照条件下进行光合作用和有氧呼吸，通过植物根系作用去除拦截水中污染物。同时，植物根系利用吸附的有机物及营养盐作为植物生长养分，增加了氮磷的利用率。由于生态塘水流速较慢，在非降雨天气基本呈静止状态，水体中溶解氧含量较少，植物根系主要是厌氧环境，微生物种类较为单一，因此通过曝气装置4的曝气充氧作用，使植物根系周围微环境呈现好氧、缺氧和厌氧区域，增加根系微生物多样性，提高脱氮除磷性能。

（3）水流不断流经上层脱氮除磷植物笼2和下层脱氮除磷植物笼6箱体中填充的混合填料，会在不同区域的填料表面逐渐形成不同的生物膜，曝气装置4的曝气扰动会对水体进行充氧作用，因此刚进入上层脱氮除磷植物笼2和下层脱氮除磷植物笼6水体中的溶解氧含量较高，该区域填料表面的生物膜中的微生物处于好氧环境，此时主要进行硝化反应和好氧吸磷作用；随着水体逐渐进入填料中，水体中溶解氧含量逐渐降低，该区域填料表面的生物膜中的微生物处于缺氧环境，此时主要进行亚硝化反应；当水体在混合填料中继续流动时，水体中溶解氧逐渐消耗殆尽，该区域填料表面生物膜中的微生物处于厌氧环境，此时主要进行反硝化反应。

在实际应用中，可以根据需要调节不同氮磷同步去除模块曝气装置4的曝气量大小，使进入上层脱氮除磷植物笼2和下层脱氮除磷植物笼6中水流的溶解氧浓度不同，实现填料表面好氧环境、缺氧环境和厌氧环境的区域大小的不同，从而使填料表面附着的微生物群落有所差异，水流中氮磷去除更加充分。上述的好氧环境、缺氧环境和厌氧环境区域大小的配比可以根据目标工艺,通过室内模拟试验取得相应的结果,以支撑其在实际工程中的应用。

第三节　基于光定向转化的水体除磷技术及装置

一、技术背景

现有的拦截净化装置主要通过物理吸附、微生物或植物吸收等过程实现对农业径流中磷素的去除,无法及时有效去除不同形态磷素。同时,被拦截的磷素无法得到回收利用,因此,寻求新型高效除磷装置,对农业径流中磷素的有效去除以及磷素的资源化利用具有重要意义。

二、技术工艺

该技术工艺如下:沿水流方向,在沟渠中依次设置格栅、太阳能供电装置、光转化模块、传感器模块和回收模块。光转化模块包括折流板、紫外灯、挡板、升降装置;回收模块包括收集箱、波纹管、回收箱、闸门、真空泵;传感器模块用于测量磷酸盐浓度、浊度和密度,控制挡板的升降、闸门和真空泵的启闭;太阳能供电装置通过防水电线向用电装置供电。本装置可以根据不同季节沟渠水位高度进行灵活调整,该装置基于光定向转化并依托太阳能带动用电装置运作,无须外加电源即可实现水体磷素的去除和回收。

三、实施效果

如图 7-3 所示,格栅 5 为多孔箱形结构,垂直于水流方向的格栅表面为多孔表面。格栅 5 底部固定于沟渠底部,其顶部保持与沟渠顶部平齐,格栅 5 的宽度与沟渠宽度相同,确保沟渠排水能完全流经格栅 5,通过格栅 5 的机械截留过程,沟渠排水中垃圾碎片、枯枝落叶、泥沙碎石等较大粒径杂物得以减少,水流速度下降,减缓了水流与杂物对后续光转化模块的冲击。

光转化模块包括光转化模块顶板 11、光转化模块箱体 14、挡板 12、折流板 2、紫外灯 3、升降装置 7-1、控制单元 8-1,太阳能供电装置 1 为光转化模块供电。其中,光转化模块顶板 11 顶部高度与沟渠顶部平齐,箱体光转化模块 14 为无底座箱体结构,控制单元 8-1 固定于顶板下方,通过接收信号控制升降装置 7-1,挡板 12 与升降装置 7-1 相连,挡板 12 可以通过升降装置 7-1 上下滑轨移动,挡板 12 与升降装置 7-1 的固定方式优先采用可拆卸式连接,以便根据需要更换挡板 12。为提高使用寿命,升降装置 7-1 与控制单元 8-1 表面可以涂防水材料,以减缓沟渠排水对材料的腐蚀作用。

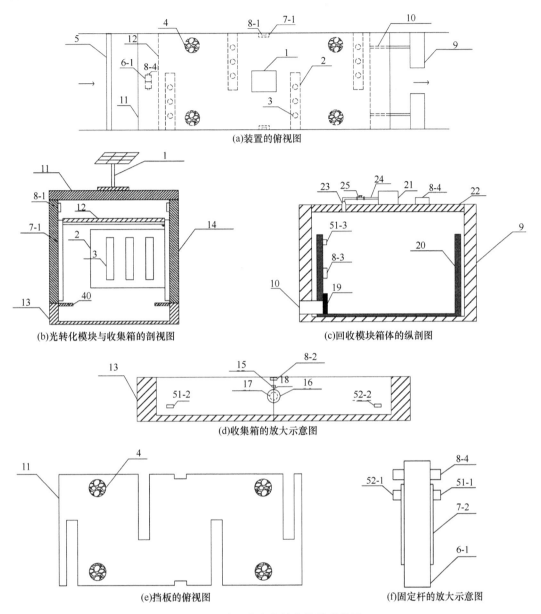

图 7-3　基于光定向转化的除磷装置

1-太阳能供电装置；2-折流板；3-紫外灯；4-土工布；5-格栅；6-1-固定杆；7-1、7-2-升降装置；8-1、8-2、8-3、8-4-控制
单元；9-回收模块箱体；10-波纹管；11-光转化模块顶板；12-挡板；13-收集箱；40-遮板；14-光转化模块箱体；15-调节装
置；16-闸门；17-出口；18-细绳；19-升降闸门；20-回收箱；21-真空泵；22-回收模块箱体顶盖；23-宝塔接头；24-软管；
25-电动三通阀门；51-1、51-2、51-3-液位监测仪；52-1、52-2-检测仪

　　挡板 12 表面开设孔洞，开设的孔洞包括方孔和圆孔，其中，开设的方孔用于确保
升降过程中挡板 12 能顺利通过折流板、在升降装置上平滑移动，其余表面不开设孔洞。
土工布 4 固定于挡板 12 表面圆孔处，因此水流仅能通过表面的孔洞流入。土工布 4 填
充有粗颗粒填料和细颗粒填料的混合填料。其中，粗颗粒填料可以采用粒径为 5～8 mm
的陶粒、沸石和砾石；细颗粒填料可以采用粒径为 2～4 mm 的高炉矿渣、钢渣和电石

渣。该混合填料中粗、细颗粒填料混合均匀，使得形成颗粒态的污染物能够被土工布 4 截留而不会随水流流至挡板 12 的上方。

回收模块包括收集箱 13、回收模块箱体 9、波纹管 10、调节装置 15、闸门 16、出口 17、细绳 18、升降闸门 19、回收箱 20、真空泵 21、回收模块箱体顶盖 22、宝塔接头 23、软管 24、电动三通阀门 25。如图 7-3（d）所示，收集箱 13 为无顶箱体结构，固定于沟渠底部，其顶部与光转化模块箱体 14 固定连接，固定方式优先采用可拆卸式连接。沿水流方向，收集箱 13 靠近回收模块箱体 9 一侧的表面开设出口 17，波纹管 10 与出口 17 固定相连，连接处喷涂防水材料，防止沟渠排水渗出。闸门 16 可通过调节装置 15 封堵和开启出口 17，调节装置 15 固定于出口上方，通过细绳 18 与闸门 16 连接，通过接收控制单元 8-2 信号控制闸门 16 启闭。控制单元 8-2 固定于调节装置上方。

回收模块箱体 9 固定于沟渠底部，与收集箱 13 通过波纹管 10 连接，其底部与收集箱 13 底部保持平齐。回收箱 20 为无顶箱体结构，放置于回收模块箱体 9 内部，与波纹管 10 连接。回收模块箱体顶盖 22 可灵活拆卸，以便根据需要更换回收箱 20。真空泵 21 固定于回收模块箱体顶盖 22 表面，与嵌于回收模块箱体顶盖 22 的宝塔接头 23 通过软管 24 连接。软管穿过电动三通阀门 25，可受电动三通阀门 25 控制。控制单元 8-4 可通过信号控制真空泵 21、电动三通阀门 25 的运行。升降闸门 19 固定于回收箱 20 内侧孔洞上部，控制单元 8-3 通过控制升降闸门 19 的上下移动，控制回收箱 20 内侧孔洞的启闭。固定于回收箱内侧的液位监测仪 51-3 可接收回收箱 20 液位信号。

传感器模块由测量单元和控制单元组成。其中，测量单元包括检测仪和液位监测仪，控制单元用于控制挡板 12、检测仪 52-1、液位监测仪 51-1 和升降闸门 19 的升降。检测仪 52-1、液位监测仪 51-1 安装于固定杆 6-1 上，检测仪 52-1、液位监测仪 51-1 安装于收集箱内侧表面，液位监测仪 51-3 安装于回收箱内侧表面。

太阳能供电装置 1 固定于光转化模块顶板 11 上表面，通过防水电线向耗电装置供电。

在实际应用时，该装置可以根据不同季节沟渠水位灵活设置，如在夏季沟渠水位处于高水位时，内嵌有紫外灯的折流板可以沿水流方向设置多个，使沟渠排水得到充分处理。在冬季沟渠水位处于低水位时，也可以仅保留两个内嵌有紫外灯的折流板甚至拆除折流板以节约成本，也就是说，本发明的装置可以根据需要灵活安装拆卸。

基于上述装置在去除农田排水磷素中的使用方法，其步骤如下。

利用格栅 5 对沟渠排水中垃圾碎片、枯枝落叶、泥沙碎石等沟渠水中较大粒径杂物进行拦截，降低了沟渠排水流速，延长了水力停留时间，减少了水流对后续光转化模块的冲击。太阳能供电装置 1 通过防水电线向各用电装置供电。

布设于固定杆 6-1 的液位监测仪 51-1、检测仪 52-1 对经过格栅 5 拦截后的排水进行检测，当液位监测仪 51-1 未监测到水位信号时，控制单元 8-4 通过升降装置 7-2 调整液位监测仪 51-1、检测仪 52-1 的位置，使得检测仪 52-1 能够检测到位于低水位沟渠排水的磷酸盐、浊度、密度，经过格栅 5 拦截以及液位监测仪 51-1、检测仪 52-1 的检测后，沟渠排水缓缓进入光转化模块箱体 14，通过折流板 2、紫外灯 3 的作用以及挡板 12 的升降，光转化模块对沟渠排水磷素进行去除，具体过程如下。

（1）由于在光转化模块箱体 14 中交叉设置了多个折流板 2，沟渠排水流经光转化模块箱体 14 后，通过折流板 2 的阻挡作用，增加了沟渠排水在光转化模块箱体 14 中的停留时间，延长了紫外灯 3 对水流的处理时间。

（2）紫外灯 3 对流入光转化模块箱体 14 的沟渠排水进行紫外光照射处理，在紫外光照射下，沟渠排水中细颗粒态磷能够转化为大颗粒态磷，同时，紫外光能够将沟渠排水中有机磷矿化为无机磷酸盐。新形成的大颗粒态磷能够随水流在折流板 2 的阻挡中逐渐沉降至收集箱 13，同时，紫外光矿化过程产生的无机磷酸盐能够吸附于沟渠排水中细颗粒，在紫外光照射下也能转化为大颗粒态磷并沉降至收集箱 13。当固定于收集箱 13 内侧的检测仪 52-2 检测到浊度、密度均高于检测仪 52-1 的检测值时，控制单元 8-1 通过控制升降装置 7-1，使挡板 12 向下移动，以便大颗粒态磷加速沉降至收集箱 13，在土工布的拦截作用下，大颗粒态磷未随排出的水流流出。因此通过紫外灯 3 的作用，沟渠排水中磷素迁移能力下降，并且不断转化为大颗粒态磷，经挡板 12 的移动集中沉降至收集箱 13，实现对沟渠排水磷素的去除。

光转化模块将沟渠排水中磷素转化大颗粒态磷后，回收模块中收集箱 13 对大颗粒态磷进行收集，固定于收集箱内侧的液位监测仪 51-2 对收集箱 13 内悬浮液水位进行监测。控制单元 8-2 能够对调节装置 15 进行控制，从而通过控制细绳 18 启闭闸门 16。当闸门 16 开启后，波纹管 10 成为大颗粒态磷从收集箱 13 转移至回收箱 20 的通道。通过固定于回收模块箱体顶盖 22 的控制单元 8-4 开启真空泵 21，并调整电动三通阀门 25 保持气流在宝塔接头 23 和真空泵 21 之间流畅，进而实现回收模块箱体 9 呈真空状态，促使大颗粒态磷从收集箱 13 至回收箱 20 的转移，回收模块对收集箱中大颗粒态磷的回收过程具体如下。

（1）当挡板 12 到达升降装置 7-1 最底部时，设置在收集箱 13 两侧表面的遮板 40 对挡板 12 上的土工布 4 贴紧闭合，控制单元 8-2 通过控制调节装置 15 拉起细绳 18 开启闸门 16。同时，控制单元 8-4 通过开启真空泵 21 开关，并调整电动三通阀门 25，使得宝塔接头 23 和真空泵 21 保持连通状态，在压差的作用下，使得聚集收集箱 13 的悬浊液通过波纹管 10 进入回收箱 20 中。

（2）当收集箱内侧表面液位监测仪 51-2 未能监测到水位信号时，控制单元 8-4 关闭真空泵 21。同时，控制单元 8-3 降下升降闸门 19，封堵回收箱内侧孔洞，确保不发生回流；控制单元 8-4 调整电动三通阀门 25，关闭宝塔接头 23 和真空泵 21 的连通。当液位监测仪 51-3 监测到液位信号后，拆卸回收模块箱体顶盖 22，更换回收箱 20。

第八章　水体磷酸盐超灵敏检测技术

第一节　磷酸盐超灵敏检测电极制备

一、技 术 背 景

目前，关于磷酸盐的检测实验室标准方法为比色法，即一定比例的钼酸铵、抗坏血酸和锑（Ⅲ）依次加入含有正磷酸盐的待测样品中，随后形成蓝色磷钼酸盐络合物。该方法最低检出限为 0.01 mg/L。此外，色谱法、光学荧光法以及分光光度法也可用于磷酸盐的检测，但这些技术在检测过程中对工作人员的操作要求较高，且仪器成本昂贵，不利于磷酸盐离子的原位检测。近些年，随着电化学检测技术的发展，越来越多的物质通过电解法、电位法及电导法得到原位快速定量检测。因此，利用电化学伏安法对磷酸盐离子进行化学分析具有一定的发展潜力。

电化学检测磷酸盐的原理主要是基于磷酸根离子和钼酸盐的络合反应，生成具有电化学活性的络合物，从而间接获得磷酸根离子的浓度，其具体反应方程式如下：

$$PO_4^{3-} + 12MoO_4^{2-} + 27H^+ \longrightarrow H_3PO_4(MoO_3)_{12} + 12H_2O \tag{8-1}$$

络合物中的$[PMo_{12}O_{40}]^{3-}$具有良好的电化学活性，其被吸附在工作电极表面后，在循环伏安法中以 Mo 为中心的离子会在电位变化的驱动下发生氧化还原反应，从而在扫描电镜图像中呈现明显的氧化还原峰峰形［式（8-2）］，这种新型电化学检测方案相比目前普遍使用的无机磷比色测定法检测限更低、检测速度更快。

$$H_3PMo(VI)_{12}O_{40} + 还原剂 \longrightarrow [H_4PMo(VI)_8Mo(V)_4O_{40}]^{3-} \tag{8-2}$$

在检测过程中，电极的选择性主要由感应界面与磷酸盐离子之间的相容性程度决定。而能最有效保证阴离子选择性吸附的方法是选取仅对被测离子具有较强吸附亲和力的化学结构，然后利用非共价键相互作用等一系列反应，使阴离子以某种特殊形式固定在靶电极之上。但是如何实现这种结构是该技术需要解决的问题。

二、技 术 工 艺

该技术的修饰材料中，ZrO_2-ZnO 复合纳米颗粒，具有大比表面积、丰富的羟基官能团，掺杂多壁碳纳米管后材料表现出良好的导电性，改善了该工作电极的灵敏度，还展现了膜状修饰层和丝网印刷电极之间良好的相容性，从而为磷酸盐的检测提供了最佳分析操作环境和条件。

三、实　施　效　果

实施例 1

1）制备过程

制备 ZrO_2-ZnO/多壁碳纳米管/四水合七钼酸铵（ZrO_2-ZnO/MWCNTs/AMT）纳米复合材料过程如下。

（1）制备 ZrO_2-ZnO 纳米复合材料。将 $Zn(Ac)_2$ 和 $ZrOCl_2$ 粉末（质量比 1∶1）溶解在 30 mL 2 wt%的乙酸溶液中，然后在 80℃水浴环境下缓慢加入壳聚糖使壳聚糖浓度为 2.0 wt%，并在不断搅拌的条件下逐滴滴加 NaOH 溶液，调节溶液 pH 至 11.0～12.0，继续保持 80℃水浴 1 h，溶液中产生白色沉淀。之后用去离子水和乙醇反复洗涤过滤所产生的白色沉淀，并将其置于烘箱内，在 100℃条件下干燥。待沉淀完全烘干后，将该固体沉淀放入马弗炉中，以 25℃/h 的速率升温至 350℃并恒温加热 1 h，然后继续以相同升温速率加热至 450℃高温氧化 1 h。待固体完全冷却后，得到 ZrO_2-ZnO 纳米复合材料。

（2）制备 ZrO_2-ZnO/MWCNTs/AMT 纳米复合修饰材料。将一定量上述所制备的 ZrO_2-ZnO 纳米复合材料加入乙醇中，超声振荡 1 h 以上，形成 300 mg/L 的 ZrO_2-ZnO 纳米分散液。多壁碳纳米管（MWCNTs）预先进行预处理：在浓 HNO_3 中将多壁碳纳米管（阿拉丁，直径 3～5 nm，长度 50 μm）回流 5 h 以激活其分子活性，然后将经过预处理的多壁碳纳米管加入分散液中，MWCNTs 在分散液中的浓度为 100 mg/L，继续维持 60℃水浴环境下加热 24 h，得到悬浮液。待悬浮液冷却至室温后，为了增加后期修饰膜的稳定性，向该悬浮液中投加 0.064 mol/L 四水合七钼酸铵（AMT）和 0.1% Nafion（AMT 和 Nafion 预先溶于乙醇中再添加），均匀混合后得到 ZrO_2-ZnO/多壁碳纳米管/四水合七钼酸铵纳米复合材料的修饰液。

（3）电极修饰。采用丝网印刷电极制成一体化三电极体系：工作电极为碳电极，将修饰液滴涂在工作电极表面，干燥后制得 ZrO_2-ZnO/MWCNTs/AMT 复合修饰丝网印刷电极（ZrO_2-ZnO/MWCNTs/AMT/SPE），同时以碳电极和银电极分别作为参比电极和对电极。

2）性能测试

对制备得到的复合材料以及电极的性能进行以下测试。

（1）SEM 表征。

为了便于观察 ZrO_2-ZnO 复合纳米颗粒及其修饰丝网印刷电极表面的形貌特征，采用日本 JSM-5600LV 扫描电子显微镜观察其组成形态和直径。本实施例中，对 ZrO_2-ZnO 纳米复合材料的形态面貌及其掺杂多壁碳纳米管前后在修饰电极上的结构进行了表征，图 8-1（a）为 ZrO_2-ZnO 纳米复合材料扫描电镜图像，图像显示当 $Zn(Ac)_2$ 和 $ZrOCl_2$ 以 1∶1 的质量比在含 2.0 wt%壳聚糖的乙酸溶液中混合时，经高温煅烧会形成均匀的纳米棒状结构，且该纳米棒长度介于 300～500 nm，从尖端到底部均保持约 100 nm 的宽度。而图 8-1（b）显示，当单独将 ZrO_2-ZnO 纳米复合材料修饰于丝网印刷电极表面时，其结构与之前未修饰的材料相比，经过超声振荡等处理后，纳米颗粒形态发生了一定变化，纳米棒分散密度更加均匀，比表面积也有一定的提高，这种改变有效促进了被吸附物可扩散位点的增多。同时，在掺杂了多壁碳纳米管之后的修饰膜上，扫描图像［图 8-1（c）］显示，每根多壁碳纳米管表面均包覆着 ZrO_2-ZnO 复合纳米颗粒，这种结构不仅可利用 ZrO_2-ZnO 纳米复合材料对磷酸盐离子的高亲和力，还可以依靠多壁碳纳米管的高导电率改善磷钼酸根离子氧化还原反应的反应速率和反应程度。

(a)ZrO_2-ZnO纳米复合材料　　(b)ZrO_2-ZnO单独修饰丝网印刷电极　　(c)ZrO_2-ZnO/MWCNTs/AMT
　　　　　　　　　　　　　　　　　　　　　　　　　　　　　　　　复合修饰丝网印刷电极表面

图 8-1　扫描电子显微镜图

（2）XRD 和 FTIR 表征。

利用 XRD 技术确定所制备 ZrO_2-ZnO 纳米复合材料的物相结构，如图 8-2（a）所示，经高温煅烧后的纳米复合氧合物在 XRD 谱图中出现了显著的衍射峰，衍射峰中的（101）、（200）、（211）及（100）、（002）、（101）、（102）、（110）、（103）、（112）、（201）晶面分别对应于 ZrO_2 四方和单斜晶相及 ZnO 的六方纤锌矿结构。除此之外，该方法并没有检测到其他杂质的衍射峰，充分说明了该纳米复合材料的纯度。基于 ZrO_2（101）和 ZnO（101）的主峰峰值，根据 Debye-Scherrer 方程，可以计算出该材料中两种晶体的平均尺寸分别为 100 nm 和 130 nm，这也是材料中 ZrO_2 和 ZnO 相互作用所获得的。XRD 衍射谱图充分证明了该 ZrO_2-ZnO 纳米棒的高结晶度和稳定的分子形态特征。

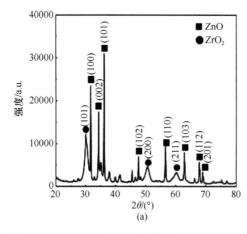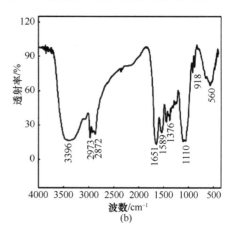

图 8-2　ZrO_2-ZnO 纳米复合物 X 射线衍射谱图分析（a）及傅里叶变换红外光谱分析（b）

而 ZrO_2-ZnO 纳米复合氧化物在 500～4000 cm^{-1} 内的傅里叶变换红外光谱（FTIR）［图 8-2（b）］显示：根据金属氧化物通常在吸收带低于 1000 cm^{-1} 时出现原子间振动的

衍射峰这一理论，该复合氧化物在 560 cm^{-1}、882 cm^{-1} 和 918 cm^{-1} 出现的波段是由 Z—O 或 Zn—O 此类化合键振动所引起的。而基于 ZrO_2-ZnO 纳米复合材料内含物理吸附的水分子，在 1651 cm^{-1} 处出现了较弱衍射峰，而 3396 cm^{-1} 处的吸收峰则归因于分子间氢键导致的羟基弯曲和拉伸振动。在 2973 cm^{-1}、2872 cm^{-1} 和 1376 cm^{-1} 处的衍射峰来源于 CH 官能团强有力的拉伸振动，尤其是—CH$_3$ 和—CH$_2$—基团的对称变形。CH 基团的存在和羟基基团间的相互作用均对纳米分子的有效固定起到了很大帮助。

（3）XPS 表征。

利用 XPS 技术考察所制备的纳米复合材料中锆、氧、锌三种元素的化学组成状态，XPS 表征结果证实了 ZrO_2-ZnO 纳米复合物元素组成及结构的真实性。

（4）ZrO_2-ZnO/MWCNTs/AMT/SPE 电化学行为分析。

采用 CHI660E 电化学工作站，对于所制备的 ZrO_2-ZnO/MWCNTs/AMT/SPE 进行循环伏安法电化学分析检测。在工作电极的 ZrO_2-ZnO/MWCNTs/AMT 修饰膜表面滴涂 10 μL 3.7×10^{-7} μmol/L 磷酸二氢根离子 $H_2PO_4^-$ 标准溶液，干燥 1 h，直至其完全涂覆于电极表面。采用预先去除氧气的 0.2 mol/L H_2SO_4/KCl 溶液（pH=1）作为电解质溶液，在室温条件下将三电极体系置于电解质溶液中，选取电位–1.0 V、+1.0 V 和–1.0 V 分别为电位扫描的起点、最高点和终点电位，扫描速率保持为 50 mV/s。同时，也设置了不添加 3.7×10^{-7} μmol/L $H_2PO_4^-$ 标准溶液的对照组，进行相同的电化学分析检测。

结果表明，在 3.7×10^{-7} μmol/L 磷酸二氢根离子添加与不添加的条件下，ZrO_2-ZnO/MWCNTs/AMT/SPE 在 pH=1 电解质溶液中的循环伏安响应如图 8-3 所示，在电位扫描过程中，该电极始终会在 0.101 V 上出现一个阳极响应峰，这归因于工作电极表面氢离子的氧化反应（曲线 a）；而在加入了磷酸二氢根离子后，曲线 b 在电位–0.067 V 处又出现了一个相应的氧化峰，该峰反映了磷钼酸盐络合物中钼价态的复杂变化过程，两个氧化峰形成过程中发生的电化学反应如方程式（8-3）和式（8-4）所示：

$$7H_3PO_4 + 12Mo_7O_{24}^{6-} + 51H^+ \longrightarrow 7PMo_{12}O_{40}^{3-} + 36H_2O \tag{8-3}$$

$$PMo_{12}O_{40}^{3-} + ne^- + nH^+ \longrightarrow [H_nPMO_{12}O_{40}]^{3-} \tag{8-4}$$

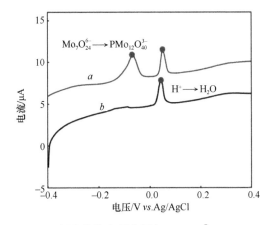

图 8-3　ZrO_2-ZnO/MWCNTs/AMT 复合修饰电极在添加 3.7×10^{-7} μmol/L $H_2PO_4^-$（曲线 a）和没有添加 $H_2PO_4^-$ 条件下（曲线 b）的循环伏安电化学行为（–0.067 V 是钼价态变化的氧化峰）

值得注意的是，在电位为–0.067 V 处产生的氧化峰响应电流将随磷酸盐离子浓度的增加而提高，因此该反应间接提供了一种电化学技术检测无机磷酸盐离子的可行方案，即根据–0.067 V 处产生的氧化峰响应电流与磷酸盐浓度之间存在的线性关系，换算得到待测品样溶液中的磷酸盐浓度。鉴于氧化峰仅在电极表面负载有磷酸盐离子时出现，该电极具有良好的检测选择性。

通过计算可得，ZrO_2-ZnO/MWCNTs/AMT/SPE 和单独用 AMT 修饰的丝网印刷电极的有效表面积分别为 0.547 cm^2 和 0.172 cm^2，说明 ZrO_2-ZnO/MWCNTs 修饰层的运用不仅改善了该工作电极的灵敏度，还展现了膜状修饰层和丝网印刷电极之间良好的相容性，从而为磷酸盐的检测提供了最佳分析操作环境和条件。

（5）电解质溶液 pH 的选择和电极抗干扰性能力测试。

磷酸盐的电化学检测分析发生在电极表面电势由负→正→负发生变动的条件下，以钼元素为中心的盐类化合物与磷酸盐预先络合，生成了具有电化学活性的磷钼酸盐络合物，该物质被迫发生氧化还原反应从而产生响应峰信号。该反应中 Mo/H^+ 含量比例是可控的，测试环境必须保证为强酸性。

本实施例测试了 ZrO_2-ZnO/MWCNTs/AMT/SPE 表面有 0.147 μmol/L、0.368 μmol/L 和 1.103 μmol/L 磷酸二氢根离子存在时，pH 在 1.0～7.0 对循环伏安电位扫描曲线氧化峰峰值电流的影响［图 8-4（a）］。结果表明，当 pH＞1.0 时，该电化学传感器的响应信号在不同浓度磷酸盐离子存在条件下均会持续降低。因此，pH=1.0 被作为优化条件下最佳电解质溶液的酸碱度，电解质溶液的 pH 不能超过 1.0。

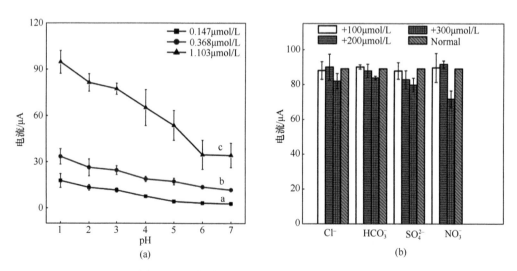

图 8-4   pH 的选择和电极抗干扰性能力测试结果
Normal 表示不添加干扰离子

另外，在 ZrO_2-ZnO/MWCNTs 复合修饰电极上有 1 μmol/L $H_2PO_4^-$ 存在条件下，本实施例探究了其分别与 10 倍浓度的 Cl^-、HCO_3^-、NO_3^- 和 SO_4^{2-} 离子共存时对检测结果产生的干扰影响。为了探究该工作电极的可重复性能，采用与前述相同的修饰条件、修饰方法制备了六支 ZrO₂-ZnO/MWCNTs/AMT/SPE，并在电极表面滴加相同含量的 H₂PO₄⁻离子，置于 pH=1 的 0.2 mol/L H₂SO₄/KCl 电解质溶液中，对所得结果计算相对标准偏差。电解质溶液中分别存在四种阴离子（Cl⁻、HCO₃⁻、SO₄²⁻和 NO₃⁻）时，研究其对磷酸盐离子在 ZrO₂-ZnO/MWCNTs/AMT/SPE 上响应信号的影响［图 8-4（b）］。结果表明，在与较高浓度（1×10⁻⁴～3×10⁻⁴ mol/L）的 Cl⁻、HCO₃⁻、SO₄²⁻和 NO₃⁻分别共存条件下，1 μmol/L 磷酸盐离子在循环伏安电位扫描中的响应电流变化幅度均不太明显。同时，考虑实际样品中这些阴离子的浓度与磷酸盐离子浓度几乎不会相距 100 倍及以上。综上所述，该类干扰信号不会对最终检测结果产生太大影响，该电极具有较好的抗干扰能力。

实施例 2

利用实施例 1 中以 ZrO₂-ZnO/MWCNTs/AMT/SPE 为工作电极的三电极体系，检测水样中的磷酸盐含量。

检测方法为：将若干不同浓度的磷酸二氢根离子标准溶液定量滴加于 ZrO₂-ZnO/MWCNTs/AMT/SPE 表面，干燥 1 h 直至其完全覆于电极表面。本实施例中，标准溶液浓度设置区间为 3.7×10^{-8}～1.10×10^{-6} mol/L。然后将三电极体系置于强酸性的电解质溶液（pH=1.0 的 0.2 mol/L H₂SO₄/KCl 溶液）中，通过电化学工作站采用循环伏安法进行电位扫描，获得磷钼酸盐络合物的氧化还原峰（–0.067 V 处）峰电流。对电流与磷酸盐浓度进行线性回归，获得两者之间的线性关系方程。

结果如图 8-5 所示，当 KH₂PO₄ 标准溶液浓度处于 3.7×10^{-8}～1.10×10^{-6} mol/L 范围内，电极峰电流呈现线性增长，氧化峰响应电流与磷酸盐浓度之间的线性回归方程为：$I=86.655[\mathrm{H_2PO_4^-}]+2.395$，决定系数 $R^2=0.9936$（$n=3$）。在取信噪比为斜率截距标准偏差 3 倍的条件下，H₂PO₄⁻的最低检测限（LOD）为 2×10^{-8} mol/L。为了考察该工作电极的可重复性，本实验制备了六支修饰条件相同的电化学工作电极，在 3.7×10^{-7} mol/L 磷酸盐存在条件下，所得测量结果的相对标准偏差（RSD）低于 6%（5.8%），表明该电化学传感系统的高再现性。

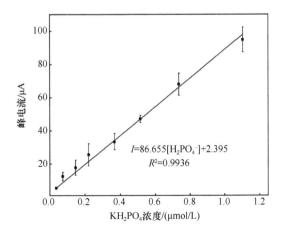

图 8-5　磷酸盐离子与峰电流之间的标准线性曲线

在实际水样测定时，可将含有磷酸盐的待测样品溶液定量滴加于工作电极表面，干燥 1 h 直至其完全覆于电极表面。然后干燥 1 h 直至其完全覆于电极表面，同样将三电极体系置于强酸性的电解质溶液（pH=1.0 的 0.2 mol/L H_2SO_4/KCl 溶液）中，采用循环伏安法进行电位扫描，获得磷钼酸盐络合物的氧化还原峰峰电流。根据电流与磷酸盐浓度之间的线性回归方程，即可换算得到待测样品溶液中的磷酸盐浓度。

在该技术中，含有磷酸盐的待测液先定量滴加在工作电极上，干燥后再置于电解质溶液中进行电位扫描。考虑被检测磷酸盐的浓度水平在痕量级别（μmol～nmol），如若直接将其添加于电解质溶液中采用循环伏安法进行电位扫描时，峰电流信号不明显。因此，通过将其在工作电极表面滴加并预先干燥后再置于电解质溶液中进行电位扫描，能够增加电流信号的灵敏度，从而有效提高测量准确性。

但在其他实施例中，如果磷酸盐含量较高，也可以将待测液与电解质溶液定量混合，然后将混合液直接滴加到三电极体系上或将三电极体系置于混合液中，进行电位扫描。或者针对痕量磷酸盐，也可以将待测液与电解质溶液定量混合，然后将混合液直接滴加到三电极体系上或将三电极体系置于混合液中，采用方波脉冲伏安法电位扫描。

实施例 3

实施例 2 中的待测样品溶液为水溶液，可直接用于检测水样中的磷酸盐含量。但假如需要测定土壤样品中的磷酸盐含量，则需要预先对土壤样品中无机磷酸盐离子进行提取。下面基于实施例 2 中相同的三电极体系对提取参数进行优化，以确保土壤样品中无机磷酸盐的含量最大限度地反映在循环伏安曲线上。因此，所需最佳提取剂不仅要使得磷酸盐完全溶解，并且自身所包含的离子不会对检测结果产生干扰，即不会影响氧化还原峰的电位电流值。在本实施例中，四种萃取剂乙酸、碳酸氢钠、硫酸钾和 MES 缓冲液被作为提取剂候选溶液。

首先，在多支 50 mL 离心管中加入 1.0 g 经过晒干并过 0.5 mm 直径筛孔的筛网筛选后的土壤粉末，设置多组不同提取剂的实验，不同实验组中分别添加 20 mL 0.50 mol/L HAc、$NaHCO_3$、K_2SO_4 和 MES 溶液之一作为提取剂。然后，向各离心管中加入 1 mL 0.025 mol/L 邻苯二酸氢钾（KHP）溶液作为离子强度调节剂。将离心管置于恒温摇床中（170 r/min，25℃）进行振荡提取，本实施例同时对振荡时间进行优化，分别为 10 min、20 min、30 min、1 h 和 2 h。在混合物完成振荡后，利用超速离心机使其固液分离（5000 r/min，20 min，25℃）。将离心后的液体重新过滤并转移至 25 mL 离心管内，在样品被检测之前将其置于 4℃环境中储存。

实验结果表明，提取剂的优选顺序为 HAc＞$NaHCO_3$＞K_2SO_4＞MES。乙酸溶剂作为最佳提取剂，用乙酸提取的磷酸盐离子在电位扫描阶段形成的循环伏安曲线线型完整，且有清晰的氧化还原峰出现，响应信号也十分强烈。而对于提取时间而言，在振荡提取时间为 1 h 条件下，最终检测效果显示为最佳。因此土壤的振荡提取优化条件为：以 0.50 mol/L 乙酸为提取剂，振荡提取的时间设为 1 h。

在优化条件下，对提取后含磷酸盐离子的样品进行电化学浓度分析，用微量注射器移取 10 μL 样品溶液滴涂至已被修饰后的丝网印刷电极表面，待在室温下干燥 1 h 后，置于

0.2 mol/L H$_2$SO$_4$/KCl（pH=1）电解质溶液中，采用循环伏安法进行电位扫描，从而获得磷钼酸盐络合物的氧化还原峰峰电流，根据电流与磷酸盐浓度之间存在的线性关系，进而间接确定样品中可溶性磷酸盐离子的浓度。同时，为了评估电化学伏安法测定土壤中无机磷酸盐离子的可行性，将上述循环伏安法的检测结果与标准比色法所得结果进行比较，评估该工作电极的检测准确度。土壤样品分别取自广东、湖南和江苏三地，每地两个样品。

标准比色法和循环伏安法对于同一样品中无机磷酸盐离子浓度的检测结果如表 8-1 所示，其中循环伏安法通过调节 pH，使得无机磷酸盐主要以 H$_2$PO$_4^-$ 的形式参与电化学反应，而标准比色法则按照常规磷酸盐与钼酸盐之间发生的络合反应进行测试。测试结果显示，标准比色法所得磷酸盐浓度略低于循环伏安法，该结果猜测可能是标准比色法中抗坏血酸的加入所引起的，该物质会破坏氧化还原反应过程中的电子转移，使得 10%～20% 的复杂磷酸盐化合物在检测过程中无法得到识别。

表 8-1 标准比色法和循环伏安法针对土壤磷酸盐离子含量检测结果对比

取样点	pH	氧化峰值/μA	检测含量/（g/kg）	标准偏差/%（n=3）	比色法/（g/kg）
广东 1	4.9	34.75	0.7606	5.47	0.6644
广东 2	5.8	45.20	1.0063	11.69	0.8587
湖南 1	7.7	13.28	0.2558	1.14	0.2515
湖南 2	5.0	11.49	0.2139	1.64	0.1734
江苏 1	8.2	42.72	0.9478	3.30	0.6594
江苏 2	8.0	55.08	1.2384	2.73	0.9098

第二节 磷酸盐纸基检测电极制备

一、技 术 背 景

目前已出现许多磷酸盐的快速检测试纸，利用试纸的显色深浅与磷含量的关系，直接比色测定水溶液中磷酸盐含量。该种试纸携带方便、价格低廉、操作简便，可适用于地表水、生活污水、工业污水等水基液体的现场检测。但其缺点也较为明显：肉眼判断存在一定局限性，仅能实现水体中磷酸盐浓度的半定量检测。第一节所述的电化学分析方法能够有效降低检测极限，实现磷酸盐的超灵敏检测，但其缺点为：检测目标物浓度存在一定工作范围，当目标物浓度高于或低于该范围时，检测结果易存在偏差。

二、技 术 工 艺

该技术首先通过标准比色试纸半定量检测水体中的磷酸盐含量，然后利用纸基底的电化学试纸，根据比色结果选择循环伏安法或方波脉冲伏安法以实现对水体中磷酸盐浓度的检测。当比色结果中，以磷元素计算的磷酸盐含量大于 5 mg/L 时，将水样稀释一倍后利用循环伏安法进行检测；当比色结果中，以磷元素计算的磷酸盐含量在 0.5～5 mg/L 内时，利用循环伏安法进行检测；当比色结果中，以磷元素计算的磷酸盐含量小于 0.5 mg/L 时，利用方波脉冲伏安法进行检测。该技术的检测过程中无须添加其他试剂，检测浓度范围大且准确，能对磷酸盐实现简便快捷原位检测。

三、实 施 效 果

实施例 1

本实施例制备了一种磷酸盐标准比色卡，具体方法如下。

（1）在计算机上利用 CorelDRAW Graphics Suite 设计疏水蜡批量打印图案，样式如图 8-6 所示，将滤纸放置到蜡印机中批量打印，然后将打印好带有蜡图案的纸张放置到烘箱中加热，加热温度为 100℃，加热时间为 2 min，使蜡融化并浸透整个纸张的厚度。

（2）配制第一显色剂。具体如下：量取 10 g 分析纯四水合钼酸铵，10 mL 分析纯硫酸和 5 g 催化剂酒石酸锑钾，然后量取 1 L 超纯水，将上述计量好的钼酸盐、酸和催化剂加入超纯水中搅拌均匀制得第一显色剂；接着向第一显色区中滴加 20 μL 第一显色剂，置于干燥器皿中干燥，完成对第一显色区的圆形亲水工作区域的功能化。

（3）配制第二显色剂。具体如下：量取 30 g/L 分析纯抗坏血酸，均匀搅拌于 1 L 超纯水中制得第二显色剂。接着向第二显色区中滴加 20 μL 第二显色剂，置于干燥器皿中干燥，完成对第二显色区中圆形亲水工作区域的功能化。

（4）将已经干燥的显色试纸裁剪成 16 mm×32 mm 长方形大小，将第一显色区和第二显色试纸对折后用夹子固定。

（5）配制浓度分别为 0.1 mg/L、0.5 mg/L、1.0 mg/L、2.0 mg/L、3.0 mg/L、5.0 mg/L磷酸二氢钾标准溶液，分别量取 20 μL 各浓度标准溶液滴加于试纸显色区表面，使溶液均匀分散于第一显色区和第二显色区中，静置 5 min 观察颜色变化，用相机收集彩色图像，然后使用 Photoshop 软件通过灰度强度进行分析，对每种浓度的标准磷酸盐水溶液分别进行反应和拍照，然后将所述不同浓度的标准正磷酸盐水溶液的反应颜色汇集在一起，打印后得到所述标准比色卡，如图 8-6 所示。

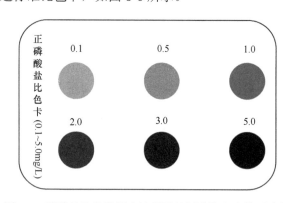

图 8-6　磷酸盐比色检测方法所需的标准比色卡的示意图

实施例 2

本实施例制备了磷酸盐敏感的电化学纸基电极，并建立其工作曲线，具体方法如下。

（1）在计算机上利用 CorelDRAW Graphics Suite 设计电化学疏水蜡批量打印图案以及与蜡打印图案相匹配的工作电极、参比电极、对电极和导线丝网印刷图案，如图 8-7所示。利用蜡印机将第二疏水蜡批量打印图案打印到滤纸上，然后将打印好带有蜡图案的纸张放置到烘箱中加热，加热温度为 100℃，加热时间为 2 min，使蜡融化并浸透整个纸张的厚度。

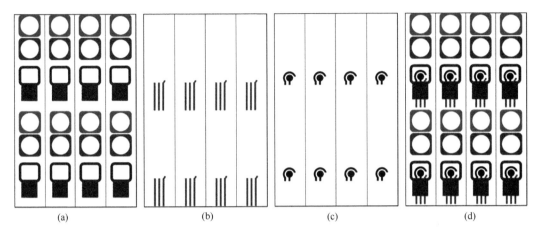

图 8-7　试纸疏水蜡批量打印图案（a）、参比电极与导线丝网印刷模板（b）、工作电极与对电极丝网印刷模板（c）、与比色法联用的电化学试纸批量制备完成效果图（d）

（2）将 pH 为 1.1、浓度为 0.2 mol/L 的氯化钾溶液滴加于所得纸张的电化学反应区域，置于干燥器皿中干燥，以进行功能化改性。

（3）采用丝网印刷技术，在经过功能化改性的纸张上印刷工作电极、参比电极、对电极和导线。其中，筛网为 300 目的尼龙材质，印刷工作电极的导电材料为掺杂 5 wt% 的四水合钼酸铵以及 10 wt% 的多壁碳纳米管的碳浆，印刷对电极的导电材料为纯碳浆，印刷参比电极的导电材料为银浆。随后进行裁剪、折叠、组装，得到所述电化学试纸。

（4）建立循环伏安法检测磷酸盐离子的工作曲线：配制浓度分别为 0.5 mg/L、1.0 mg/L、3.0 mg/L、5.0 mg/L 磷酸二氢钾标准溶液，分别量取 10 μL 各浓度标准溶液滴加于试纸电极表面，将试纸导线端与电化学工作站相连接，选择循环伏安法进行分析，参数设置为：电位范围–0.1～6.0 V、扫速 50 mV/s，每个浓度重复 3 次，计算响应电流与磷酸盐浓度的线性关系，不同浓度的磷酸盐的循环伏安曲线响应如图 8-8 所示。

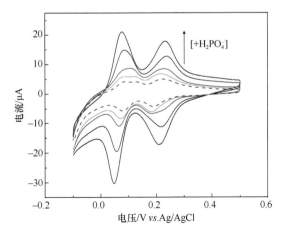

图 8-8　不同浓度的磷酸盐的循环伏安曲线响应

（5）建立方波脉冲伏安法检测磷酸盐离子的工作曲线：配制浓度分别为 0.1 mg/L、0.2 mg/L、0.3 mg/L、0.4 mg/L、0.5 mg/L、0.6 mg/L 磷酸二氢钾标准溶液，分别量取 10 μL 各浓度标准溶液滴加于试纸电极表面，将试纸导线端与电化学工作站相连接，选择方波脉冲伏安法进行分析，参数设置为：沉积电位–0.1 V、沉积时间 3 min、电位范围–0.1～6.0 V、扫速 50 mV/s、脉冲高度 25 mV，每个浓度重复 3 次，计算响应电流与磷酸盐浓度的线性关系，不同浓度的磷酸盐的方波脉冲伏安曲线响应如图 8-9 所示。

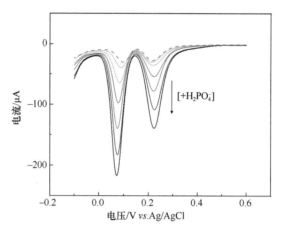

图 8-9　不同浓度的磷酸盐的方波脉冲伏安曲线响应

实施例 3

本实施例利用实施例 1 制备的标准比色卡和实施例 2 制备的电化学试纸，对浙江省开化县农产品产地环境监测点地表径流水样磷酸盐浓度检测，整体使用流程如图 8-10 所示，具体如下。

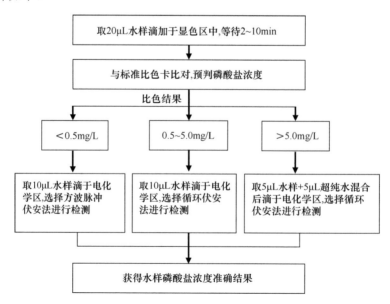

图 8-10　与比色法联用的磷酸盐检测电化学试纸的使用流程图

（1）取 20 μL 开化县农产品产地环境监测点地表径流水样滴加于该技术试纸双层比色区，如图 8-11 所示，静置 5 min 观察颜色变化，与标准比色卡进行比对，比色得到磷酸盐的浓度为 0.3 mg/L，该数值低于 0.5 mg/L。

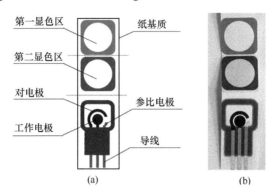

图 8-11　与比色法联用的磷酸盐检测电化学试纸的结构示意图（a）与实物对比图（b）

（2）取 10 μL 水样均匀滴加于试纸工作电极表面，将试纸导线端与电化学工作站相连接，线路检查无误后打开电化学工作站。

（3）根据比色结果选择方波脉冲伏安法检测磷酸盐，参数设置为：沉积电位–0.1 V、沉积时间 3 min，电位范围–0.1～6.0 V，扫速 50 mV/s，脉冲高度 25 mV。根据实施例 2 中方波脉冲伏安法检测磷酸盐离子的工作曲线，通过响应电流值计算可得该水样中磷酸盐浓度为 0.171 mg/L。

（4）利用检测磷酸盐的经典方法钼酸铵–酒石酸锑钾–抗坏血酸分光光度法，测定开化县农产品产地环境监测点地表径流水样，得到水样磷酸盐浓度为 0.169 mg/L，与比色法、循环伏安法测的结果一致，表明该技术的比色/电化学法联用试纸检测效果准确。

第三节　痕量磷酸盐与 pH 联合检测

一、技　术　背　景

无机磷酸盐在水溶液中由于 pH 不同而有不同的存在形态（$H_3PO_4 \longleftrightarrow H_2PO_4^- \longleftrightarrow HPO_4^{2-} \longleftrightarrow PO_4^{3-}$）存在于水溶液中。在酸性环境下以 H_3PO_4、$H_2PO_4^-$ 的结构存在，而 HPO_4^{2-} 则为其在碱性环境中的主要离子结构，至于中性条件下，三种形式都有存在。为了使电化学反应中呈现的响应峰电流可以完全反映样品中所有可溶性磷酸盐离子的存在，将电解质溶液 pH 调节至正磷酸盐活性较适合发生络合反应的条件是十分必要的。因此，若能将磷酸盐与 pH 联合电化学检测，将对电化学伏安法检测痕量磷酸盐离子具有很好的效果。

二、技　术　工　艺

该技术中的检测仪包括双通道丝网印刷电极，双通道丝网印刷电极在基板上布置有两个工作电极、一个参比电极和一个对电极。四个电极分别通过接线与触点相连,参比电极和对电极间隔布置,两者之间夹持形成两个放置工作电极的区域,两个工作电极共用一个参比电极和一个对电极。两个工作电极中,第一工作电极表面修饰有 pH 敏感纳米材料,第二工作电极表面修饰有磷酸盐敏感纳米材料。该联合检测仪可以同时检测溶液的 pH 和磷酸盐浓度,可通过预先确定溶液 pH 是否为强酸性,确保磷酸盐浓度检测的准确性。

三、实 施 效 果

如图 8-12 所示,参比电极由两个 1/4 圆相切连接而成,对电极由两个 1/2 圆相切而成,参比电极和对电极间隔一定距离布置,两者之间夹持形成两个放置工作电极的镜像对称区域,两个工作电极共用一个参比电极和一个对电极,形成两个三电极体系。两个工作电极,可分为第一工作电极和第二工作电极,第一工作电极表面修饰有 pH 敏感纳米材料,第二工作电极表面修饰有磷酸盐敏感纳米材料。其中第一工作电极可用于 pH 检测;第二工作电极可用于磷酸盐的检测,两者配合能进行两项独立的 pH 与磷酸盐检测。

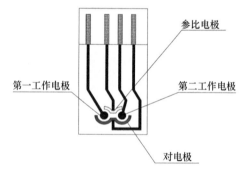

图 8-12　痕量磷酸盐与 pH 联合检测仪的结构示意图

印刷电极所采用的材料可以根据需要进行调整,在本实施例中,接线为导电银层,工作电极为碳电极,参比电极为 Ag/AgCl 电极(也可以采用碳电极),对电极为铂丝电极(也可以采用银电极),基板为 PET 基板。该印刷电极在印刷过程需要四块网版,分别为导电银层、碳电极、Ag/AgCl 电极、铂丝电极和绝缘层,网版设计如图 8-13 所示。在两个工作电极上的修饰材料可以根据需要进行选择。例如,pH 敏感纳米材料可以是纳米金属氧化物,包括纳米级的二氧化钌、氧化镍、氧化锰、氧化钴、氧化铅和氧化钛等,其修饰过程可以采用现有技术中的任何可行方式实现,如喷涂、掺杂等。磷酸盐敏感纳米材料也可以根据需要采用现有技术中的磷酸根敏感膜,后续实施例中的 ZrO_2-ZnO/MWCNTs/AMT 纳米复合材料只是其中一种优选实现方式。

在上述检测仪中,第一工作电极可以用来检测原始待测溶液的 pH,也可以用来检测经过酸化的待测溶液的 pH,以保证添加到第二工作电极表面的待测溶液处于强酸性环境下,使电化学反应中呈现的响应峰电流可以完全反映样品中所有可溶性磷酸盐离子的存在。因此,基于上述检测仪,可以设计两种使用方法。

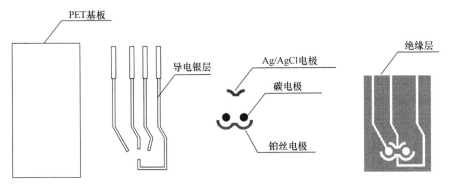

图 8-13　双通道丝网电极网版设计

1）第一种痕量磷酸盐与 pH 联合检测方法

第一种痕量磷酸盐与 pH 联合检测方法，用于同时检测待测溶液中的 pH 和磷酸盐浓度，其做法如下所示。

（1）将待测样品溶液滴加到包含第一工作电极的三电极体系表面，通过外接于触点上的电化学工作站根据电位检测待测样品溶液的 pH。

（2）将待测样品溶液与强酸性电解液（优选 pH≤1）定量混合，使混合液也呈强酸性。然后将 pH≤1 的测试液定量滴加于包含第二工作电极的三电极体系表面，采用循环伏安法或方波脉冲伏安法（考虑痕量磷酸盐出峰情况，优选方波脉冲伏安法）进行电位扫描，获得磷钼酸盐络合物的氧化还原峰峰电流（–0.067 V 处产生的氧化峰响应，下同）；根据电流与磷酸盐浓度之间的线性关系，换算得到待测样品溶液中的磷酸盐浓度。

2）第二种痕量磷酸盐与 pH 联合检测方法

第二种痕量磷酸盐与 pH 联合检测方法，用于准确检测待测溶液中的磷酸盐浓度，其做法如下所示。

（1）将待测样品溶液与强酸性电解液（优选 pH≤1）定量混合，得到测试液。

（2）将步骤（1）中的测试液定量滴加到包含第一工作电极的三电极体系表面，通过电化学法检测测试液的 pH，确认溶液 pH≤1。若 pH≤1，则进行下一步，否则需要根据 pH 继续添加酸降低 pH。

（3）将 pH≤1 的测试液，定量滴加于包含第二工作电极的三电极体系表面，采用循环伏安法或方波脉冲伏安法（考虑痕量磷酸盐出峰情况，优选方波脉冲伏安法）进行电位扫描，获得磷钼酸盐络合物的氧化还原峰峰电流；根据电流与磷酸盐浓度之间的线性关系，换算得到待测样品溶液中的磷酸盐浓度。

第一种方法适合于需要对样品的 pH 和磷酸盐浓度同时进行测定的场合。

第二种方法适合野外环境下的磷酸盐浓度原位快速定量检测，在非实验室环境下无法准确测定待测水样的 pH，而水样本身的 pH 又存在波动性，因此加酸量无法准确控制。另外，水样中磷酸盐本身是痕量的，若低于检测限可能需要提高水样与电解液的混合比例，容易造成混合液的酸性不足。但通过该技术的痕量磷酸盐与 pH 联合检测仪，可以确定测试液在加入第二工作电极时已经处于强酸环境下，保证测量结果的准确性。

上述两种方法中，电流与磷酸盐浓度之间存在的线性关系可以以相同方法测定不同的磷酸二氢根离子 $H_2PO_4^-$ 标准溶液获得。

另外，上述两种方法中，可以将待测样品溶液直接滴加于第二工作电极表面进行循环伏安法测定，也可以先将待测样品溶液滴加于第二工作电极表面，待其干燥后再滴加强酸性电解质溶液进行测定。假如样品中磷酸盐的浓度过低，含有磷酸盐的待测液时先定量滴加在工作电极上，干燥后再置于电解质溶液中进行电位扫描，是一种优选推荐的方法。这是由于检测的磷酸盐是痕量的，直接混合于电解质中采用循环伏安法进行电位扫描时，不容易出峰。而预先干燥后再置于电解质溶液中进行电位扫描，能够更好地出峰，提高测量准确性。但预先干燥会延长检测耗时，大批量采样时不建议使用。另外，针对痕量磷酸盐，也可以将待测液与电解质溶液定量混合，然后将混合液直接滴加到三电极体系上或将三电极体系置于混合液中，采用方波脉冲伏安法进行电位扫描，相比于循环伏安法更容易出峰。

第九章 农田退水"零直排"净化技术

第一节 农田智慧节灌控污联合调控技术

一、技术背景

农田地表径流退水氮磷含量通常超出世界卫生组织（WHO）饮用水标准，甚至高于我国《地表水环境质量标准》（GB 3838—2002）V类水标准，而且单纯依靠水肥管理策略难以彻底解决该问题。在一场降水过程中，占总径流量20%或25%的初期径流，冲刷了径流污染量的50%，是农业面源污染控制的关键。因此，开发一套既能充分利用初期径流中的氮、磷营养物质，又能结合农田养分管理系统的智慧节灌控污装置及方法，对减缓农业面源污染起着十分重要的作用。但目前现有技术很少涉及此类农用控制系统，仅有的部分技术自动化程度也不高，不能很好地削减农业面源污染负荷。

二、技术工艺

该技术工艺中，若干条用于收集初期径流的纳水管道汇集后连入第一蓄水池，进水泵通过管道一端与第一蓄水池相连，另一端与农田进水口相连；农田子田块之间的田埂上均设置控制闸门；农田的出水口与第二蓄水池、回流泵、农田进水口相连；污染物浓度检测装置用于测定各位置的径流中污染物浓度。纳水管道与超越管道相连，超越管道上设有由控制装置控制的若干个闸阀。该技术能将污染物浓度较高、对水体危害较大的初期径流合理地蓄积于蓄水池中，并在非降雨时段进行灌溉利用，将农田作为一个生态湿地进行污染物消纳，从而实现农田灌溉和面源污染物的联网控制。

三、实施效果

如图 9-1 所示，农田智慧节灌控污联合调控技术包括纳水管道 1、第一闸阀 2、第一蓄水池 3、控制装置 4、进水泵 6、农田 7、控制闸门 8、第二蓄水池 9、回流泵 10、超越管道 11、出水闸门 12、第二闸阀 13、第三闸阀 17 和污染物浓度检测装置 18，若干条用于收集初期径流的纳水管道 1 汇集后连入第一蓄水池 3。纳水管道 1 可通过重力自流方式，但碰到低洼处也可采用泵站抽水形式。进水泵 6 通过管道一端与第一蓄水池 3 相连，另一端与农田 7 进水口相连；农田 7 原本为传统耕作状态下的田块，此处将其分割为若干块长条形的子田块，各子田块之间均通过 15～25 cm 的田埂进行相隔，相连的子田块之间的田埂上均设置控制闸门 8。控制闸门 8 的作用是根据实际情况选择打开或者关闭，以调节相邻两个子田块的水位高度。控制闸门 8 交错设置，即相邻的两条田埂上的控制闸门 8 分别设置在不同的侧边上，使进水口呈"弓"字形流向，流入的初期径流需流经最长距离才能从出水口排出。农田 7 的出水口与第二蓄水池 9 相连，第二蓄水池 9 通过回流泵 10 与农田 7 的进水口相连；污染物浓度检测装置 18 与纳水管道 1 的汇集处、第一蓄水池 3、农田 7 及第二蓄水池 9 相连，用于测定各位置的径流中污染物浓度；所述的纳水管道 1 与第一蓄水池 3 之间还设有控制进水的第一闸阀 2，第一闸阀 2 由控制装置 4 控制；所述的第一闸阀 2 前端的纳水管道 1 与超越管道 11 相连，超越管道 11 上设有由控制装置 4 控制的第二闸阀 13 和第三闸阀 17，第二闸阀 13 前端的超越管道 11 与农田 7 进水口相连；第二闸阀 13 和第三闸阀 17 之间的超越管道 11 与第二蓄水池 9 相连。

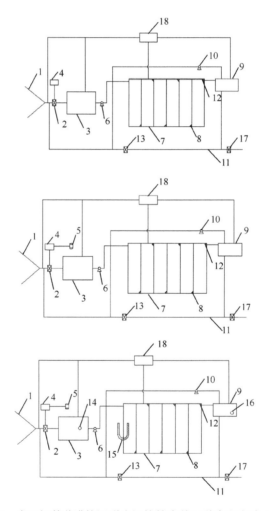

图 9-1　农田智慧节灌控污联合调控技术的三种实现方式示意图

1-纳水管道；2-第一闸阀；3-第一蓄水池；4-控制装置；5-雨量感应器；6-进水泵；7-农田；8-控制闸门；9-第二蓄水池；10-回流泵；11-超越管道；12-出水闸门；13-第二闸阀；14-第一水位探测装置；15-第二水位探测装置；16-第三水位探测装置；17-第三闸阀；18-污染物浓度检测装置

为了防止暴雨期蓄水池过满溢流，控制装置 4 与雨量感应器 5 相连。

第一蓄水池 3 中设置有第一水位探测装置 14，农田 7 中设置有第二水位探测装置 15，第二蓄水池 9 中设置有第三水位探测装置 16，控制装置 4 与控制闸门 8、进水泵 6、回流泵 10、出水闸门 12、第一水位探测装置 14、第二水位探测装置 15 和第三水位探测装置 16 相连并控制其运行状态。

以下分别提供第一水位探测装置 14、第二水位探测装置 15 和第三水位探测装置 16 的一种实现方式。

第一水位探测装置 14 上设有第一感应器 1401、第二感应器 1402 和第三感应器 1403（图 9-2），第一感应器 1401、第二感应器 1402 和第三感应器 1403 所处的高度分别为第一蓄水池 3 的上限水位、启动水位和下限水位。

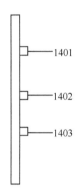

图 9-2　第一水位探测装置结构示意图

第二水位探测装置 15 采用 U 形管（图 9-3），第二水位探测装置 15 一侧部分管壁上开孔并埋入农田土壤中，另一侧悬空于田埂之外，第二水位探测装置 15 悬空一侧管体内设有第四感应器 1501、第五感应器 1502、第六感应器 1503、第七感应器 1504；第四感应器 1501 设在地表以上 5～8 cm 处，第五感应器 1502 设在地表以上 3～8 cm 处，第六感应器 1503 设在地表以上 2～4 cm 处，第七感应器 1504 设在地表以下 13～15 cm 处。

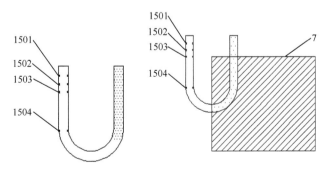

图 9-3　第二水位探测装置结构示意图

第三水位探测装置 16 上设有第八感应器 1601 和第九感应器 1602，分别设置于第二蓄水池 9 的上限水位和下限水位处（图 9-4）。

图 9-4　第三水位探测装置结构示意图

实际使用时，若干个控制闸门 8 联动开闭或单独开闭。通常情况下控制闸门 8 均为开启状态，径流水能"弓"字形环流，仅当不同田块需要采用不同灌溉模式时，可单独控制水位高度。

第一蓄水池 3 和/或第二蓄水池 9 采用天然池塘或河道，以减少对生态环境的破坏，同时最大限度地利用当地的环境。

农田智慧节灌控污联合调控技术在上述装置基础上形成，具体为：将纳水管道 1 布设于初期径流集水区域，使集水区域内的径流能汇流进入第一蓄水池 3 内；设定第一闸阀 2 在初始状态关闭且控制闸门 8 均开启，出水闸门 12 关闭；在水稻的不同生长期，根据第一蓄水池 3 和第二蓄水池 9 中的水位高度、降雨量及水稻不同生长期需水情况，通过控制装置 4 调节径流的流动方式，实现农田污染物输出的减量化。

水稻不同生长期下，应采用不同的灌溉模式，本实施方式中提供了一种控制装置 4 的控制方法，具体方案如下。

秧苗移栽期，启动模式一；分蘖中后期（移栽后 10 d 左右）采用干湿交替模式，启动模式二；抽穗和杨花期，启动模式三；杨花期后，启动模式二。

模式一：当雨量感应器 5 感应到本场降雨量达到预设启动值、第一蓄水池 3 水位未达到第一水位探测装置 14 上的第二感应器 1402 且污染物浓度检测装置 18 检测到纳水管道 1 的汇集处径流浓度大于第一蓄水池 3 径流浓度时，控制装置 4 开启第一闸阀 2，将纳水管道 1 中的初期径流排入第一蓄水池 3 内进行存储；当雨量感应器 5 感应到本场降雨量达到预设启动值且第一蓄水池 3 中水位已达到第一水位探测装置 14 上的第一感应器 1401、农田 7 水位未达到第二水位探测装置 15 上的第六感应器 1503 且污染物浓度检测装置 18 检测到纳水管道 1 的汇集处径流浓度大于农田 7 田面水浓度时，则控制装置 4 关闭第一闸阀 2 并关闭第二闸阀 13，将纳水管道 1 中的初期径流排入农田 7；当雨量感应器 5 感应到本场降雨量达到预设启动值且第一蓄水池 3 中水位已达到第一水位探测装置 14 上的第一感应器 1401、农田 7 水位达到第二水位探测装置 15 上的第六感应器 1503、第二蓄水池 9 中水位未达到第三水位探测装置 16 上的第八感应器 1601 且污染物浓度检测装置 18 检测到纳水管道 1 的汇集处径流浓度大于第二蓄水池 9 中水样浓度时，则控制装置 4 关闭第一闸阀 2 及第三闸阀 17、开启第二闸阀 13，将纳水管道 1 中的初期径流排入第二蓄水池 9；当雨量感应器 5 感应到本场降雨量达到预设启动值且第一蓄水池 3 中水位已达到第一水位探测装置 14 上的第一感应器 1401、农田 7 水位达到第二水位探测装置 15 上的第六感应器 1503 且第二蓄水池 9 中水位达到第三水位探测装置 16 上的第八感应器 1601 时，则控制装置 4 关闭第一闸阀 2、开启第二闸阀 13 与第三闸阀

17，将纳水管道 1 中的初期径流直接通过超越管道 11 排出；当雨量感应器 5 感应到本场降雨量达到预设启动值且污染物浓度检测装置 18 检测到纳水管道 1 的汇集处径流浓度小于第二蓄水池 9 中水样浓度时，则控制装置 4 关闭第一闸阀 2、开启第二闸阀 13 与第三闸阀 17，将纳水管道 1 中的初期径流直接通过超越管道 11 排出；当雨量感应器 5 感应到本场降雨量达到预设关闭值时，控制装置 4 关闭第一闸阀 2 并开启第二闸阀 13 与第三闸阀 17，将纳水管道 1 中的初期径流直接通过超越管道 11 排出。

当第一蓄水池 3 水位达到第一水位探测装置 14 上的第二感应器 1402、农田 7 水位未达到第二水位探测装置 15 上的第六感应器 1503 且污染物浓度检测装置 18 检测到第一蓄水池 3 径流浓度大于农田 7 田面水浓度时，控制装置 4 启动进水泵 6 将第一蓄水池 3 中的径流排入农田 7 中；当污染物浓度检测装置 18 检测到第一蓄水池 3 径流浓度小于农田 7 田面水浓度时，控制装置 4 关闭进水泵 6；当第一蓄水池 3 水位低于第一水位探测装置 14 上的第三感应器 1403 时，控制装置 4 关闭进水泵 6。

模式二：当雨量感应器 5 感应到本场降雨量达到预设启动值、第一蓄水池 3 水位未达到第一水位探测装置 14 上的第二感应器 1402 且污染物浓度检测装置 18 检测到纳水管道 1 的汇集处径流浓度大于第一蓄水池 3 径流浓度时，控制装置 4 开启第一闸阀 2，将纳水管道 1 中的初期径流排入第一蓄水池 3 内进行存储；当雨量感应器 5 感应到本场降雨量达到预设启动值且第一蓄水池 3 中水位已达到第一水位探测装置 14 上的第一感应器 1401、农田 7 水位未达到第二水位探测装置 15 上的第四感应器 1501 且污染物浓度检测装置 18 检测到纳水管道 1 的汇集处径流浓度大于农田 7 田面水浓度时，则控制装置 4 关闭第一闸阀 2 并关闭第二闸阀 13，将纳水管道 1 中的初期径流排入农田 7，当农田 7 水位到达第二水位探测装置 15 上的第四感应器 1501 时，控制装置 4 开启第二闸阀 13，当农田 7 水位降至第二水位探测装置 15 上的第七感应器 1504 时，控制装置 4 关闭第二闸阀 13，如此反复；当雨量感应器 5 感应到本场降雨量达到预设启动值且第一蓄水池 3 中水位已达到第一水位探测装置 14 上的第一感应器 1401、农田 7 水位达到第二水位探测装置 15 上的第四感应器 1501、第二蓄水池 9 中水位未达到第三水位探测装置 16 上的第八感应器 1601 且污染物浓度检测装置 18 检测到纳水管道 1 的汇集处径流浓度大于第二蓄水池 9 中水样浓度时，则控制装置 4 关闭第一闸阀 2 及第三闸阀 17、开启第二闸阀 13，将纳水管道 1 中的初期径流排入第二蓄水池 9；当雨量感应器 5 感应到本场降雨量达到预设启动值且第一蓄水池 3 中水位已达到第一水位探测装置 14 上的第一感应器 1401、农田 7 水位达到第二水位探测装置 15 上的第四感应器 1501 且第二蓄水池 9 中水位达到第三水位探测装置 16 上的第八感应器 1601 时，则控制装置 4 关闭第一闸阀 2、开启第二闸阀 13 与第三闸阀 17，将纳水管道 1 中的初期径流直接通过超越管道 11 排出；当雨量感应器 5 感应到本场降雨量达到预设启动值且污染物浓度检测装置 18 检测到纳水管道 1 的汇集处径流浓度小于第二蓄水池 9 中水样浓度时，则控制装置 4 关闭第一闸阀 2、开启第二闸阀 13 与第三闸阀 17，将纳水管道 1 中的初期径流直接通过超越管道 11 排出；当雨量感应器 5 感应到本场降雨量达到预设关闭值时，控制装置 4 关闭第一闸阀 2 并开启第二闸阀 13 与第三闸阀 17，将纳水管道 1 中的初期径流直接通过超越管道 11 排出；当第一蓄水池 3 水位达到第一水位探测装置 14 上的第二感应器 1402、农田7水位未达到第二水位探测装置15上的第四感应器1501且污染物浓度检测装置18检测到第一蓄水池3径流浓度大于农田7田面水浓度时，则控制装置4关闭第一闸阀2并关闭第二闸阀13，将纳水管道1中的初期径流排入农田7，当农田7水位到达第二水位探测装置15上的第四感应器1501时，控制装置4开启第二闸阀13，当农田7水位降至第二水位探测装置15上的第七感应器1504时，控制装置4关闭第二闸阀13，如此反复；当污染物浓度检测装置18检测到第一蓄水池3径流浓度小于农田7田面水浓度时，控制装置4关闭进水泵6；当第一蓄水池3水位低于第一水位探测装置14上的第三感应器1403时，控制装置4关闭进水泵6。

模式三：当雨量感应器5感应到本场降雨量达到预设启动值、第一蓄水池3水位未达到第一水位探测装置14上的第二感应器1402且污染物浓度检测装置18检测到纳水管道1的汇集处径流浓度大于第一蓄水池3径流浓度时，控制装置4开启第一闸阀2，将纳水管道1中的初期径流排入第一蓄水池3内进行存储；当雨量感应器5感应到本场降雨量达到预设启动值且第一蓄水池3中水位已达到第一水位探测装置14上的第一感应器1401、农田7水位未达到第二水位探测装置15上的第五感应器1502且污染物浓度检测装置18检测到纳水管道1的汇集处径流浓度大于农田7田面水浓度时，则控制装置4关闭第一闸阀2并关闭第二闸阀13，将纳水管道1中的初期径流排入农田7；当雨量感应器5感应到本场降雨量达到预设启动值且第一蓄水池3中水位已达到第一水位探测装置14上的第一感应器1401、农田7水位达到第二水位探测装置15上的第五感应器1502、第二蓄水池9中水位未达到第三水位探测装置16上的第八感应器1601且污染物浓度检测装置18检测到纳水管道1的汇集处径流浓度大于第二蓄水池9中水样浓度时，则控制装置4关闭第一闸阀2及第三闸阀17、开启第二闸阀13，将纳水管道1中的初期径流排入第二蓄水池9；当雨量感应器5感应到本场降雨量达到预设启动值且第一蓄水池3中水位已达到第一水位探测装置14上的第一感应器1401、农田7水位达到第二水位探测装置15上的第五感应器1502且第二蓄水池9中水位达到第三水位探测装置16上的第八感应器1601时，则控制装置4关闭第一闸阀2、开启第二闸阀13与第三闸阀17，将纳水管道1中的初期径流直接通过超越管道11排出；当雨量感应器5感应到本场降雨量达到预设启动值且污染物浓度检测装置18检测到纳水管道1的汇集处径流浓度小于第二蓄水池9中水样浓度时，则控制装置4关闭第一闸阀2、开启第二闸阀13与第三闸阀17，将纳水管道1中的初期径流直接通过超越管道11排出；当雨量感应器5感应到本场降雨量达到预设关闭值时，控制装置4关闭第一闸阀2并开启第二闸阀13与第三闸阀17，将纳水管道1中的初期径流直接通过超越管道11排出。

当第一蓄水池3水位达到第一水位探测装置14上的第二感应器1402、农田7水位未达到第二水位探测装置15上的第五感应器1502且污染物浓度检测装置18检测到第一蓄水池3径流浓度大于农田7田面水浓度时，控制装置4启动进水泵6将第一蓄水池3中的径流排入农田7中；当污染物浓度检测装置18检测到第一蓄水池3径流浓度小于农田7田面水浓度时，控制装置4关闭进水泵6；当第一蓄水池3水位低于第一水位探测装置14上的第三感应器1403时，控制装置4关闭进水泵6。

　　上述三种模式中,各条件下的联动控制可根据实际情况进行选择性组合,只要相互之间没有冲突即可,也可根据实际需求进行增删,不构成限制。

　　上述模式下,每次降雨过程中,农田 7 中的水位应进行实时监控,可按如下方式进行:出水闸门 12 由控制装置 4 视农田 7 田面水高度进行间歇性开闭;当农田 7 水位超过第二水位探测装置 15 上的第四感应器 1501 时,开启出水闸门 12,排出的径流蓄积于第二蓄水池 9 供回流使用;当农田 7 水位未达到水稻不同生长期下的上限水位时,关闭出水闸门 12。

　　第二蓄水池 9 用于对尾水进行回收利用,当第二蓄水池 9 水位达到第三水位探测装置 16 上的第八感应器 1601、农田 7 水位未达到水稻不同生长期下的上限水位且污染物浓度检测装置 18 检测到第二蓄水池 9 浓度大于农田 7 田面水浓度时,控制装置 4 开启回流泵 10,反之关闭回流泵 10;当第二蓄水池 9 水位达到第三水位探测装置 16 上的第八感应器 1601 且农田 7 水位达到水稻不同生长期下的上限水位时,控制装置 4 关闭回流泵 10;当第二蓄水池 9 水位低于第三水位探测装置 16 上的第九感应器 1602 时,控制装置 4 关闭回流泵 10。

　　当雨量感应器 5 感应到本场降雨结束时,控制装置 4 关闭第一闸阀 2 和出水闸门 12。再根据前述的方法针对农田 7 田面水高度以及需水情况、污染物浓度检测装置 18 检测到的污染物浓度,按需开启进水泵 6 及回流泵 10,将初期径流用于灌溉,达到污染物消纳功能。

　　上述方法的基本原则是,在满足智慧灌溉的前提下,使径流始终都是从高浓度处进入低浓度处,最大化减少污染物的输出。

第二节　农田退水生态拦截与循环净化技术

一、技　术　背　景

　　随着生态文明程度的提高,人们开始重视退水沟渠和水塘的生态化改造来强化沟渠和塘对氮磷的拦截能力。有研究发现,通过在生态沟渠中设置吸附基质和水生植物能够极大降低沟渠出水的氮、磷浓度,但由于氮磷流失量大,沟渠建设质量参差不齐,部分沟渠出水水质仍较差,仅建设生态沟渠不能保证农田退水在汇入受纳水体前达标。因此,为提高农田面源污染物拦截量,保证出水质量,构建一种能够收集并有效处理农田退水,判断水质是否达标,同时在农田区域范围(尤其是生态敏感区附近的农田区域范围)内实现水以及氮磷资源循环利用的生态体系显得尤为重要。

二、技　术　工　艺

　　该技术充分利用建设区域的农田、沟渠、湿地等自然地理优势,因地制宜地优化组合应用生态拦截沟、生态调蓄塘、生态净化带等多种生态工程措施。技术内容包括促沉箱、生态沟渠、多级生态调蓄塘、水质自动检测系统和智慧节水灌溉系统。促沉箱设置于农田的退水口处,从该退水口排出的农田退水能够全部进入促沉箱中以进行初步沉降。多级生态调蓄塘包括连通的渐扩段和主反应区段;主反应区段包括曝气池以及周围边坡具有生态护坡的沉淀池、第一滤料坝、第二滤料坝和净化池;净化池内均匀固定有若干垂直水流方向悬挂的仿生水草;净化池的出水端处设有用于检测水质达标情况的水质自动检测系统。该技术适用于农田、水生植物种植区农田退水面源污染物的拦截,能够有效地减少农田面源污染物的入河量。

三、实 施 效 果

如图 9-5 和图 9-6 所示,该技术涉及的农田退水处理系统包括促沉箱 2、生态沟渠 3、多级生态调蓄塘 4、水质自动检测系统 7 和智慧节水灌溉系统 8。农田退水从装有促沉箱的农田退水口排出,依次流经生态沟渠和多级生态调蓄塘,农田退水经多级净化处理后,经水质自动检测系统检测满足灌溉水要求后,利用智慧节水灌溉系统将处理后的退水回灌至农田,或排放至受纳水体(通常情况下,非暴雨等极端条件不外排),当遇到暴雨导致水量过剩时,净化池内多余的水量再流经生态净化带,最终汇入受纳水体。

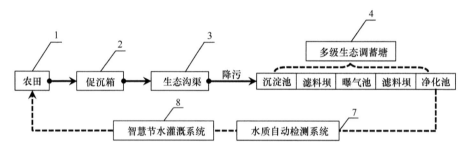

图 9-5 农田退水处理系统的工程流程图 1

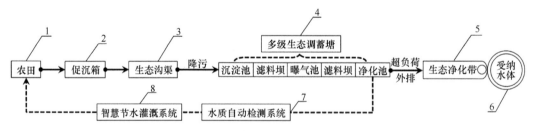

图 9-6 农田退水处理系统的工程流程图 2

该技术将整块农田划分为若干区块,每个区块设置一个退水口。促沉箱 2 设置于农田 1 的退水口处,从该退水口排出的农田退水能全部进入促沉箱 2 中,促沉箱 2 的出口与生态沟渠 3 连通,从而通过促沉箱 2 将从退水口排出的农田退水全部汇入生态沟渠 3 中。促沉箱 2 内部设有能调节过流水位的闸门系统,闸门系统垂直水流方向设置,且能将所在促沉箱 2 的横截面处完全覆盖。因此,促沉箱 2 能对农田退水中的泥沙等颗粒物进行初步沉淀。在实际应用时,可以将闸门系统设置为如图 9-7 所示的结构,具体如下:闸门系统主要包括第一闸门 2-1、第二闸门 2-2 和闸门双轨道 2-3,闸门双轨道 2-3 为矩形框架结构，相对的两个竖向边框分别固定于促沉箱 2 的侧壁内部，底部边框固定于促沉箱 2 的底部；闸门双轨道 2-3 互不干涉的两条轨道上分别装有能上下滑动的第一闸门 2-1 和第二闸门 2-2，两个闸门上均装有能够锁定高度的限位机构，通过调节第一闸门 2-1 和第二闸门 2-2 的所在高度并通过限位机构实现高度的锁定，以实现过流水位的调节。此外，促沉箱可以采用长方体结构，促沉箱上表面可配备盖子，箱体长边的中位线处设置双轨道，且配备密封条，每个闸门高度为长方体高度的一半，两个闸门均可以在轨道上上下方向推拉，水位可调节，促沉箱的制作尺寸和安装高度可根据农田实际需要适当调整，以根据作物生长规律控制灌排水。

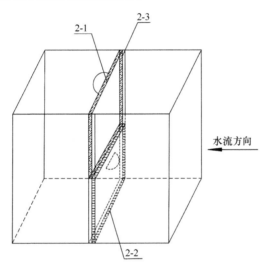

图 9-7 促沉箱结构示意图

相比普通闸门，可调节高度的闸门系统可以更加灵活地控制农田水位，当农田需要蓄水时（如农田存在淹水期），可将闸门系统关闭，并将第一闸门 2-1 和第二闸门 2-2 控制在所需高度，多余水可通过溢流方式排出，需要退水时可以完全将两个闸门提起打开以进行退水。举例说明如下：可以在农田退水口处挖 160 mm 的小坑，随后将制作的高 300 mm 的促沉箱固定在小坑中，当需要控制田面水高 100 mm 时，将第一闸门 2-1 拉至最低，第二闸门 2-2 稍向下拉 40 mm 即可；若需要控制田面水高 140 mm，将第一闸门 2-1 拉至最低，第二闸门 2-2 拉至最高即可；当有退水需要时，将两个闸门同时拉至最高即可。

如图 9-8 所示，生态沟渠 3 设置于农田 1 中，两侧的边坡均具有生态护坡。生态沟渠 3 全程分别间隔设有生态浮岛 13、沉水植物 14 和挺水植物 15，尾部沿水流方向依次设有拦水坎 3-3、底泥捕获井 3-1 和用于调节过流水位的节制闸 3-5。生态沟渠 3 能够收集农田退水，并通过自身的生态拦截装置去除水体中部分氮磷等营养盐，进而提高氮磷拦截效率。

在实际应用时，可以将生态沟渠 3 的断面设置为梯形结构，坡比采用（2～3）：1。靠近生态沟渠 3 末端的多个退水口均连接收集管道 3-4，通过收集管道 3-4 将农田退水排放至生态沟渠 3 前端，以保证农田退水在生态沟渠中有足够的水力停留时间并经过尽可能多的生态拦截设施（包括沉水植物、挺水植物、拦水坎、底泥捕获井、节制闸等）。生态沟渠内应合理配置沉水植物（如马来眼子菜、黑藻、苦草、金鱼藻、绿狐尾藻中的一种或多种）和挺水植物［如美人蕉、破铜钱、菰、千屈菜、芦苇、鸢尾、再力花、菖蒲、水葱和水芹（冬季）中的一种或多种］，尽量选用三种以上植物种类进行配置，以保证植物的多样性，且植物种植密度不能过大，以免影响效果。生态沟渠 3 两侧的边坡通过多孔的护坡构件进行加固，随后于护坡构件的孔隙处种植护坡植物，以形成生态护坡。其中，护坡植物可以采用紫露草、书带薹草、狗牙根（夏季）和黑麦草（冬季）中的一种或多种，护坡构件可以采用连锁式水工砖、六角砖等利于植物定植的护坡构件。图 9-9 连锁式水工砖的组装结构示意图，每块连锁式水工砖和与其相邻的六块连锁式水工砖形成超强连锁，空隙处可种植护坡植物，连锁式水工砖的结构不仅极大地增加了生态护坡的稳定性，减少了水土流失的可能性，也为护坡植物提供了较好的生长条件。在生态护坡底部设置底梁，顶部用预制件进行压顶，护坡植物优选本土优势植物，并定期进行修剪和刈割。

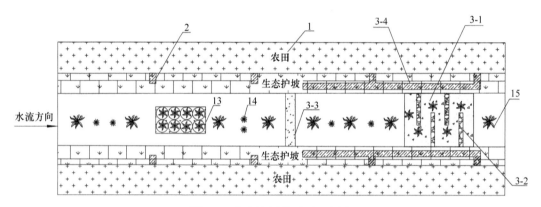

图 9-8　生态沟渠的平面示意图

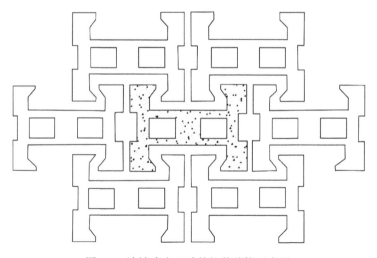

图 9-9　连锁式水工砖的组装结构示意图

拦水坎 3-3 可以依据沟渠长度、坡度和渠水流向设置为堤埂结构，主要用于维持渠底水深以满足沟渠水生植物生长。底泥捕获井 3-1 是用于聚集并沉淀沟渠水中携带的泥土等杂质的井，井体内部交错安置有多个氮磷去除模块 3-2。氮磷去除模块 3-2 由多孔性矿物等材料组成，主要用于同步去除沟渠水中氮磷。节制闸 3-5 可以采用与上述闸门系统相同的结构，但尺寸放大至与生态沟渠相适应，设置在生态沟渠 3 与多级生态调蓄塘 4 连接处，用于控制生态沟渠 3 中的水位与水力停留时间。

如图 9-10 所示，多级生态调蓄塘 4 建设在生态沟渠 3 后方，包括连通的渐扩段和主反应区段。由于多级生态调蓄塘 4 与生态沟渠 3 的连接处断面发生变化（包括宽度、深度等改变引起的横断面变化），因此将生态沟渠 3 的出口与渐扩段相连通，以均质水流（即均匀水质、减缓流速，以减小水流对后续的冲击等），并在渐扩段内沿水流横断面设置滤料层 4-1，使水流均能通过滤料层 4-1 作用后再流入主反应区段。滤料层 4-1 可以采用沸石、火山岩和陶粒中的一种或多种，以促进悬浮物的沉淀，并提高水体的溶解氧含量。

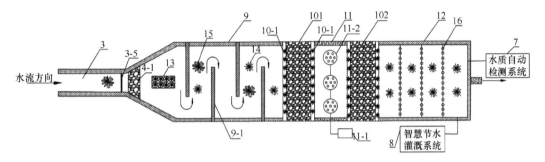

图 9-10　多级生态调蓄塘的平面示意图

主反应区段包括曝气池 11、沉淀池 9、第一滤料坝 101、第二滤料坝 102 和净化池 12，其中，沉淀池 9 中通过若干墙面与水流方向垂直的挡水墙 9-1，形成使水流通过的蛇形流道，蛇形流道中种植若干沉水植物 14 和挺水植物 15。沉淀池 9 后方依次设有第一滤料坝 101、曝气池 11 和第二滤料坝 102。第一滤料坝 101 和第二滤料坝 102 结构相同，均能将所在处的水流横断面完全覆盖，包括多孔的外墙体和填料，外墙体和池底共同构成上方敞口的槽形结构，槽内填充填料。第二滤料坝 102 后方设有净化池 12，净化池 12 内均匀固定有若干垂直水流方向悬挂的仿生水草 16。仿生水草 16 的一端固定于池体底部，另一端固定于密度小于水的悬浮件 5-1。净化池 12 的出水端处设有用于检测水质达标情况的水质自动检测系统 7。若水质达标，则将净化池 12 的出水通过智慧节水灌溉系统 8 对农田 1 进行灌溉或者将净化池 12 的出水排入受纳水体 6；若水质不达标，则将净化池 12 的出水通过智慧节水灌溉系统 8 对农田 1 进行灌溉或者将净化池 12 的出水回流至生态沟渠 3 前端。

在实际应用时，可以在多级生态调蓄塘 4（除曝气池 11）的常水位以下采用连锁式水工砖进行护坡，坡比选择 1∶2～1∶3，常水位以上用草皮护坡，护坡下设置土工垫网，以便营造多生物性处理环境，利用生物作用增强水质处理效果。为了进一步增强处理效果，多级生态调蓄塘 4 内可以配置生态浮岛、沉水植物和挺水植物，沉水植物选择生命力强、净化效果好的水生植物作为先锋种，同时配置一些伴生种以增加生物多样性，宜选择金鱼藻、苦草、黑藻、菹草、马来眼子菜、绿狐尾藻等。挺水植物应选择净化功能和景观效果较好的芦苇、黄菖蒲、千屈菜、水生美人蕉、水葱等，种植在水深 0～0.5 m 水深的岸坡上，以防止水土流失，并去除颗粒态营养物质和污染物。在水体较深或透明度较低等沉水植物难以存活的区域，布设不需要光合作用维持生长的仿生水草改善水下生态环境，借助其大的比表面积和较强的吸附力吸附不易自行沉降的微颗粒悬浮物。

沉淀池面积最好占多级生态调蓄塘总面积的 40%以上，池内通过设置的挡水墙来增加水流流程和滞留时间。每个挡水墙 9-1 均与沉淀池 9 侧壁之间留有水流通道，相邻两个挡水墙 9-1 的水流通道分别位于沉淀池 9 两侧，以使沉淀池 9 中形成用于水流通过的蛇形流道。沉淀池内可种植水生植物，设置生态浮岛 13，以吸收水体中的营养盐，四周坡岸以草皮绿化。

第一滤料坝 101 和第二滤料坝 102 均选用空心砖、碎石等搭建滤料坝外部墙体，坝体内应放置不同粒级滤料，滤料选择陶粒、火山岩、碎石、活性炭等材料。两个滤料坝宽（按内径计算）不小于 0.2 m，坝高应基本与相邻池高持平。滤料坝前应设置一道挡网 10-1，网高与滤料坝持平，以拦截落叶等漂浮物，坝体上可配置水生植物。

曝气池面积最好占多级生态调蓄塘总面积的 5%～15%，曝气池 11 内均匀设有若干与曝气机 11-1 相连的曝气盘 11-2，曝气盘安装距离宜距池底 0.3 m 以上。曝气池底部与池壁应进行硬化或水泥板护坡，曝气池内应合理布设一定比例的仿生水草。

净化池面积最好占多级生态调蓄塘设施总面积的 30%以上，池内设置仿生水草等材料，仿生水草悬挂方向垂直于水流方向，底部用强度较大的聚乙烯绳或不锈钢丝固定（图9-11）。仿生水草的安装方式选用沉底式，即将仿生水草一端固定在河床底部的框架上，上部悬挂浮球，使仿生水草在水位高时呈垂直状，水位低时呈漂浮状，保证微生物能够与水体接触，仿生水草位置应根据河道深度及水体透明度情况确定，一般布置在水深超过 1 m 的区域，所述仿生水草应在水体过流断面上平均分布，以达到最佳的水利条件，减少断流。净化池内合理配置水生植物，必要时可配合加入微生物菌剂，池壁应采用草皮或低矮灌木进行护坡。

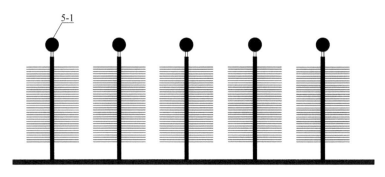

图 9-11　仿生水草的安装示意图

净化池中安装水质自动检测系统，至少包括溶解氧、pH、总氮、氨氮、总磷、化学需氧量的自动检测探头，以判断水质是否可以达标回灌或排放。水质自动检测系统的检测数据最好能够实时上传，以便于通过手机或电脑进行查看。当净化池的水满足排放标准时，可以通过远程控制泵站和智慧节水灌溉装置回灌到农田或自然排放（通常情况下，非暴雨等极端条件不外排），不达标时可回灌至农田或通过泵站抽至生态沟渠前端进行二次净化，形成水资源生态循环，同时避免"死水"现象的出现。

智慧节水灌溉系统8可以采用低压管道输水灌溉，管道系统包括干管和支管两级固定输水管道及配套设施，每隔约20 m设置一个管道出水口，出水口采用低压灌溉出水阀（可调式），灌溉系统选用地下水、周围河道水和净化池出水三种水源，智慧节水灌溉装置安装电磁阀并由手机APP控制阀门开启与否。

为了应对发生暴雨等自然灾害天气导致的水量突然增大或来水含沙量突然增加的情况，在多级生态调蓄塘4的后方还设有用于应急处理的生态净化带5。生态净化带5为池体结构，包括曝气装置和仿生水草16。仿生水草16垂直水流方向均匀悬挂于池体中，一端固定于池体底部，另一端固定于密度小于水的悬浮件5-1。曝气装置间隔设于仿生水草16之间。同时，可在多级生态调蓄塘4的沉淀池9中添加可生物降解的壳聚糖等促沉剂，加速悬浮物的沉淀，确保悬浮物的去除。

上述农田退水处理系统具体实施方法如下。

农田退水经农田1的退水口进入促沉箱2中，根据田面水高度预设值，通过闸门系统调节促沉箱2中的过流水位。在闸门系统的阻挡作用下，农田退水中的颗粒物实现初步沉降，随后汇流至生态沟渠3。农田退水通过生态沟渠3的生态拦截作用，实现氮磷的去除，同时，通过控制节制闸3-5以调节生态沟渠3的水位和水力停留时间。农田退水随后进入多级生态调蓄塘4，由于生态沟渠3与多级生态调蓄塘4的宽度和深度均不相同，水流流经渐扩段后能均匀水质和减缓流速，防止水流流速过快对多级生态调蓄塘4内的设施及微生物造成冲击破坏。同时，渐扩段内设置的滤料层4-1能够减少水中悬浮物含量并提高水体溶解氧含量。

经渐扩段处理后的水体随后进入沉淀池9，通过沉淀池9中设置的挡水墙9-1的阻挡作用，水流在沉淀池9中呈蛇形流动，增加了水力停留时间和水流流程，以使悬浮物得到充分去除。同时，通过沉淀池9中设置的沉水植物14和挺水植物15的吸收作用，去除水体中的营养盐。经沉淀池9处理后的水体随后进入第一滤料坝101，在净化水质的同时为水流进入曝气池11提供水头和势能。水流在曝气池11中通过曝气作用以充分氧化水体中的有机物，随后经第二滤料坝102净化水质并为水流进入净化池12提供水头和势能。由于净化池12内设有仿生水草16，通过配合加入微生物菌剂，以使水体中的有机物加快分解。

通过设于净化池12中的水质自动检测系统7对出水进行水质检测，若水质达标，则将净化池12的出水通过智慧节水灌溉系统8对农田1进行灌溉或者将净化池12的出水排入受纳水体6；若水质不达标，则将净化池12的出水通过智慧节水灌溉系统8对农田1进行灌溉或者将净化池12的出水回流至生态沟渠3前端。若遇极端天气导致水量暴涨，则通过设于净化池12后方的生态净化带5辅助应急处理，以保障净化池12进入受纳水体6的水质。

附录 农田退水"零直排"工程建设规范

附一、标准文本

1. 范围

本文件规定了农田退水"零直排"工程建设的术语和定义、基本原则、建设内容和要求，以及工程运行管理。

本文件适用于面积 10 hm² 以上农田灌区退水"零直排"工程的设计、建设和运行管护。

2. 规范性引用文件

下列文件中的内容通过文中的规范性引用而构成本文件必不可少的条款。其中，注日期的引用文件，仅该日期对应的版本适用于本文件；不注日期的引用文件，其最新版本（包括所有的修改单）适用于本文件。

GB 50265《泵站设计标准》

GB 50288《灌溉与排水工程设计标准》

SL/T 4《农田排水工程技术规范》

SL 252《水利水电工程等级划分及洪水标准》

SL 462《农田水利规划导则》

SL 482《灌溉与排水渠系建筑物设计规范》

DB33/T 2329《农田面源污染控制氮磷生态拦截沟渠系统建设规范》

3. 术语和定义

下列术语和定义适用于本文件。

农田退水 agricultural wastewater from farmland fields

通过降雨径流、季节性人工退水、浅层地下径流等途径产生的农田系统退水。

农田退水"零直排"zero-direct discharge of agricultural wastewater from farmland fields

采用环境工程、生物工程、水利及建筑工程等技术手段，对农田退水拦截降污，结合调蓄处理、循环灌溉等措施实现农田退水的资源化利用，使之不排入或不直接排入周围受纳水体。

溢流型退水口 overflow outlet

安置于农田与退水沟之间，由初步沉淀农田退水泥沙颗粒物等杂质的空间和上排式水位闸门构成的田埂退水口。

促沉箱 precipitation enhancing box

安置于农田与退水沟之间的田埂退水口，用于聚集并促进农田退水携带的泥土等杂质沉淀的箱体。

生态护坡 ecological slope protection

防止堤防边坡受水流、雨水、风浪的冲刷侵蚀而修筑的坡面保护生态设施。

生态调蓄塘 ecological storage pond

位于农田干支退水沟末端，具有沉淀农田退水杂质、净化水质、调蓄回灌功能的水塘。

附二、基 本 原 则

因地制宜，经济可行。农田退水"零直排"工程综合考虑区域特性、气象水文条件、土壤质地、地下水埋深、种养结构等特征，选择合适的模式；宜利用原有排灌沟渠、河浜、退养水塘、圩区河段等进行改造和提升，并在提高技术先进性和实用性的同时，节约土地，减少经济成本。

生态循环，资源利用。统筹考虑资源和环境的承载能力，科学分析当地实际生态环境状况，遵循"源头减量—过程拦截—资源利用—生态修复"的策略，提高污染物拦截、水土保持和生物多样性稳定等功能，促进农田退水资源的生态循环利用，助推乡村产业振兴和农业绿色发展。

定期维护，稳定运行。建立农田退水"零直排"工程稳定运行的长效机制，明确农田退水"零直排"工程的运行维护单位，落实管护责任，定期对农田退水"零直排"工程进行巡查，依据工程实际情况定期清挖淤泥，清除杂物和外来入侵植物，并及时对工程受损部位进行修复。

附三、建设内容和要求

1. 基本要求

农田退水"零直排"工程建设应以农田灌区为单位建设，按 SL 462—2012 和 SL 482—2011 的要求合理布置灌排渠沟（管）道。

农田退水"零直排"工程涉及的水利水电工程等级划分及洪水标准应按 SL 252—2017 的规定执行。

2. 建设模式选择

应按照区域特性、种养结构及规模，以及有无退养水塘、河浜、周边小河道等条件，因地制宜地选用农田退水"零直排"工程模式。可选用以下三种模式。

开放式。宜在无河浜、退养水塘且无条件建设生态调蓄塘的地区建设，建设路线为农田—生态拦截沟—生态净化带—受纳水体，见附图1。

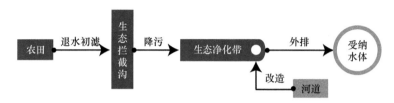

附图 1　开放式农田退水"零直排"工程建设模式示意图

半封闭式。宜在有退养水塘、河浜、周边小河道，或有条件建设生态调蓄塘的地区建设，建设路线为农田—生态拦截沟—生态调蓄塘—生态净化带—受纳水体，见附图 2。

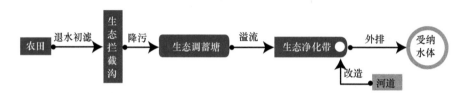

附图 2　半封闭式农田退水"零直排"工程建设模式示意图

全封闭式。宜在有退养水塘、河浜、周边小河道的地区建设，建设路线为农田—生态拦截沟—三池两坝（沉淀池—过滤坝—曝气池—过滤坝—净化池）—生态调蓄塘—受纳水体，见附图 3。

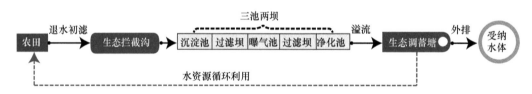

附图 3　全封闭式农田退水"零直排"工程建设模式示意图

因用地不能满足生态拦截沟建设条件时，应建设截流井等小型工程设施。

农田退水口在饮用水源保护区的，宜优先考虑全封闭式模式或调整退水口至保护区外，国控、省市控、县控、镇控断面控制区宜优先采用半封闭式或全封闭式模式。

3. 生态拦截沟建设

生态拦截沟的建设应符合 DB33/T 2329—2021 的要求。

农田每 0.2 hm² 或每个独立田块退水口应设置溢流型退水口或促沉箱。

4. 生态调蓄塘设计

应在生态拦截沟末端建设生态调蓄塘，宜利用周边退养水塘或断头浜进行改造。

每 10 hm² 汇水面积宜配置 300 m² 以上、有效水深 1 m 的生态调蓄塘。生态调蓄塘长宽比、单塘有效面积及容积设计计算如下。

（1）生态调蓄塘长宽比。

生态调蓄塘应视实际情况设计，可采用单塘或多塘，长宽比宜为 3：1～4：1；工程设计上宜采用生态调蓄塘的 BOD_5 表面负荷计算水面面积，普通生态调蓄塘的 BOD_5 表面负荷为 4～12 g/（m^2·d），有效水深为 0.5～1.5 m，生态调蓄塘的 BOD_5 表面负荷设计可取 8 g/（m^2·d），有效水深可取 1 m。

（2）生态调蓄塘总面积。

$$A_T = \frac{Q_T(S_0 - S_1)}{L_A}$$

式中，A_T 为生态调蓄塘的有效面积（m^2）；Q_T 为生态调蓄塘进水设计流量（m^3/d）；S_0 为生态调蓄塘设计进水 BOD_5 浓度（mg/L）；S_1 为生态调蓄塘设计出水 BOD_5 浓度（mg/L）；L_A 为生态调蓄塘 BOD_5 表面负荷 [g/（m^2·d）]。

（3）单塘有效面积。

$$A_1 = \frac{A_T}{N}$$

式中，A_1 为单个生态调蓄塘的有效面积（m^2）；N 为设置生态调蓄塘的数量（个）。

（4）单塘容积。

$$L_1 = \sqrt{RA_1}$$

式中，L_1 为单塘长度（m）；R 为单塘水面的长宽比。

$$B_1 = \frac{L_1}{R}$$

式中，B_1 为单塘宽度（m）。

$$V_1 = L_1 B_1 D$$

式中，V_1 为单塘容积（m^3）；D 为设计有效水深（m）。

（5）生态调蓄塘总容积。

$$V_T = NV_1$$

式中，V_T 为生态调蓄塘总容积（m^3）。

（6）生态调蓄塘水力停留时间。

$$t_1 = N\frac{V_1}{Q_T}$$

式中，t_1 为生态调蓄塘水力停留时间（d）。

生态调蓄塘内宜合理设置水生植物或生态浮岛。

生态调蓄塘周围应设置警示标志。

5. 三池两坝设计

三池两坝系统由沉淀池—过滤坝—曝气池—过滤坝—净化池构成，应保证水流顺畅。

沉淀池面积宜占三池两坝设施总面积的40%~50%，池内宜种植水生植物。

曝气池面积宜占三池两坝设施总面积的5%~15%，曝气头设置密度宜至少每3 m^2安装1个，安装距离宜距池底0.3 m以上。

净化池面积宜占三池两坝设施总面积的40%~45%，池内宜设置仿生水草等材料，合理配置水生植物。

两级过滤坝分别设置在沉淀池和曝气池后，其建设应满足以下要求：

（1）宜选用空心砖、碎石等搭建过滤坝外部墙体，坝体内应放置不同粒级滤料，滤料可选择陶粒、火山石、碎石、活性炭等材料；

（2）坝宽不小于1 m，坝高应基本与相邻池高持平；

（3）坝前应设置一道细网材质的挡网，高度与过滤坝持平。

6. 生态净化带设计

农田退水受纳河段宜设置离河岸2 m以上宽度的生态净化带。

生态净化带主要由曝气设施、水生植物或仿生水草构成，且应满足以下要求：

（1）曝气、水生植物或仿生水草设施不应设置在各级河道水质监测断面上游1000 m及下游200 m的范围内；

（2）生态净化带内沉水植物种植面积不应低于生态净化带水域面积的30%；

（3）在水生植物较难生长河段，应根据河道水深及水体透明度情况布设仿生水草。

7. 植物配置

植物配置主要包括沉水植物、挺水植物和护坡植物，应优先选择适应当地气候、土壤、水质、流速等环境，生长容易，成活率高的本土植物和适应性强的植物；功能上应满足净化能力、耐污能力和抗寒、抗热能力强。应限制外来入侵物种种植并做好管护工作。植物推荐名录见附表1。

附表1　植物推荐名录

植物类别	植物名称
沉水植物	马来眼子菜、黑藻、苦草、金鱼藻、绿狐尾藻
挺水植物	水生美人蕉、破铜钱*、菰、千屈菜、芦苇、慈姑、鸢尾、再力花*、菖蒲、水葱、梭鱼草
护坡植物	紫露草、书带薹草、狗牙根、黑麦草*

*表示植物为外来入侵物种。

对外来物种，宜采取圈养方式，植物枯萎后应及时收割打捞。

8. 灌排系统构建

半封闭式和全封闭式农田退水"零直排"工程宜采用半自动节水灌溉控制，灌排泵站的设计规定应符合GB 50265—2022的要求。

现有退水沟进行生态化改造时应充分考虑断面以及糙率系数变化等因素，复核过流能力；退水沟流量设计应根据其控制面积、产流和汇流条件，按与退水任务相应的排涝模数乘其控制面积确定；退水沟排涝模数计算和流量设计应按照 GB 50288—2018 的规定执行。

生态退水设施的布置面积应不少于退水用地面积的 3%。

附四、工程运行管理

农田退水"零直排"工程管理应按照 SL/T 4—2020 的规定执行，管理组织应制定并严格执行运行维护管理规章制度。

农田退水"零直排"工程区应推行农业绿色防控措施，做好化肥农药源头减量与精准施用工作。

应进行必要的监测和经常性管护。

应选择典型项目区作为样本区开展跟踪监测，宜在农田退水关键期（每年 5～9 月），对样本区农田退水"零直排"工程末端出口的水量和水质进行每月 1 次监测，监测指标至少包含总氮、总磷、氨氮、高锰酸盐指数。

宜每周定期检查农田退水"零直排"工程的运行情况，及时修复损坏部位。每年汛期前，应对农田退水"零直排"工程进行全面检查，保证沟渠系统退水畅通；汛期后，对易受冲刷部位应重点进行检查和修复。

应加强农田退水"零直排"工程的卫生管理，定期清除沟、塘、池体内的杂物，及时对农田退水"零直排"工程中的植物进行修剪，并对修剪废弃物进行处置，防止水面枯枝败叶和垃圾堆积。生态拦截沟沟底淤积厚度超过 0.1 m 时应进行清淤。

宜建立公共参与监督制度。